高等职业教育
机械行业"十二五"规划教材

公差配合与技术测量

Tolerance and Technical Measurement

◎ 宋晶 张小亚 主编
◎ 操成佳 杨素华 副主编
◎ 吴水萍 主审

人 民 邮 电 出 版 社
北 京

精品系列

图书在版编目（CIP）数据

公差配合与技术测量 / 宋晶，张小亚主编. -- 北京
: 人民邮电出版社，2013.10（2019.2 重印）
ISBN 978-7-115-32345-3

Ⅰ. ①公… Ⅱ. ①宋… ②张… Ⅲ. ①公差—配合②
技术测量 Ⅳ. ①TG801

中国版本图书馆CIP数据核字(2013)第196348号

内 容 提 要

本书从高等职业院校教学实际出发，结合编者多年教学经验，力求做到基本概念清楚、术语介绍准确易懂，内容叙述详略适当，并侧重使用性内容。

全书共 9 章，内容包括绪论、光滑圆柱体结合的极限与配合、测量技术基础、几何公差及误差的检测、表面粗糙度及检测、光滑极限量规、滚动轴承的公差与配合、键与花键的公差与配合、圆锥和角度的公差与配合、螺纹结合的公差与配合和圆柱齿轮传动的精度与检测等。

每章前有学习目的和要求，章后有小结和习题，力求做到内容精选、知识面适当拓宽，反映科学技术的最新成果，使教材使用方便、灵活，内容规范、深入浅出，便于自学。在讲清基础理论的同时，加强了实际应用及工程实例的介绍，做到理论联系实际，学以致用。随着科学技术的迅猛发展，国家的标准也在不断地修订和更新，为了保证本教材的先进性，本书采用了最新的国家标准，对涉及的概念、术语、定义均严格按标准给出。

本书适合作为高职高专院校机械制造类各个专业的基础课教材，也可作为工程技术人员及相关培训院校的教学指导参考书。

◆ 主　　编　宋　晶　张小亚
副 主 编　操成佳　杨素华
主　　审　吴水萍
责任编辑　韩旭光
责任印制　杨林杰

◆ 人民邮电出版社出版发行　　北京市丰台区成寿寺路 11 号
邮编　100164　　电子邮件　315@ptpress.com.cn
网址　http://www.ptpress.com.cn
北京捷迅佳彩印刷有限公司印刷

◆ 开本：787×1092　1/16
印张：14.5　　2013 年 10 月第 1 版
字数：360 千字　　2019 年 2 月北京第 2 次印刷

定价：36.00 元

读者服务热线：(010)81055256　印装质量热线：(010)81055316
反盗版热线：(010)81055315

前 言

《公差配合与测量技术》是高职高专机械类专业的技术基础课，是联系基础课及其他技术基础课与专业课的纽带与桥梁，也是从事机电技术类各岗位人员必备的基础知识和技能，在生产一线具有广泛的实用性和可操作性。

本书从高职高专教育的实际出发，结合多年的教学经验，力求做到基本概念、术语和定义准确、清楚、易懂，叙述详略、适当，加强使用性内容。每章前有学习目的和要求，章后有小结和习题，力求做到内容精选、知识面适当拓宽，反映科学技术的最新成果，使教材使用方便、灵活，内容规范、深入浅出，便于自学。在讲清基础理论的同时，加强了实际应用及工程实例的介绍，做到理论联系实际，学以致用。本书可作为职业技术教育机电类专业的教材，也可作为企业技术人员的参考用书。

随着科学技术的迅猛发展，国家的标准也在不断地修订和更新，为了保证本教材的先进性，本书采用了最新的国家标准，对涉及的概念、术语、定义均严格按标准给出。

全书共分为 9 章，内容包括绪论、光滑圆柱体结合的极限与配合、测量技术基础、几何公差及误差的检测、表面粗糙度及检测、光滑极限量规、滚动轴承的公差与配合、键与花键的公差与配合、圆锥和角度的公差与配合、螺纹结合的公差与配合、圆柱齿轮传动的精度与检测等。

本书由武汉城市职业学院（武汉工业职业技术学院）宋晶和张小亚任主编，武汉城市职业学院（武汉工业职业技术学院）操成佳和杨素华担任副主编，由武汉工业职业技术学院其他教师参编。具体编写分工为：宋晶（第 2 章、第 3 章、第 4 章、第 8 章、第 9 章）、张小亚（第 1 章、第 6 章）、操成佳（绪论、第 7 章）、杨素华（第 5 章）。由武汉城市职业学院（武汉工业职业技术学院）吴水萍教授主审。

由于编者水平有限，书中如有不足之处敬请原谅，欢迎使用本书的师生与读者给予批评指正，以便修订并改进。

编　者

2013 年 5 月

目 录

第0章 绪论

学习提示及要求

本章介绍互换性的概念、分类及作用，介绍标准化与优先数系以及本课程的性质和任务。要求学生理解互换性的概念，了解标准化和优先数系及其特点，了解本课程的性质及特点，并做好充分的思想准备来学习好本课程。

0.1 互换性概述

0.1.1 互换性的概念

在机械工业中，机械产品要求性能优良、品种齐全、数量充足、成本低廉，能满足人民生产和生活的不同需要。为了满足这一需要，必须进行高度专业化协作生产，就是将组成机器的各个零部件，分别由各专业厂或车间成批生产，最后集中到总装厂（或总装车间）装配成完整的机械产品。例如一辆汽车有上万个零部件，由上百家工厂、车间分工协作，进行专业化生产，最后集中到汽车厂进行总装。这些汽车零部件如果不具有互换性，那将无法组织这样广泛协作和专业化的大工业生产，因此，互换性是机械工业生产的一个重要经济技术原则，普遍应用于工业生产和日常生活中。

所谓互换性，就是指机械产品在装配的时候，同一规格的零件或部件不经选择、修配、调整，就能保证机械产品使用性能要求的一种特性。互换性在日常生活中随处可见，例如灯泡坏了换个新的，自行车的零件坏了也可以换新的。这是因为合格的产品和零部件都具有在材料性能、几何尺寸、使用功能上彼此互相替换的性能，即具有互换性。

互换性包含在可装配性中，机器装配方法有互换法、选择法、修配法和调整法。互换性只是获得装配精度的一种方法。

0.1.2 互换性的分类

按不同场合对于零部件互换的形式和程度的不同要求，互换性可以分为完全互换性和不完全互换性两类。

完全互换性简称互换性，以零部件装配或更换时不需要挑选或修配为条件。例如螺栓、螺母、齿轮、圆柱销等标准件的装配大都属于此类情况。

不完全互换性又可分为分组互换和调整互换。

分组互换是指当装配精度要求很高时，若采用完全互换将使零件的尺寸公差很小，加工困难，成本很高，甚至无法加工。这时，可采用不完全互换法进行生产，将其制造公差适当放大，以便于加工。完工后，再用量仪将零件按实际尺寸大小分组，组与组之间不可互换，因此，这种方法叫分组法。

调整互换是用移动或更换某些零件以改变其位置和尺寸的办法来达到所需的精度，称为调整互换法。一般以螺栓、挡环、垫片等作为尺寸补偿。

对标准零部件或机构来讲，其互换性又可分为内互换性和外互换性。内互换性是指部件或机构内部组成零件间的互换性。外互换性是指部件或机构与其相配合件间的互换性。例如，滚动轴承内、外圈滚道直径与滚动体(滚珠或滚柱)直径间的配合为内互换性；滚动轴承内圈内径与传动轴的配合、滚动轴承外圈外径与壳体孔的配合为外互换性。

一般大量生产和成批生产，如汽车、拖拉机大都采用完全互换法生产；精度要求很高，如轴承工业常采用分组法装配；而小批和单件生产，如矿山、冶金等重型机器业则常采用调整法生产。此外，在装配时允许用补充机械加工或钳工修刮办法来获得所需的精度，即采用修配法生产。

0.1.3 互换性的作用

互换性原则被广泛采用，不仅仅因为它对生产过程产生影响，而且还涉及产品的设计、制造、维修等各方面。

从设计角度看，按互换性原则进行设计，就可以最大限度地采用标准件、通用件，大大减少计算、绘图等设计工作量，缩短设计周期，并有利于产品品种的系列化和多样化，有利于计算机辅助设计。

从制造角度看，互换性可使零件采用“分散加工”、“集中装配”的生产方式，有利于组织专业化生产，使零部件成本降低，实现生产、装配方式的机械化和自动化，可减轻工人的劳动强度，缩短生产周期，从而保证产品质量，提高劳动生产率和经济效益。

从维修角度看，当机器零件突然损坏或按计划定期更换时，可以直接购买到新的同规格产品，以旧换新，减少了机器的维修时间和费用，从而提高了机器的利用率，延长了机器的使用寿命，大大提高了经济效益。

综上所述，互换性对提高劳动生产率、保证产品质量、增加经济效益都具有重大的意义。

它不仅适用于大批量生产，对于单件小批量生产，为了快速组织生产及保证经济性，也常常采用标准化的零部件。

0.2 标准化与优先数系

0.2.1 标准与标准化

所谓标准，就是由一定的权威组织对经济、技术和科学中重复出现的共同的技术语言和技术事项等方面规定出来的统一技术准则。它是各方面共同遵守的技术依据，简而言之，即技术法规。

标准化是指以制定标准和贯彻标准为主要内容的全部活动过程，包括制定标准、发布标准、组织实施标准和对标准的实施进行监督的全部活动过程。这个过程从探索标准化对象开始，经调查、实验和分析，进而起草、制定和贯彻标准，而后修订标准。因此，标准化是一个不断循环、水平不断提高的过程。

一、标准的分类

1. 按标准的使用范围

我国将标准分为国家标准、行业标准、地方标准和企业标准。

国家标准就是需要在全国范围内有统一的技术要求时，由国家质量监督检验检疫总局颁布的标准。

行业标准就是在没有国家标准，而又需要在全国某行业范围内有统一的技术要求时，由该行业的国家授权机构颁布的标准。但在有了国家标准后，该项行业标准即行废止。地方标准就是在没有国家标准和行业标准，而又需要在省、自治区、直辖市范围内有统一的技术安全、卫生等要求时，由地方政府授权机构颁布的标准。但在公布相应的国家标准或行业标准后，该地方标准即行废止。

企业标准就是对企业生产的产品，在没有国家标准、行业标准及地方标准的情况下，由企业自行制定的标准，并以此标准作为组织生产的依据。如果已有国家标准或行业标准及地方标准的，企业也可以制定严于国家标准或行业标准的企业标准，在企业内部使用。

2. 按标准的作用范围

将标准分为国际标准、区域标准、国家标准、地方标准和试行标准。

国际标准、区域标准、国家标准、地方标准分别是由国际标准化组织、区域标准化组织、国家标准机构、在国家的某个区域一级所通过并发布的标准。试行标准是由某个标准化机构临时采用并公开发布的标准。

3. 按标准化对象的特征

将标准分为基础标准、产品标准、方法标准和安全、卫生与环境保护标准等。基础标准是指在一定范围内作为标准的基础并普遍使用，具有广泛指导意义的标准。如极限与配合标准、形位公差标准、渐开线圆柱齿轮精度标准等。基础标准是以标准化共性要求和前提条件为对象的标准，是为了保证产品的结构功能和制造质量而制定的、一般工程技术人员必须采用的通用性标准，也是制定其他标准时可依据的标准。本书所涉及的标准就是基础标准。

4. 按照标准的性质

标准又可分为技术标准、工作标准和管理标准。技术标准是指根据生产技术活动的经验和总结，作为技术上共同遵守的法规而制定的标准。

二、标准化的发展历程

1. 国际标准化的发展

标准化在人类开始创造工具时就已出现。标准化是社会生产劳动的产物。标准化在近代工业兴起和发展的过程中显得重要起来。早在 19 世纪，标准化在国防、造船、铁路运输等行业中的应用就已十分突出。到了 20 世纪初，一些国家相继成立全国性的标准化组织机构，推进了本国的标准化事业。此后由于生产的发展，国际交流越来越频繁，因而出现了地区性和国际性的标准化组织。1926 年国际标准化协会（简称 ISA）成立，1947 年国际标准化协会重建并改名为国际标准化组织（简称 ISO）。现在，这个世界上最大的标准化组织已成为联合国甲级咨询机构。ISO9000 系列标准的颁发，使世界各国的质量管理及质量保证的原则、方法和程序，都统一在国际标准的基础之上。

2. 我国标准化的发展

我国标准化是在 1949 年新中国成立后得到重视并发展的。1958 年我国发布第一批包括了 120 项内容的国家标准。从 1959 年开始，我国陆续制订并发布了公差与配合、形状和位置公差、公差原则、表面粗糙度、光滑极限量规、渐开线圆柱齿轮精度、极限与配合等许多公差标准。我国在 1978 年恢复为 ISO 成员国，承担 ISO 技术委员会秘书处工作和国际标准草案的起草工作。从 1979 年开始，我国制订并发布了以国际标准为基础的新的公差标准。从 1992 年开始，我国又发布了以国际标准为基础进行修订的/T 类新公差标准。1988 年经全国人大常委会通过并由国家主席发布了《中华人民共和国标准化法》。1993 年经全国人大常委会通过并由国家主席发布了《中华人民共和国产品质量法》。我国标准化水平在社会主义现代化建设过程中不断得到发展与提高，并对我国经济的发展做出了很大的贡献。

0.2.2 标准化过程中所应用的优先数和优先数系

在产品设计或生产中，为了满足不同的要求，同一产品的某一参数，从大到小取不同的值时（形成不同规格的产品系列），应采用一种科学的数值分级制度或称谓，人们由此总结了一种科学的统一的数值标准，即优先数和优先数系。

优先数系是国际上统一的数值分级制度，是一种量纲为 0 的分级数系，适用于各种量值的分级。优先数系中的任意一个数值均称为优先数。优先数与优先数系是 19 世纪末(1877 年)，由法国人查尔斯雷诺(Charles Renard)首先提出的。后人为了纪念雷诺将优先数系称为 Rr 数系。

我国国家标准 GB/T321—1980《优先数和优先数系》规定十进等比数列为优先数系，并规定了 5 个系列，分别用系列符号 R5、R10、R20、R40 和 R80 表示，称为 Rr 系列。其中前 4 个系列是常用的基本系列，而 R80 则作为补充系列，仅用于分级很细的特殊场合。优先数系的公比为 $q_r = \sqrt[r]{10}$，其含义是在同一个等比数列中，每隔 r 项的后项与前项的比值为 10。国标中规定的 5 个优先数系的公比分别为

R5 系别　$\sqrt[5]{10} \approx 1.60$

R10 系别　$\sqrt[10]{10} \approx 1.25$

R20 系别　$\sqrt[20]{10} \approx 1.12$

R40 系别　$\sqrt[40]{10} \approx 1.06$

R80 系别　$\sqrt[80]{10} \approx 1.03$

优先数系基本系列的常用值见表 0.1。

表 0.1　优先数系基本系列

基本系列	1～10 的常用值										
R5	1.00		1.60		2.50		4.00		6.30		10.00
R10	1.00	1.25	1.60	2.00	2.50	3.15	4.00	5.00	6.30	8.00	10.00
R20	1.00	1.12	1.25	1.40	1.60	1.80	2.00	2.24	2.50	2.80	
	3.15	3.55	4.00	4.50	5.00	5.60	6.30	7.10	8.00	9.00	10.00
R40	1.00	1.06	1.12	1.18	1.25	1.32	1.40	1.50	1.60	1.70	1.80
	1.90	2.00	2.12	2.24	2.36	2.50	2.65	2.80	3.00	3.15	3.35
	3.55	3.75	4.00	4.25	4.50	4.75	5.00	5.30	5.60	6.00	6.30
	6.70	7.10	7.50	8.00	8.50	9.00	9.50	10.00			

注：（1）优先数系中的任一数均为优先数，任意两项的积或商都为优先数，任意一项的整数乘方或开方也都为优先数。

（2）R5、R10、R20、R40 前一数系的项值包含在后一数系之中。

（3）表列以 1～10 为基础，所有大于 10 或小于 1 的优先数，均可以用 10 的整数次幂乘以表 0.1 中数值求得，这样可以使该系列向两端无限延伸。

根据生产需要，亦可派生出变形系列，如派生系列。派生系列指从某一系列中按一定项差取值所构成的系列，如 R10/3 系列，即在 R10 数列中按每隔 3 项取 1 项的数列，其公比为 $q10/3 = (\sqrt[10]{10})^3 = 2$　如 1，2，4，8，18，32，64，…。

优先数系在各种公差标准中被广泛采用，公差标准表格中的数值都是按照优先数系选定的。例如，《公差与配合》国家标准中 IT5～IT8 级的标准公差值主要是按 R5 系列确定的。

0.3 本课程的性质和特点

0.3.1 本课程的性质及任务

本课程是高职高专机械类各专业的一门重要的技术基础课，它是联系基础课与专业课

的桥梁。本课程的研究对象是机械或仪器零部件的精度及其检测原理，即几何参数的互换性。

本课程的任务是研究机械设计和制造过程中的几何量公差与配合及检测技术。几何量公差与配合主要包括两个基本内容：一方面从制造要求来说，无尺寸、形状和位置误差的绝对准确零件，无论从制造还是测量来说都是做不到的，其实也是不必要的，所以在图样和技术上，应该根据不同的生产和使用要求，规定加工精度，这就是“公差”的概念；另一方面从产品的使用要求来说，两个或多个相配合的零部件的装配工作中要有紧、有松，要区分这些情况，就产生了“配合”的概念。

通过机械制图课的学习，我们知道在零件图上除了要标注完整的尺寸外，还必须标注技术要求，即尺寸公差、形位公差、表面粗糙度等；在装配图上，必须标注配合公差等，如图 0.1 所示。

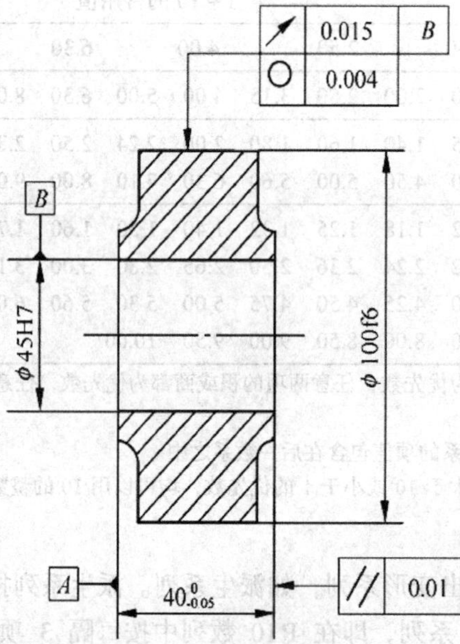

图 0.1 标注示例

通过本课程的学习、实验后，要求了解互换性与标准化的重要意义，熟悉极限与配合的基本概念，掌握若干极限配合标准的主要内容，掌握确定零件公差的基本原则与方法，了解技术检测的基本理论和操作，了解尺寸链的概念和计算方法，为合理表达设计思想和正确绘制设计图纸打下坚实的基础。

0.3.2 本课程的特点

本课程由互换性与测量技术两大部分组成，它们分别属于标准化和计量学两个不同的范畴，本课程将它们有机地结合在一起，形成了一门极重要的技术基础课，以便于综合分析和研究机械产品质量所必须的两个重要技术环节。

本课程的特点是：专业术语多，代号符号多，具体规定多，内容多，经验总结多，而逻辑性和推理性较少。刚开始学的时候可能会感觉枯燥，内容繁多，记不住，不会用，因此应当有充分的思想准备来完成由基础课向专业课过渡。为了学好本课程，要求学生上课认真听讲，课后及时复习，尽量以学生自己的生活背景和工程背景为基础展开联想，重在钻研、理解教材，反复练习，反复记忆，尽快达到熟练掌握和灵活应用的水平。

第1章 光滑圆柱体结合的公差与配合

学习提示及要求

孔、轴的配合是机械行业当中最基础、最广泛的配合。孔、轴公差与配合是机械工程中最重要的基础标准，是经济性的重要指标，是广泛组织协作和专业化生产的重要依据，它反映了机械零件的使用要求和制造要求的“矛盾”。

本章让学生了解有关公差标准化的基本术语和定义，掌握标准的内容和特点。初步掌握选用公差与配合进行精度设计的基本原则和方法，重点让学生在生产实际中遇到具体问题时，应根据国家标准的各项规定，针对具体情况进行分析，合理地选择公差与配合。

1.1 概述

机械行业在国民经济中具有举足轻重的地位，而孔、轴配合是机械制造中最广泛的一种配合，它对机械产品的使用性能和寿命有很大的影响，所以说孔、轴配合是机械工程中重要的基础标准，它不仅适用于圆柱形孔、轴的配合，也适用于由单一尺寸确定的配合表面的配合。为了保证互换性，统一设计、制造、检验、使用和维修，特制定孔、轴的极限与配合的国家标准。

1.2 公差与配合的基本术语及定义

1.2.1 有关尺寸方面的术语及定义

一、有关孔和轴的定义

孔指圆柱形内表面及其他内表面中由单一尺寸确定的部分，其尺寸由 D 表示。基准孔在基孔制配合中由选作基准的孔确定。

轴指圆柱形的外表面及其他外表面中由单一尺寸确定的部分，其尺寸由 d 表示。基准轴在基轴制配合中由选作基准的轴确定。孔为包容面，轴为被包容面。图 1.1 所示为由单一尺寸 A 所形成的内、外表面。

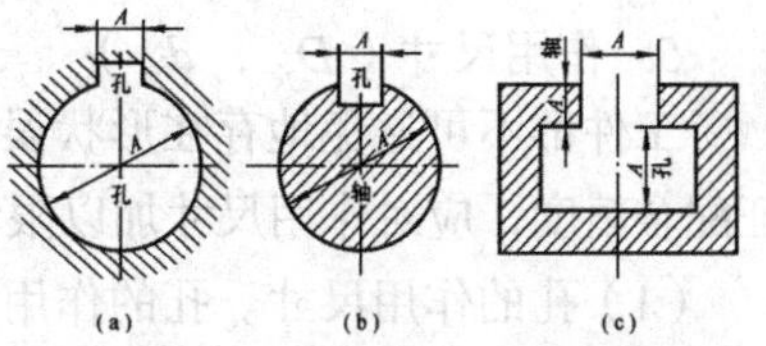

图 1.1　孔和轴的定义示意图

二、尺寸的术语及定义

1. 尺寸：用特定单位表示长度值的数字。

2. 基本尺寸：由设计给定的尺寸，一般要求符合标准的尺寸系列。设计者根据使用要求，考虑零件的强度、刚度和结构后，经过计算、圆整给出的尺寸。基本尺寸一般都尽量选取标准值，以减少定值刀具、夹具和量具的规格和数量。孔的基本尺寸用大写字母“D”来表示，轴的基本尺寸用小写字母“d”来表示。

3. 实际尺寸：通过测量所得的尺寸。包含测量误差，且同一表面不同部位的实际尺寸往往也不相同。实际尺寸是经过测量得到的尺寸。在测量过程中总是存在测量误差，而且测量位置不同所得的测量值也不相同，所以真值虽然客观存在但是测量不出来。我们只能用一个近似真值的测量值代替真值，换句话说，就是实际尺寸具有不确定性。孔的实际尺寸用“Da”来表示，轴的实际尺寸用“da”来表示，如图 1.2a 所示。

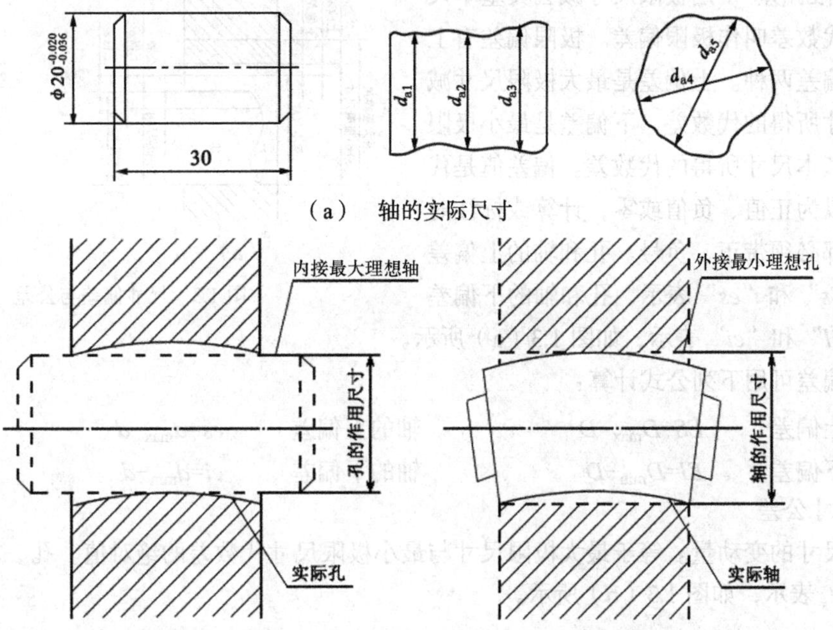

（a）　轴的实际尺寸

（b）孔的作用尺寸　　（c）轴的作用尺寸

图 1.2　孔、轴的作用尺寸

4. 极限尺寸：极限尺寸就是工件合格的两个边界尺寸。最大的边界尺寸称为最大极限尺寸，孔和轴的最大极限尺寸分别用“D_{max}”和“d_{max}”来表示；最小的边界尺寸称为最小极限尺寸，孔和轴的最小极限尺寸分别用“D_{min}”和“d_{min}”来表示。极限尺寸是用来限制实际尺寸的，实际尺寸在极限尺寸范围内，表明工件合格；否则，不合格。

5. 作用尺寸（D_{fe}，d_{fe}）

工件都不可避免地存在形状误差，致使与孔或轴相配合的轴或孔的尺寸发生变化。为了保证配合精度，应对作用尺寸加以限制。

（1）孔的作用尺寸。孔的作用尺寸是在整个配合面上与实际孔内接的最大理想轴的尺寸，如图 1.2（b）所示。

（2）轴的作用尺寸。轴的作用尺寸是在整个配合面上与实际轴外接的最小理想孔的尺寸，如图 1.2（c）所示。

6. 最大实体尺寸:（MMS）对应于孔或轴的最大材料量（实体大小）的那个极限尺寸。轴的最大极限尺寸为 d_{max}，孔的最大极限尺寸为 D_{max}。

7. 最小实体尺寸（LMS）：对应于孔或轴的最小材料量（实体大小）的那个极限尺寸。轴的最小极限尺寸为 d_{min}，孔的最小极限尺寸为 D_{min}。

1.2.2 有关偏差、公差方面的术语及定义

1. 尺寸偏差（简称偏差）

尺寸偏差是某一尺寸减去其基本尺寸所得的代数差，它可分为实际偏差和极限偏差。

（1）实际偏差　实际尺寸减去其基本尺寸所得的偏差叫作实际偏差。实际偏差用“Ea”和“ea”表示。

（2）极限偏差　用极限尺寸减去其基本尺寸所得的代数差叫作极限偏差。极限偏差有上偏差和下偏差两种。上偏差是最大极限尺寸减去基本尺寸所得的代数差，下偏差是最小极限尺寸减去基本尺寸所得的代数差。偏差值是代数值，可以为正值、负值或零，计算或标注时除零以外都必须带正、负号。孔和轴的上偏差分别用“Es”和“es”表示，孔和轴的下偏差分别用“EI”和“ei”表示，如图 1.3（a）所示。

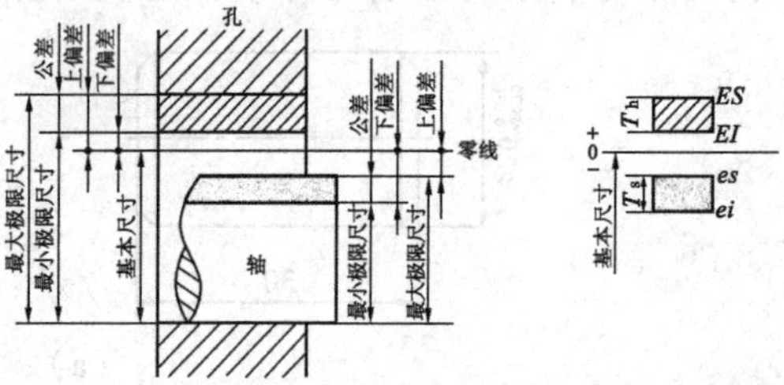

（a）　　（b）

图 1.3　尺寸偏差与公差

极限偏差可用下列公式计算：

孔的上偏差　$ES=D_{max}-D$　　轴的上偏差　$es=d_{max}-d$

孔的下偏差　$EI=D_{min}-D$　　轴的下偏差　$ei=d_{min}-d$

2. 尺寸公差

允许尺寸的变动量。等于最大极限尺寸与最小极限尺寸代数差的绝对值。孔、轴的公差分别用 T_h 和 T_s 表示，如图 1.3（b）所示。

$$T_h=|D_{max}-D_{min}|=|ES-EI|$$

$$T_s=|d_{max}-d_{min}|=|es-ei|$$

公差与极限偏差的区别。

从数值上看，极限偏差是代数值，正、负或零值是有意义的；而公差是允许尺寸的变动范围，是没有正负号的绝对值，也不能为零（零值意味着加工误差不存在，是不可能的）。实际计算时由于最大极限尺寸大于最小极限尺寸，故可省略绝对值符号。

从作用上看，极限偏差用于控制实际偏差，是判断完工零件是否合格的根据，而公差则控制一批零件实际尺寸的差异程度。

从工艺上看，对某一具体零件，对于同一尺寸段内的尺寸（尺寸分段后）公差大小反映加工的难易程度，即加工精度的高低，它是制订加工工艺的主要依据，而极限偏差则是调整机床决定切削工具与工件相对位置的依据。

公差极限偏差的联系：

公差是上、下偏差代数差的绝对值，所以确定了上、下极限偏差也就确定了公差。

3. 零线

表示基本尺寸的一条直线，以其为基准确定偏差和公差，零线以上为正，以下为负，如图 1.4 所示。

4. 公差带

为了能更直观地分析说明基本尺寸、偏差和公差三者的关系，提出了公差带图。公差带图由零线和尺寸公差带组成。

公差带图是由代表上、下偏差的两条直线所限定的一个区域。公差带有两个基本参数，即公差带大小与位置。公差带大小由标准公差确定，位置由基本偏差确定。公差带图中，基本尺寸和上、下偏差的量纲可省略不写，基本尺寸的量纲默认为 mm。基本尺寸应书写在标注零线的基本尺寸线左方，字体方向与图 1.4 中“基本尺寸”一致；上、下偏差书写（零可以不写）必须带正、负号，如图 1.4 所示。

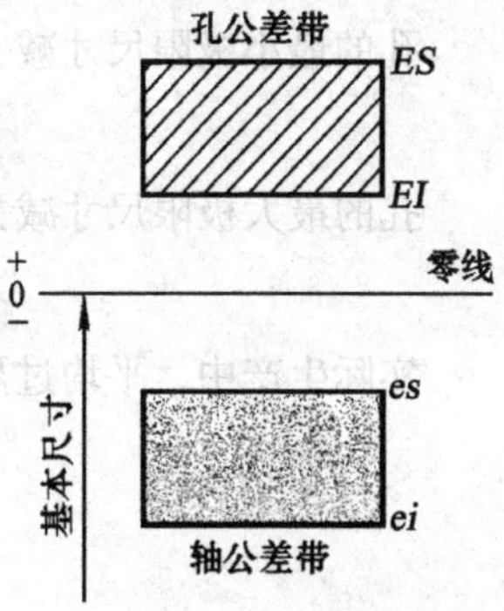

图 1.4 公差带图

5. 标准公差（IT）

极限与配合国家标准中所规定的任一公差。

6. 基本偏差

用以确定公差带相对于零线位置的上偏差或下偏差。一般为靠近零线的那个极限偏差。

1.2.3 有关配合方面的术语及定义

通过公差带图的分析，我们能清楚地看到基本尺寸相同的、相互结合的孔和轴公差带之间的关系，这些关系隙配合、过盈配合和过渡配合三大类。

1. 配合

基本尺寸相同，相互结合的孔、轴公差带之间的关系，称为配合。

2. 间隙配合

具有间隙（包括最小间隙为零）的配合称为间隙配合。此时，孔的尺寸减去相配合的轴的尺寸所得的代数差为正。孔的公差带在轴的公差带的上方，如图 1.5 所示。间隙用大写字母“X”表示，其特征值是最大间隙 X_{max} 和最小间隙 X_{min}。

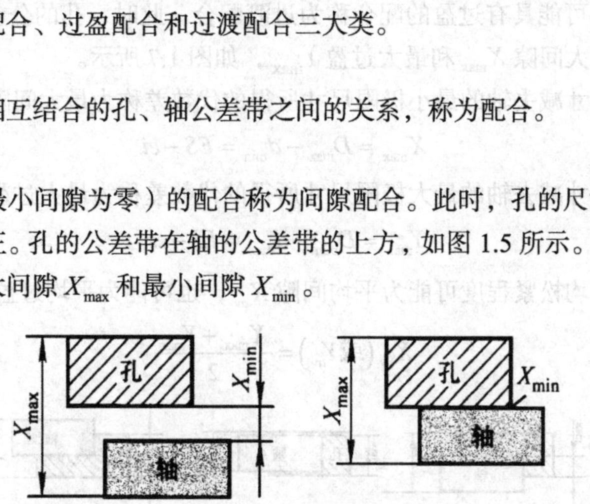

图 1.5 间隙配合

孔的最大极限尺寸减去轴的最小极限尺寸所得的代数差称为最大间隙，用 $X_{\max}$ 表示：

$$X_{\max} = D_{\max} - d_{\min} = ES - ei$$

孔的最小极限尺寸减去轴的最大极限尺寸所得的代数差称为最小间隙，用 $X_{\min}$ 表示：

$$X_{\min} = D_{\min} - d_{\max} = EI - es$$

实际生产中，平均间隙更能体现其配合性质：

$$X_{av} = \frac{X_{\max} + X_{\min}}{2}$$

3. 过盈配合

具有过盈（包括最小过盈等于零）的配合称为过盈配合。此时，孔的尺寸减去相配合的轴的尺寸所得的代数差为负。孔的公差带在轴的公差带的下方如图 1.6 所示。过盈用大写字母“Y”表示，其特征值是最大过盈 $Y_{\max}$ 和最小过盈 $Y_{\min}$ 。

孔的最小极限尺寸减去轴的最大极限尺寸所得的代数差称为最大过盈，用 $Y_{\max}$ 表示：

$$Y_{\max} = D_{\min} - d_{\max} = EI - es$$

孔的最大极限尺寸减去轴的最小极限尺寸所得的代数差称为最小过盈，用 $Y_{\min}$ 表示：

$$Y_{\min} = D_{\max} - d_{\min} = ES - ei$$

实际生产中，平均过盈更能体现其配合性：

$$Y_{av} = \frac{Y_{\max} + Y_{\min}}{2}$$

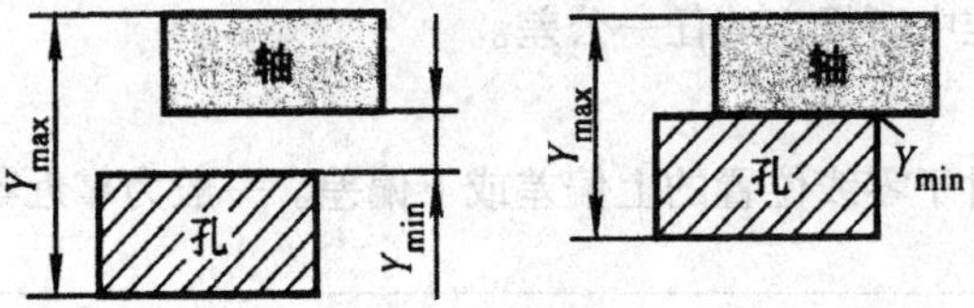

图 1.6 过盈配合

4. 过渡配合

可能具有间隙也可能具有过盈的配合称为过渡配合。此时，孔的公差带与轴的公差带相互重叠，其特征值是最大间隙 $X_{\max}$ 和最大过盈 $Y_{\max}$ ，如图 1.7 所示。

孔的最大极限尺寸减去轴的最小极限尺寸所得的代数差称为最大间隙，用 $X_{\max}$ 表示：

$$X_{\max} = D_{\max} - d_{\min} = ES - ei$$

孔的最小极限尺寸减去轴的最大极限尺寸所得的代数差称为最大过盈，用 $Y_{\max}$ 表示：

$$Y_{\max} = D_{\min} - d_{\max} = EI - es$$

实际生产中，平均松紧程度可能为平均间隙 X_{av} ，也可能为平均过盈 Y_{av} ，即

$$X_{av}(\text{或}Y_{av}) = \frac{X_{\max} + Y_{\max}}{2}$$

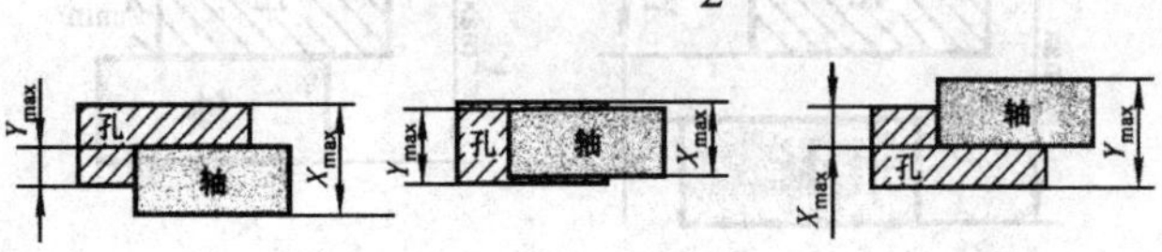

图 1.7 过渡配合

5. 配合公差

配合公差是指允许间隙或过盈的变动量，它是设计人员根据机器配合部位使用性能的要求对配合松紧变动的程度给定的允许值。它反映配合的松紧变化程度，表示配合精度，是评定配合质量的一个重要的中和指标。

在数值上，它是一个没有正、负号，也不能为零的绝对值。它的数值用公式表示为：

对于间隙配合 $T_f = T_h + T_s = |X_{max} - X_{min}|$

对于过盈配合 $T_f = T_h + T_s = |Y_{min} - Y_{max}|$

对于过渡配合 $T_f = T_h + T_s = |X_{max} - Y_{max}|$

配合公差反映配合精度，配合种类反映配合性质。

例 1.1 计算 $\phi 25_0^{+0.021}$ 孔与 $\phi 25_{-0.033}^{-0.020}$ 轴配合的极限间隙、平均间隙及配合公差，并画出公差带图。

解： 极限间隙

$X_{max}=ES-ei=(+0.021)\text{ mm}-(-0.033)\text{ mm}=+0.054\text{mm}$

$X_{min}=EI-es=0\text{ mm}-(-0.020)\text{ mm}=+0.020\text{ mm}$

平均间隙 $X_{av}=\dfrac{X_{max}+X_{min}}{2}=\dfrac{(0.054)+(0.020)}{2}\text{mm}=+0.037\text{ mm}$

配合公差

$T_f=|X_{max}-X_{min}|=(+0.054)\text{ mm}-(+0.020)\text{ mm}=0.034\text{ mm}$

公差带图如图 1.8 所示。

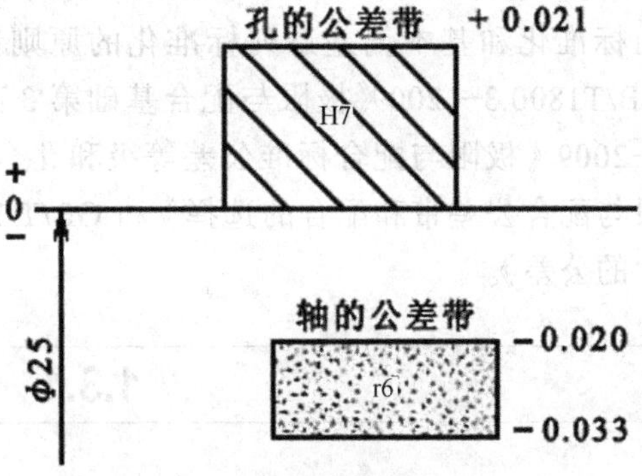

图 1.8 公差带图

6. 配合制

配合制是以两个相配合的零件中的一个零件为基准件，并对其选定标准公差带，将其公差带位置固定，而改变另一个零件的公差带位置，从而形成各种配合的一种制度。国家标准规定了两种配合制，即基孔制和基轴制。

（1）基孔制配合

基孔制配合是指基本偏差为一定的孔的公差带，与不同基本偏差的轴的公差带所形成各种配合的一种制度。

基孔制中的孔是基准件，称为基准孔，代号为 H，基本偏差为下偏差，且等于零，即 $EI=0$，其公差带偏置在零线上方。基孔制配合中的轴为非基准轴，由于轴的基本偏差不同，它们的公差带和基准孔公差带形成不同的相对位置，根据不同的相对位置可以判断其配合类别，如图 1.9（a）所示。

（2）基轴制配合

基轴制配合是指基本偏差为一定的轴的公差带，与不同基本偏差的孔的公差带形成各种配合的一种制度。

基轴制中的轴是基准件，称为基准轴，代号为 h，基本偏差为上偏差，且等于零，即 $es=0$，其公差带偏置在零线下方。基轴制配合中的孔为非基准孔，不同基本偏差的孔和基准轴可以形成不同类别的配合，如图 1.9（b）所示。

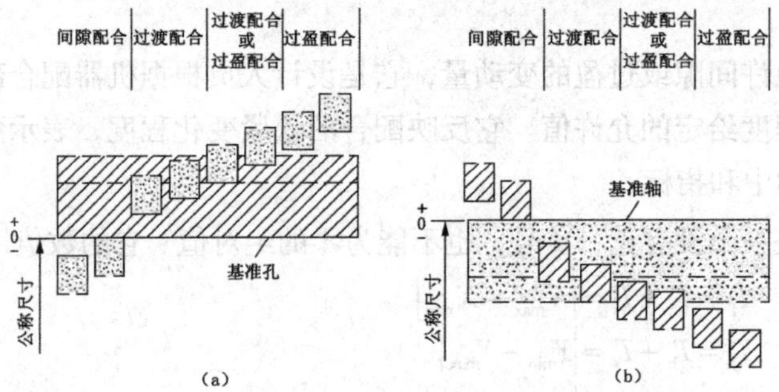

图 1.9　基准制

综上所述，各种配合是由孔、轴公差带之间的关系决定的，而公差带的大小和位置又分别由标准公称和基本偏差所决定。标准公称和基本偏差的制定及如何构成系列将在下一节详细介绍。

1.3 标准公差系列

《公差与配合》国家标准是用于尺寸精度设计的一项基础标准，它是按照标准公差系列标准化和基本偏差系列标准化的原则制定的。最新的公差与配合的国家标准包括：GB/T1800.3—2009《极限与配合基础第 3 部分：标准公差和基本偏差数值表》、GB/T 1800.4—2009《极限与配合标准公差等级和孔、轴的极限偏差数值表》、GB/T 1801—2009《极限与配合公差带和配合的选择》和 GB/T 1804—2000《一般公差未注公差的线性和角度尺寸的公差》。

1.3.1　公差单位

公差单位是确定标准公差的基本单位，它是公称尺寸的函数。由大量的试验和统计分析得知，在一定工艺条件下，加工公称尺寸不同的孔或轴，其加工误差和测量误差按一定规律随公称尺寸的增大而增大。由于公差是用来控制误差的，所以公差和公称尺寸之间也应符合这个规律。这个规律在标准公差的计算中由标准公差因子体现，其计算公式为：

基本尺寸≤500 mm 的尺寸段，$i=0.45\sqrt[3]{D}+0.001D$

式中：i—— 公差单位（μm）；

D—— 公称尺寸段的几何平均值（mm）。

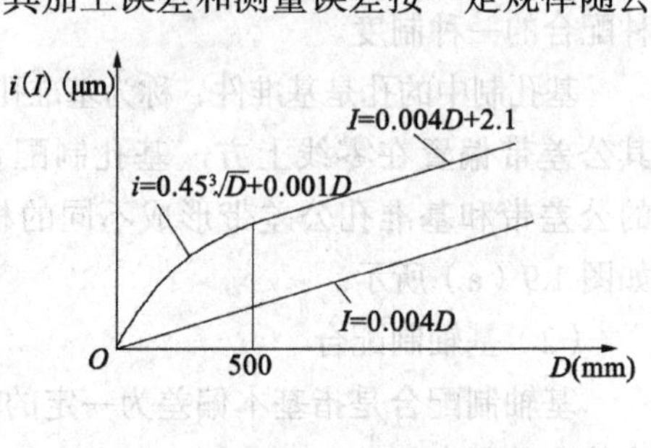

图 1.10　公差单位与公称尺寸的关系

公式右边第一项反映了加工误差与公称尺寸之间呈立方抛物线关系；第二项是补偿主要由测量温度不稳定或对标准温度有偏差引起的测量误差，此项和公称尺寸呈线性关系，如图 1.10 所示。

1.3.2 公差等级

根据公差系数等级的不同，国家标准把公差等级分为20个等级，用IT（ISO Tolerance的简写）加阿拉伯数字表示，即IT01、IT0、IT1、IT2、…、IT18。公差等级逐渐降低，而相应的公差值逐渐增大。

公差等级系数α是IT5～IT18各级标准公差所包含的公差单位数，在此等级内不论公称尺寸的大小，各等级标准公差都有一个相对应的α值，且α值是标准公差分级的唯一指标。从表1.1可见，α的数值符合$R5$优先数系（IT5基本符合），所以表1.1中每行标准公差从IT5～IT18开始是按公比$q=\sqrt[5]{10}\approx 1.6$递增的。从IT6开始每增加5个等级，公差值增加到10倍。

高精度的IT01、IT0、IT1，其标准公差与公称尺寸呈线性关系。

表1.1　　标准公差的计算公式

公差等级	公式	公差等级	公式	公差等级	公式
IT01	$0.3+0.008D$	IT6	$10i$	IT13	$250i$
IT0	$0.5+0.012D$	IT7	$16i$	IT14	$400i$
IT1	$0.8+0.020D$	IT8	$25i$	IT15	$640i$
IT2	$(IT1)(IT5/IT1)^{1/4}$	IT9	$40i$	IT16	$1000i$
IT3	$(IT1)(IT5/IT1)^{2/4}$	IT10	$64i$	IT17	$1600i$
IT4	$(IT1)(IT5/IT1)^{3/4}$	IT11	$100i$	IT18	$2500i$
IT5	$7i$	IT12	$160i$		

1.3.3 公称尺寸分段及标准公差表

如按公式计算标准公差值，则每一个公称尺寸D（d）都有一个相对应的公差值。由于公称尺寸繁多，这样将使所编制的公差值表格庞大，使用亦不方便。实际上，对同一公差等级，当公称尺寸与按公式所计算的公差值相差甚微时，此时取相同值对实际应用的影响很小。为此，标准将常用尺寸段分为13个主尺寸段，以简化公差表格。基本尺寸分段见表1.2。

分段后的标准公差计算公式中的公称尺寸D或d应按每一分段尺寸的首尾两尺寸的几何平均值代入计算。在实际工作中，标准公差用查表法确定，标准公差数值见表1.3。

表1.2　　基本尺寸分段　　（单位：mm）

主段落		中间段落		主段落		中间段落	
大于	至	大于	至	大于	至	大于	至
—	3	无细分段		250	315	250	280
3	6					280	315
6	10			315	400	315	355
10	18	10	14			355	400
		14	18	400	500	400	450
18	30	18	24			450	500
		24	30	500	630	500	560
30	50	30	40			560	630
		40	50	630	800	630	710
50	80	50	65			710	800
		65	80	800	1000	800	900
80	120	80	100			900	1000
		100	120	1000	1250	1000	1120
120	180	120	140			1120	1250
		140	160	1250	1600	1250	1400
		160	180			1400	1600

续表

主段落		中间段落		主段落		中间段落	
大于	至	大于	至	大于	至	大于	至
180	250	180	200	1600	2000	1600	1800
						1800	2000
		200	225	2000	2500	2000	2240
						2240	2500
		225	250	2500	3150	2500	2800
						2800	3150

表 1.3　标准公差数值（GB/T1800.1—2009）

公称尺寸（mm）		公差等级																	
		μm												mm					
大于	至	IT01	IT0	IT1	IT2	IT3	IT4	IT5	IT6	IT7	IT8	IT9	IT10	IT11	IT12	IT13	IT14	IT15	IT16	IT17	IT18
—	3	0.3	0.5	0.8	1.2	2	3	4	6	10	14	25	40	60	0.10	0.14	0.25	0.40	0.60	1.0	1.4
3	6	0.4	0.6	1	1.5	2.5	4	5	8	12	18	30	48	75	0.12	0.18	0.30	0.48	0.75	1.2	1.8
6	10	0.1	0.6	1	1.5	2.5	4	6	9	15	22	30	58	90	0.15	0.22	0.36	0.58	0.90	1.5	2.2
10	18	0.5	0.8	1.2	2	3	5	8	11	18	27	43	70	110	0.18	0.27	0.43	0.70	1.10	1.8	2.7
18	30	0.6	1	1.5	2.5	4	6	9	13	21	33	52	84	130	0.21	0.33	0.52	0.84	1.30	2.1	3.3
30	50	0.6	1	1.5	2.5	4	7	11	16	25	39	62	100	160	0.25	0.39	0.62	1.00	1.60	2.5	3.9
50	80	0.8	1.2	2	3	5	8	13	19	30	46	74	120	190	0.30	0.46	0.74	1.20	1.90	3.0	4.6
80	120	1	1.5	2.5	4	6	10	15	22	35	54	87	140	220	0.35	0.54	0.87	1.40	2.20	3.5	5.4
120	180	1.2	2	3.5	5	8	12	18	25	40	63	100	160	250	0.40	0.63	1.00	1.60	2.50	4.0	6.3
180	250	2	3	4.5	7	10	14	20	29	46	72	115	185	290	0.46	0.72	1.15	1.85	2.90	4.6	7.2
250	315	2.5	4	6	8	12	16	23	32	52	81	130	210	320	0.52	0.81	1.30	2.10	3.20	5.2	8.1
315	400	3	5	7	9	13	18	25	36	57	89	140	230	360	0.57	0.80	1.40	2.30	3.60	5.7	8.9
400	500	4	6	8	10	15	20	27	40	63	97	155	250	400	0.63	0.97	1.55	2.50	4.00	6.3	9.7

例 1.2　基本尺寸为 20 mm，求公差等级为 IT6、IT7 的公差数值。

解：基本尺寸为 20 mm，在尺寸段 18 mm～30 mm 范围内，则

$$D=\sqrt{18\times 30}\ \text{mm}=23.24\ \text{mm}$$

公差单位

$$i=0.45\sqrt[3]{D}+0.001D=0.45\sqrt[3]{23.24}\ \text{mm}+0.001\times 23.24\ \text{mm}=1.31\ \text{mm}$$

查表 1.1 可得

$$IT6=10i=10\times 1.31\text{mm}\approx 13\ \text{mm}$$
$$IT7=16i=16\times 1.31\text{mm}\approx 21\ \text{mm}$$

1.4 基本偏差系列

1.4.1 基本偏差的意义及代号

1. 基本偏差

基本偏差是指两个极限偏差当中靠近零线或位于零线的那个偏差，它是用来确定公差带位置的参数。为了满足各种不同配合的需要，国家标准对孔和轴分别规定了 28 种基本偏差（见图 1.11），它们用拉丁字母表示，其中孔用大写拉丁字母表示，轴用小写拉丁字母表示。

在26个字母中除去5个容易和其他参数混淆的字母“I（i）、L（l）、O（o）、Q（q）、W（w）”外，其余21个字母再加上7个双写字母“CD（cd）、EF（ef）、FG（fg）、JS（js）、ZA（za）、ZB（zb）、ZC（zc）”共计28个字母，作为28种基本偏差的代号，基本偏差代号见表1.4。在28个基本偏差代号中，其中JS和js的公差带是关于零线对称的，并且逐渐代替近似对称的基本偏差J和j，它的基本偏差和公差等级有关，而其他基本偏差和公差等级没有关系。

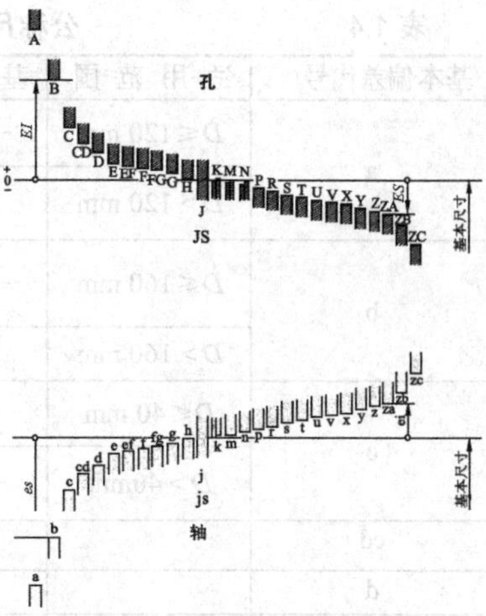

图1.11 基本偏差系列图

在孔的基本偏差系列中，代号为A～H的基本偏差为下极限偏差*EI*，其绝对值逐渐减小，其中A～G的*EI*值为正值，H的*EI*值为零；代号为J～ZC的基本偏差为上极限偏差*ES*，其绝对值逐渐增大，除J外，一般为负值。代号为JS的公差带相对于零线对称分布，因此其基本偏差可以为上极限偏差$ES=+\frac{IT}{2}$或下极限偏差$EI=-\frac{IT}{2}$。

在轴的基本偏差系列中，代号为a～h的基本偏差为上极限偏差*es*，其绝对值也是逐渐减小的，其中a～g的*es*值为负值，h的*es*值为零；代号为j～zc的基本偏差为下极限偏差*ei*，绝对值也逐渐增大，除j外，一般为正值。代号为js的公差带相对于零线对称分布，因此，其基本偏差可以为上极限偏差$es=+\frac{IT}{2}$或下极限偏差$ei=-\frac{IT}{2}$。

在基本偏差系列图中，仅绘出公差带的一端（由基本偏差决定），而公差带的另一端取决于标准公差值的大小，因此，任何一个公差带代号都由基本偏差代号和公差等级代号联合表示，如孔的公差带代号H7、G8，轴的公差带代号h6、p7。

2. 基本偏差构成规律

（1）轴的基本偏差数值

轴的基本偏差数值是以基孔制配合为基础，根据各种配合要求，在生产实践和大量试验的基础上，依据统计分析的结果整理出一系列经验公式并计算以后，再按一定规则将尾数圆整而得到的。

在基孔制中，轴的基本偏差a～h用于间隙配合，其基本偏差的绝对值正好等于最小间隙。其中，a、b、c三种用于大间隙或者热动配合，基本偏差采用与直径成正比的关系计算；d、e、f主要用于一般润滑条件下的旋转运动，为了保证良好的液体摩擦，最小间隙应与直径成平方根关系，但考虑到表面粗糙度的影响，间隙应适当减小，所以计算式中D的指数略小于0.5；g主要用于滑动、定心或半液体摩擦的场合，要求间隙小，所以D的指数更要减小；c与d、e与f、f与g基本偏差的绝对值分别按c与d、e与f、f与g基本偏差的绝对值的几何平均值确定。

另外，轴的基本偏差j～n与基孔制形成过渡配合中，基本偏差的数值基本上是根据经验与统计的方法确定的，采用了与直径成立方根的关系。其中，j目前主要用于与滚动轴承相配合的孔与轴；p～zc用于过盈配合，常按所需的最小过盈和相配基准制孔的公差等级来确定基本偏差值。其中，系数符合优先数系增长，规律性好，便于应用。

归纳以上各经验计算式可得表1.4，根据表1.4可计算出公称尺寸小于或等于500 mm的各种配合的轴的基本偏差表1.5。

表 1.4　　公称尺寸≤500 mm 轴的基本偏差计算公式

基本偏差代号	适 用 范 围	基本偏差 *es*（μm）	基本偏差代号	适 用 范 围	基本偏差 *ei*（μm）
a	$D\leqslant 120$ mm	$-(265+1.3D)$	k	≤IT3 及≥IT8	0
	$D>120$ mm	$-3.5D$		IT4～IT7	$0.6\sqrt[3]{D}$
b	$D\leqslant 160$ mm	$-(140+0.85D)$	m		（IT7～IT6）
	$D>160$ mm	$-1.8D$	n		$+5D^{0.34}$
c	$D\leqslant 40$ mm	$-52D^{0.2}$	p		+IT7+（0～5）
	$D>40$mm	$-(95+0.8D)$	r		$+\sqrt{ps}$
cd		$-\sqrt{cd}$	s	D≤50 mm	+IT8+(1～4)
d		$-16D^{0.44}$		D＞50 mm	$+IT7+0.4D$
e		$-16D^{0.41}$	t		$+IT7+0.63D$
ef		$-\sqrt{ef}$	u		$+IT7+D$
f		$-5.5D^{0.41}$	v		$+IT7+1.25D$
fg		$-\sqrt{fg}$	x		$+IT7+1.6D$
g		$-2.5D^{0.34}$	y		$+IT7+2D$
h		0	z		$+IT7+2.5D$
j	IT5～IT8	经验数据	za		$+IT7+3.15D$
js		$es=+IT/2$ 或	zb		$+IT9+4D$
		$ei=-IT/2$	zc		$+IT10+5D$

表 1.5　　轴的基本偏差数值（GB/T1800.1—2009）　　（单位：μm）

公称尺寸/mm		基本偏差																
		上极限偏差 *es*												下极限偏差 *ei*				
		a	b	c	cd	d	e	ef	f	fg	g	h	js	j			k	
大于	至	所有公差等级												5～6	7	8	4～7	≤3 >7
—	3	−270	−140	−60	−34	−20	−14	−10	−6	−4	−2	0	偏差等于 $\pm\frac{IT_m}{2}$	−2	−4	−6	0	0
3	6	−270	−140	−70	−46	−30	−20	−14	−10	−6	−4	0		−2	−4		+1	0
6	10	−280	−150	−180	−56	−40	−25	−18	−13	−8	−5	0		−2	−5		+1	0
10	14	−290	−150	−95		−50	−32		−16		−6	0		−3	−6		+1	0
14	18																	
18	24	−300	−160	−110		−65	−40		−20		−7	0		−4	−8		+2	0
24	30																	
30	40	−310	−170	−120		−80	−50		−25		−9	0		−5	−10		+2	0
40	50	−320	−180	−130														
50	65	−340	−190	−140		−100	−60		−30		−10	0		−7	−12		+2	0
65	80	−360	−200	−150														
80	100	−380	−220	−170		−120	−72		−36		−12	0		−9	−15		+3	0
100	120	−410	−240	−180														
120	140	−460	−260	−200		−145	−85		−43		−14	0		−11	−18		+3	0
140	160	−520	−280	−210														
160	180	−580	−310	−230														
180	200	−660	−340	−240		−170	−100		−50		−15	0		−13	−21		+4	0
200	225	−740	−380	−260														
225	250	−820	−420	−280														
250	280	−920	−480	−300		−190	−110		−56		−17	0		−16	−26		+4	0
280	315	−1050	−540	−330														
315	355	−1200	−600	−360		−210	−125		−62		−18	0		−18	−28		+4	0
355	400	−1350	−640	−400														
400	450	−1500	−760	−440		−230	−135		−68		−20	0		−20	−32		+5	0
450	500	−1650	−840	−480														

续表

公称尺寸/mm		基本偏差													
		上极限偏差 *es*													
		m	n	p	r	s	t	u	v	x	y	z	za	zb	zc
大于	至	所有公差等级													
–	3	+2	+4	+6	+10	+14		+18		+20		+26	+32	+40	+60
3	6	+4	+8	+12	+15	+19		+23		+28		+35	+42	+50	+80
6	10	+6	+10	+15	+19	+23		+28		+34		+42	+52	+67	+97
10	14	+7	+12	+18	+23	+28		+33		+40		+50	+64	+90	+130
14	18								+39	+45		+60	+77	+108	+150
18	24	+8	+15	+22	+28	+35		+41	+47	+54	+63	+73	+98	+136	+188
24	30						+41	+48	+55	+64	+75	+88	+118	+160	+218
30	40	+9	+17	+26	+34	+43	+48	+60	+68	+80	+94	+112	+148	+220	+274
40	50						+54	+70	+81	+97	+114	+136	+180	+242	+325
50	65	+11	+20	+32	+41	+53	+66	+87	+102	+122	+144	+172	+226	+300	+405
65	80				+43	+59	+75	+102	+120	+146	+174	+210	+274	+360	+480
80	100	+13	+23	+37	+51	+71	+91	+124	+146	+178	+214	+258	+335	+445	+585
100	120				+54	+79	+104	+144	+172	+210	+256	+310	+400	+525	+690
120	140	+15	+27	+43	+63	+92	+122	+170	+202	+248	+300	+365	+470	+620	+800
140	160				+65	+100	+134	+190	+228	+280	+340	+415	+535	+700	+900
160	180				+68	+108	+146	+210	+252	+310	+380	+465	+600	+780	+1000
180	200	+17	+31	+50	+77	+122	+166	+236	+284	+350	+425	+520	740	+880	+1150
200	225				+80	+130	+180	+258	+310	+385	+470	+575	740	+960	+1250
225	250				+84	+140	+196	284	+340	+425	+520	+640	+820	+1050	+1350
250～	280	+20	+34	+56	+94	+158	+218	+315	+385	+475	+580	+710	+920	+1200	+1550
280	315				+98	+170	+240	+350	+425	+525	+650	+790	+1000	+1300	+1700
315	355	+21	+37	+62	+108	+190	+268	+390	+475	+590	+730	+900	+1150	+1500	+1900
355	400				+114	+208	+294	+435	+530	+600	+820	+1000	+1300	+1650	+2100
400	150	+23	+40	+68	+126	+232	+330	+490	+595	+740	+920	+1100	+1450	+1960	+2400
450	500				+132	+252	+360	+540	+660	+820	+1000	+1250	+1600	+2100	+2600

注：公称尺寸小于 1mm 时，各级的 a 和 b 均不采用。公差带 js7～js11，若 IT_m 的数值为奇数，则取偏差 ±（IT_m−1）/2。

在实际工作中，轴的基本偏差数值不必用公式计算，为方便使用，计算结果的数值已列成表，见表 1.5 所示，使用时可直接查表。当轴的基本偏差确定后，另一个极限偏差可根据轴的基本偏差和标准公差数值按下列关系式计算：

下极限偏差

$$ei = es - Ts$$

上极限偏差

$$es = ei + Ts$$

（2）孔的基本偏差数值

孔的基本偏差数值是从同名轴的基本偏差数值换算得来的，其换算原则为

① 同名配合，配合性质相同。

同名配合如 Φ30H8/f8 和 Φ30F8/h8，Φ45P7/h6 和 Φ45H7/p6 等，应满足以下四条：

a. 公称尺寸相同；

b. 基孔制、基轴制互变；

c. 同一字母 Ff；

d. 孔、轴公差等级分别相等。

两者的配合性质完全相同，即应保证两者有相同的极限间隙或极限过盈。

② 满足工艺等价原则。由于较高精度的孔比轴难加工，因此国家标准规定，为使孔和轴在工艺上等价（孔、轴加工的难易程度基本相当），在较高精度等级（以 8 级为界）的配合中，孔比轴的公差等级低一级；在较低精度等级的配合中，孔与轴采用相同的公差等级。为此，按轴的基本偏差换算成孔的基本偏差，就出现以下两种规则：

a. 通用规则。标准推荐：孔与轴采用相同的公差等级。用同一字母表示的孔、轴基本偏差绝对值相等，而其正负号相反。也就是说，孔的基本偏差是轴的基本偏差相对于零线的倒影，即

当 A～H 时，$EI = -es$；

当 J～N > IT8、P～ZC > IT7 时，$ES = -ei$。

b. 特殊规则。标准推荐：采用孔比轴公差等级低一级相配合。用同一字母的孔、轴基本偏差符号相反，而绝对值相差一个 Δ 值，即当 K、M、N ≤ IT8，P～ZC ≤ IT7 时，$ES = -ei + \Delta$。

其中，$\Delta = IT_n - IT_{n-1} = IT_D - IT_d$

式中 Δ——补偿值。

n——孔的公差等级。

$n-1$——比孔高一级。

D——孔的公差值。

d——轴的差值。

孔的公差等级在上述规定范围之内时，孔的基本偏差等于上述对应轴的基本偏差值基础加上 Δ 值，Δ 值可在表 1.6 中“Δ”栏查出。

用上述公式计算出的孔的基本偏差按一定规则化整，编制出孔的基本偏差数值表，见表 1.6。使用时可直接查表，不必计算。

孔的另一个极限偏差可根据下列公式计算：

$$ES = EI + T_h$$

$$EI = ES - T_h$$

表 1.6　　孔的基本偏差数值（GB/T 1800.1——2009）　　（单位：μm）

<table>
<tr><th colspan="2" rowspan="2">公称尺寸
/mm</th><th colspan="19">基 本 偏 差</th></tr>
<tr><th colspan="12">下极限偏差 EI</th><th colspan="7">上极限偏差 ES</th></tr>
<tr><th colspan="2"></th><th>A</th><th>B</th><th>C</th><th>CD</th><th>D</th><th>E</th><th>EF</th><th>F</th><th>FG</th><th>G</th><th>H</th><th>JS</th><th colspan="3">J</th><th colspan="2">K</th><th colspan="2">M</th></tr>
<tr><th>大于</th><th>至</th><th colspan="12">所有的公差等级</th><th>6</th><th>7</th><th>8</th><th>≤8</th><th>>8</th><th>≤8</th><th>>8</th></tr>
<tr><td>–</td><td>3</td><td>+270</td><td>+140</td><td>+60</td><td>+34</td><td>+20</td><td>+14</td><td>+10</td><td>+6</td><td>+4</td><td>+2</td><td>0</td><td rowspan="9">偏差等于 ± $\frac{IT_n}{2}$</td><td>+2</td><td>+4</td><td>+6</td><td>0</td><td>0</td><td>−2</td><td>−2</td></tr>
<tr><td>3</td><td>6</td><td>+270</td><td>+140</td><td>+70</td><td>+36</td><td>+30</td><td>+20</td><td>+14</td><td>+10</td><td>+6</td><td>+4</td><td>0</td><td>+5</td><td>+6</td><td>+10</td><td>−1+Δ</td><td></td><td>−4+Δ</td><td>−4</td></tr>
<tr><td>6</td><td>10</td><td>+280</td><td>+150</td><td>+80</td><td>+56</td><td>+40</td><td>+25</td><td>+18</td><td>+13</td><td>+8</td><td>+5</td><td>0</td><td>+5</td><td>+8</td><td>+12</td><td>−1+Δ</td><td></td><td>−6+Δ</td><td>−6</td></tr>
<tr><td>10</td><td>14</td><td rowspan="2">+290</td><td rowspan="2">+150</td><td rowspan="2">+95</td><td rowspan="2"></td><td rowspan="2">+50</td><td rowspan="2">+32</td><td rowspan="2"></td><td rowspan="2">+6</td><td rowspan="2"></td><td rowspan="2">+6</td><td rowspan="2">0</td><td rowspan="2">+6</td><td rowspan="2">+10</td><td rowspan="2">+15</td><td rowspan="2">−1+Δ</td><td rowspan="2"></td><td rowspan="2">−7+Δ</td><td rowspan="2">−7</td></tr>
<tr><td>14</td><td>18</td></tr>
<tr><td>18</td><td>24</td><td rowspan="2">+300</td><td rowspan="2">+160</td><td rowspan="2">+110</td><td rowspan="2"></td><td rowspan="2">+65</td><td rowspan="2">+40</td><td rowspan="2"></td><td rowspan="2">+20</td><td rowspan="2"></td><td rowspan="2">+7</td><td rowspan="2">0</td><td rowspan="2">+8</td><td rowspan="2">+12</td><td rowspan="2">+20</td><td rowspan="2">−2+Δ</td><td rowspan="2"></td><td rowspan="2">−8+Δ</td><td rowspan="2">−8</td></tr>
<tr><td>24</td><td>30</td></tr>
<tr><td>30</td><td>40</td><td>+310</td><td>+170</td><td>+120</td><td rowspan="2"></td><td rowspan="2">+80</td><td rowspan="2">+50</td><td rowspan="2"></td><td rowspan="2">+25</td><td rowspan="2"></td><td rowspan="2">+9</td><td rowspan="2">0</td><td rowspan="2">+10</td><td rowspan="2">+14</td><td rowspan="2">+24</td><td rowspan="2">−2+Δ</td><td rowspan="2"></td><td rowspan="2">−9+Δ</td><td rowspan="2">−9</td></tr>
<tr><td>40</td><td>50</td><td>+320</td><td>+180</td><td>+130</td></tr>
</table>

续表

公称尺寸/mm		基本偏差																		
		下极限偏差 *EI*												上极限偏差 *ES*						
		A	B	C	CD	D	E	EF	F	FG	G	H	JS	J			K		M	
大于	至	所有的公差等级												6	7	8	≤8	＞8	≤8	＞8
50	65	+340	+190	+140		+100	+60		+30		+10	0		+13	+18	+28	−2+Δ		−11+Δ	−11
65	80	+360	+200	+150																
80	100	380	+220	+170		+120	+72		+36		+12	0		+16	+22	+34	−3+Δ		−13+Δ	−13
100	120	+410	+240	+180																
120	140	+440	+260	+200		+145	+85		+43		+14	0		+18	+26	+41	−3+Δ		−15+Δ	−15
140	160	+520	+280	+210																
160	180	+580	+310	+230																
180	200	+660	+340	+240		+170	+100		+50		+15	0		+22	+30	+47	−4+Δ		−17+Δ	−17
200	225	+740	+380	+260																
225	250	+820	+420	+280																
250	280	+920	+180	+300		+190	+110		+56		+17	0		+25	+36	+55	−4+Δ		−20+Δ	−20
280	315	+1 050	+540	+330																
315	355	+1 200	+600	+360		+120	+150		+62		+18	0		+29	+39	+60	−4+Δ		−21+Δ	−21
355	400	+1 350	+680	+400																
400	450	+1 500	+760	+440		+230	+135		+68		+20	0		+33	+43	+66	−5+Δ		−23+Δ	−23
450	500	+1 650	+840	+480																

公称尺寸/mm		基本偏差															Δ/μm					
		上极限偏差 *ES*																				
		N		P～ZC	P	R	S	T	U	V	X	Y	Z	ZA	ZB	ZC						
大于	至	≤8	＞8	≤7	＞7												3	4	5	6	7	8
	3	−4	−4		−6	−10	−14		−18		−20		−26	−32	−40	−60	0					
3	6	−8+Δ	0	在大于7级的相应数值上增加一个Δ值	−12	−15	−19		−23		−28		−35	−42	−50	−80	1	1.5	1	3	4	6
6	10	−10+Δ	0		−15	−19	−23		−28		−34		−42	−52	−67	−97	1	1.5	1	3	4	6
10	14	−12+Δ	0		−18	−23	−28		−33		−40		−50	−64	−90	−130	1	2	3	3	7	9
14	18									−39	−45		−60	−77	−08	−150						
18	24	−15+Δ	0		−22	−28	−35		−41	−47	−54	−65	−73	−98	−136	−188	1.5	2	3	4	8	12
24	30							−41	−48	−55	−64	−75	−98	−118	−160	−218						
30	40	−17+Δ	0		−26	−34	−43	−48	−60	−68	−80	−94	−112	−148	−200	−234	1.5	3	4	5	9	14
40	50							−54	−70	−81	−95	−134	−136	−180	−242	−325						
50	65	−20+Δ	0		−32	−41	−53	−66	−87	−102	−122	−144	−172	−226	−300	−400	2	3	5	6	11	16
65	80					−43	−59	−75	−102	−120	−146	−174	−210	−274	−360	−400						
80	100	−23+Δ	0		−37	−51	−71	−92	−124	−146	−172	−214	−258	−335	−445	−585	2	4	5	7	13	19
100	120					−54	−79	−104	−144	−172	−210	−254	−310	−400	−525	−600						
120	140	−27+Δ	0		−43	−63	−92	−122	−170	−202	−248	−300	−365	−470	−620	−800	3	4	6	7	15	23
410	160					−65	−100	−134	−190	−228	−280	−340	−415	−535	−700	−900						
160	180					−68	−108	−146	−210	−252	−310	−380	−465	−630	−700	−1 000						
180	200	−31+Δ	0		−50	−77	−122	−166	−236	−284	−350	−425	−520	−670	−680	−1 150	3	4	6	9	17	26
200	225					−80	−130	−180	−258	−310	−385	−470	−575	−740	−960	−1 250						
225	250					−84	−140	−196	−284	−340	−425	−520	−640	−820	−1 050	−1 350						
250	280	−34+Δ	0		−56	−94	−158	−218	−315	−385	−475	−580	−710	−920	−1 200	−1 500	4	4	7	9	20	29
280	310					−98	−170	−240	−350	−425	−525	−650	−790	−1 000	−1 300	−1 700						
315	355	−37+Δ	0		−62	−108	−190	−268	−350	−475	−590	−730	−900	−1 150	−1 500	−1 900	4	5	7	11	21	32
355	400					−114	−208	−294	−435	−530	−660	−820	−1 000	−1 300	−1 650	−2 100						
400	450	−40+Δ	0		−68	−126	−232	−330	−150	−595	−740	−920	−1 100	−1 450	−1 850	−2 400	3	5	7	13	23	34
450	500					−132	−252	−360	−540	−660	−820	−1 000	−1 250	−1 600	−2 100	−2 600						

注：公称尺寸小于 1 mm 时，基本偏差 A 和 B 及大于 IT8 的 N 均不采用。公关带 JS7 至 JS11，若 IT_n数值是奇数，则取偏差为 ±（IT_{m-11}）/2。对于小于或等于 IT8 的 K、M、N 和小于或等于 IT7 的 P 至 ZC，所需Δ值从表内右侧选取。例如：18 mm～30 mm 段的 K7，Δ=8 μm，所以 *ES*=−2+8=6 μm；18 mm～30 mm 段的 S6，Δ=4 μm，所以 *ES*=−35+4=−31 μm。特殊情况：250 mm～315 mm 段的 M6，ES_m−9 μm（代替−11μm）。

例 1.3 用查表法确定 $\Phi25H8/p8$ 和 $\Phi25P8/h8$ 的极限偏差。

解：查表 1.3 得

$$IT8=33\ \mu m$$

轴的基本偏差为下偏差，查表 1.5 得

$$ei=+22\ \mu m$$

轴 p8 的上偏差为 $es=ei+IT8=+22\mu m+33\mu m=+55\ \mu m$

孔 H8 的下偏差为 0，上偏差为 $ES=EI+IT8=0+33\mu m=+33\ \mu m$

孔 P8 的基本偏差为上偏差，查表 1.6 得

$$ES=-22\ \mu m$$

孔 P8 的下偏差为 $EI=ES-IT8=-22\ \mu m-33\ \mu m=-55\ \mu m$

轴 h8 的上偏差为 0，下偏差为 $ei=es-IT8=0\mu m-33\ \mu m=-33\ \mu m$

由上可得

$$\Phi25H8=\Phi25^{+0.033}_{0} \qquad \Phi25p8=\Phi25^{+0.055}_{+0.022}$$

$$\Phi25P8=\Phi25^{-0.022}_{-0.055} \qquad \Phi25h8=\Phi25^{0}_{-0.033}$$

孔、轴配合的公差带图如图 1.12 所示。

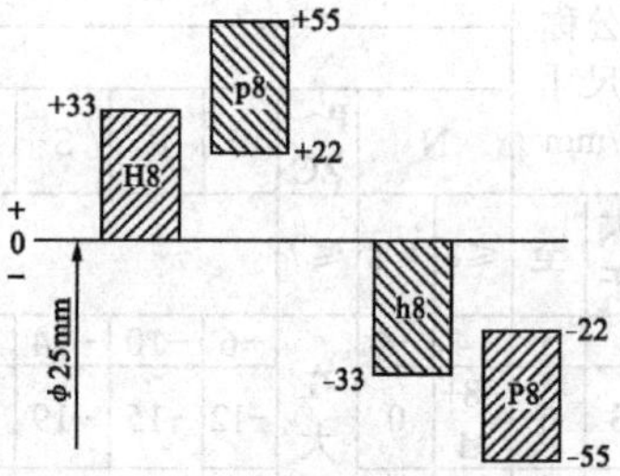

图 1.12 孔、轴配合的公差带图

例 1.4 确定 $\Phi25H7/p6$ 和 $\Phi25P7/h6$ 的极限偏差，其中轴的极限偏差用查表法确定，孔的极限偏差用公式计算确定。

解：查表 1.3 得

$IT6=13\ \mu m$ $IT7=21\ \mu m$

轴 p6 的基本偏差为下偏差，查表 1.5 得 $ei=+22\ \mu m$

轴 p6 的上偏差为 $es=ei+IT6=+22\ \mu m+13\ \mu m=+35\ \mu m$

基准孔 H7 的下偏差为 $EI=0$，H7 的上偏差为 $ES=EI+IT7=0\ \mu m+21\ \mu m=21\ \mu m$

孔 P7 的基本偏差为上偏差为 ES，应该按照特殊规则进行计算：

$$ES=-ei+\Delta$$

$$\Delta=IT7-IT6=21\ \mu m-13\ \mu m=8\ \mu m$$

所以 $ES=-ei+\Delta=-22\ \mu m+8\ \mu m=-14\ \mu m$

孔 P7 的下偏差为 $EI=ES-IT7=-14\ \mu m-21\ \mu m=-35\ \mu m$

轴h6 的上偏差为 $es=0$，下偏差为 $ei=es-IT6=0\ \mu m-13\ \mu m=-13\mu m$

由上可得

$$\Phi25H7=\Phi25^{+0.021}_{0} \qquad \Phi25p6=\Phi25^{+0.035}_{+0.022}$$

$$\Phi25P7=\Phi25^{-0.014}_{-0.035} \qquad \Phi25h6=\Phi25^{0}_{-0.013}$$

孔、轴配合的公差带图如图 1.13 所示。

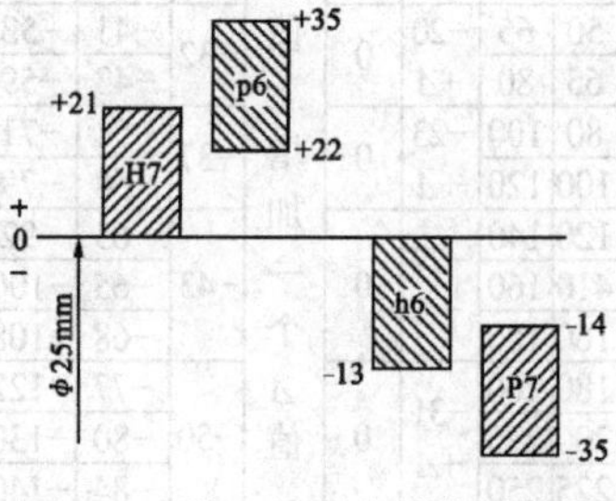

图 1.13 孔、轴配合的公差带图

1.4.2 公差带与配合在图样上的标注

孔、轴的公差带代号由基本偏差代号和公差等级数字组成。例如 H8、F7、K7、P7 等为孔的公差带代号；h7、f6、r6、p6 等为轴的公差带代号，如图 1.14 所示。

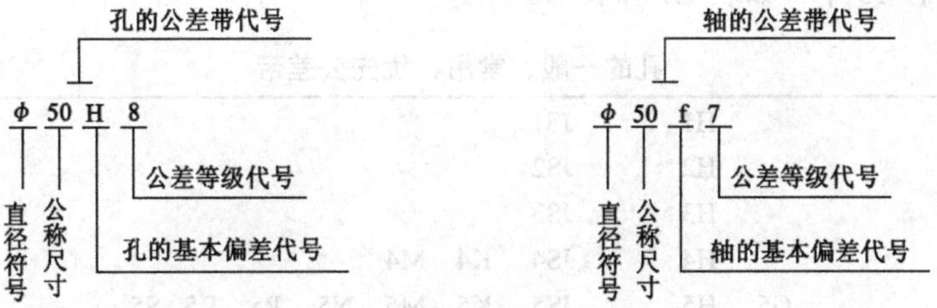

图 1.14 公差带代号

配合代号由相互配合的孔和轴的公差带以分数的形式组成，分子为孔公差带，分母为轴公差带，例如 Φ52H7/g6 或 Φ52H77g6。

零件图上，在公称尺寸之后标注公差带代号或标注上、下偏差数值，或同时标注公差带代号及上、下偏差数值。例如孔尺寸 Φ50H7、$\Phi50^{+0.025}_{0}$ 或 $\Phi50\text{H7}\left({}^{+0.025}_{0}\right)$；轴尺寸 Φ50g6、$\Phi50^{-0.009}_{-0.025}$，或 $\Phi50\text{g6}\left({}^{-0.009}_{-0.025}\right)$，如图 1.15 所示。

装配图上，公称尺寸之后标注配合代号，例如基孔制间隙配合 Φ60H8/f7，如图 1.16 所示。

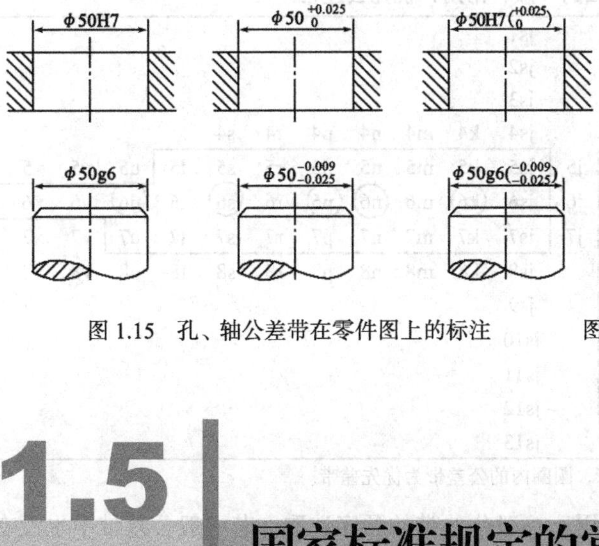

图 1.15 孔、轴公差带在零件图上的标注

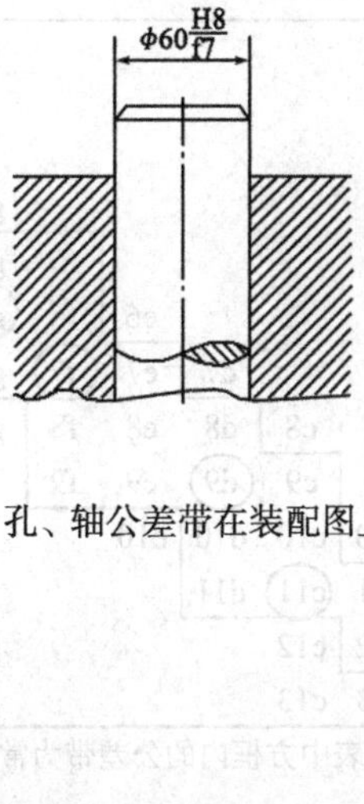

图 1.16 孔、轴公差带在装配图上的标注

1.5 国家标准规定的常用公差与配合

1.5.1 一般、常用和优先的公差带与配合

按照国家标准中提供的标准公差与基本偏差系列，可将任一基本偏差与任一标准公差组合，从而得到大小与位置不同的大量公差带。在公称尺寸小于或等于 500 mm 范围内，孔的公差带有（28－1）×20＋3（J 仅保留 J6～J8）＝543 个，轴的公差带有（28－1）×20＋4（j 仅保留 j5～j8）＝544 个。而公差带数量多，势必会使定值刀具和量具规格繁多，使用时很不经济。为此，GB/T1801—1999 规定了公称尺寸小于或等于 500 mm 的一般用途孔的公差带 105 个和轴的公差带 119 个，再从中选出常用孔的公差带 44 个和轴的公差带 59 个，并进一步选出孔和轴的

优先用途公差带各 13 个，如表 1.7 和表 1.8 所示。

表 1.7　　孔的一般、常用、优先公差带

							H1		JS1												
							H2		JS2												
							H3		JS3												
							H4		JS4	K4	M4										
						G5	H5		JS5	K5	M5	N5	P5	R5	S5						
					F6	G6	H6	J6	JS6	K6	M6	N6	P6	R6	S6	T6	U6	V6	X6	Y6	Z6
			D7	E7	F7	**G7**	**H7**	J7	JS7	**K7**	M7	**N7**	**P7**	R7	**S7**	T7	**U7**	V7	X7	Y7	Z7
		C8	D8	E8	**F8**	G8	**H8**	J8	JS8	K8	M8	N8	P8	R8	S8	T8	U8	V8	X8	Y8	Z8
A9	B9	C9	**D9**	E9	F9		**H9**		JS9			N9	P9								
A10	B10	C10	D10	E10			H10		JS10												
A11	B11	**C11**	D11				**H11**		JS11												
A12	B12	C12					H12		JS12												
							H13		JS13												

注：表中方框内的公差带为常用公差带，圆圈内的公差带为优先差带。

表 1.8　　轴的一般、常用、优先公差带

							h1		js1												
							h2		js2												
							h3		js3												
						g4	h4		js4	k4	m4	n4	p4	r4	s4						
					f5	g5	h5	j5	js5	k5	m5	n5	p5	r5	s5	t5	u5	v5	x5	y5	z5
				e6	f6	**g6**	**h6**	j6	js6	**k6**	m6	**n6**	**p6**	r6	**s6**	t6	**u6**	v6	x6	y6	z6
			d7	e7	**f7**	g7	**h7**	j7	js7	k7	m7	n7	p7	r7	s7	t7	u7	v7	x7	y7	z7
		c8	d8	e8	f8	g8	h8		js8	k8	m8	n8	p8	r8	s8	t8	u8	v8	x8	y8	z8
a9	b9	c9	**d9**	e9	f9		**h9**		js9												
a10	b10	c10	d10	e10			h10		js10												
a11	b11	**c11**	d11				**h11**		js11												
a12	b12	c12					h12		js12												
a13	b13	c13					h13		js13												

注：表中方框内的公差带为常用公差带，圆圈内的公差带为优先差带。

选用公差带时，应按优先、常用、一般公差带的顺序选取。若一般公差带中也没有满足要求的公差带，则按 GB/T1800.1—2009 中规定的标准公差和基本偏差组成的公差带来选取。

在上述推荐的孔、轴公差带的基础上，国家标准还推荐了孔、轴公差带的组合。对基孔制，规定有 59 种常用配合；对基轴制，规定有 47 种常用配合。在此基础上，又从中各选取了 13 种优先配合，如表 1.9 和表 1.10 所示。

表 1.9　　基孔制优先、常用配合

基准孔	轴																				
	a	b	c	d	e	f	g	h	js	k	m	n	p	r	s	t	u	v	x	y	z
	间隙配合								过渡配合				过盈配合								
H6						H6/f5	H6/g5	H6/h5	H6/js5	H6/k5	H6/m5	H6/n5	H6/p5	H6/r5	H6/s5	H6/t5					
H7						H7/f6	▲H7/g6	▲H7/h6	H7/js6	▲H7/k6	H7/m6	▲H7/n6	▲H7/p6	H7/r6	▲H7/s6	H7/t6	▲H7/u6	H7/v6	H7/x6	H7/y6	H7/z6

续表

基准孔	轴																				
	a	b	c	d	e	f	g	h	js	k	m	n	p	r	s	t	u	v	x	y	z
	间隙配合								过渡配合			过盈配合									
H8					H8/e7	◤H8/f7	H8/g7	◤H8/h7	H8/js7	H8/k7	H8/m7	H8/n7	H8/p7	H8/r7	H8/s7	H8/t7	H8/u7				
				H8/d8	H8/e8	H8/f8		H8/h8													
H9			H9/c9	◤H9/d9	H9/e9	H9/f9		◤H9/h9													
H10			H10/c10	H10/d10				H10/h10													
H11	H11/a11	H11/b11	◤H11/c11	H11/d11				◤H11/h11													
H12		H12/b12						H12/h12													

注：① $\frac{H6}{n5}$、$\frac{H7}{p6}$ 在公称尺寸不大于 3 mm 和 $\frac{H8}{r7}$ 不大于 100 mm 时，为过渡配合。

② 标注◤的配合为优先配合。

表 1.10　基轴制优先、常用配合

基准轴	孔																				
	A	B	C	D	E	F	G	H	JS	K	M	N	P	R	S	T	U	V	X	Y	Z
	间隙配合								过渡配合			过盈配合									
h5						F6/h5	G6/h5	H6/h5	JS6/h5	K6/h5	M6/h5	N6/h5	P6/h5	R6/h5	S6/h5	T6/h5					
h6						F7/h6	◤G7/h6	◤H7/h6	JS7/h6	◤K7/h6	M7/h6	◤N7/h6	◤P7/h6	R7/h6	◤S7/h6	T7/h6	◤U7/h6				
h7					E8/h7	◤F8/h7		◤H8/h7	JS8/h7	K8/h7	M8/h7	N8/h7									
h8				D8/h8	E8/h8	F8/h8		H8/h8													
h9				◤D9/h9	E9/h9	F9/h9		◤H9/h9													
h10				D10/h10				H10/h10													
h11	A11/h11	B11/h11	◤C11/h11	D11/h11				◤H11/h11													
h12		B12/h12						H12/h12													

注：标注◤的配合为优先配合。

1.5.2 线性尺寸的一般公差

一般公差是指在车间一般加工条件下可以保证的公差，是机床设备在正常维护操作情况下，能达到的经济加工精度。采用一般公差时，在该尺寸后不标注极限偏差或其他代号，所以也称“未注公差”。正常情况下，一般可不检验。除另有规定外，即使检验出超出一般公差，但若未达到损害其功能时，通常不应拒收。

零件图样应用一般公差后，可带来以下好处：

① 简化制图，使图样清晰。

② 节省设计时间，设计人员不必逐一考虑一般公差的公差值。

③ 简化产品的检验要求。

④ 突出了图样上注出公差的重要要素，以便在加工和检验时引起重视。

⑤ 便于供需双方达成加工和销售协议，避免不必要的争议。

GB/T1804—2000 对线性尺寸的一般公差规定了 4 个公差等级：精密级、中等级、粗糙级和最粗级，分别用字母 f、m、c 和 v 表示，而对尺寸也采用了大的分段，具体数值如表 1.11 所示。这 4 个公差等级分别相当于 IT12、IT14、IT16 和 IT17（旧国家标准 GB1804—1979 的规定）。

表 1.11　　基轴制优先、常用配合　　（单位：mm）

公差等级	尺寸分段							
	0.5～3	3～6	6～30	30～120	120～400	400～1000	1000～2000	2000～4000
精密 f	±0.05	±0.05	±0.1	±0.15	±0.2	±0.3	±0.5	—
中等 m	±0.1	±0.1	±0.2	±0.3	±0.5	±0.8	±1.2	±2
粗糙 c	±0.2	±0.3	±0.5	±0.8	±1.2	±2	±3	±4
最粗 v	—	±0.5	±1	±1.5	±2.5	±4	±6	±8

由表 1.11 可见，不论孔还是轴的长度尺寸，其极限偏差的数值都采用对称分布的公差带，因而与旧国标相比，使用更方便，概念更清晰，数值更合理。标准同时也对倒圆半径与倒角高度尺寸的极限偏差的数值作了规定，如表 1.12 所示。

表 1.12　　倒圆半径与倒角高度尺寸的极限偏差的数值　　（单位：mm）

<table>
<tr><th rowspan="2">公差等级</th><th colspan="4">尺寸分段</th></tr>
<tr><th>0.5～3</th><th>3～6</th><th>6～30</th><th>30</th></tr>
<tr><td>精密 f</td><td rowspan="2">±0.2</td><td rowspan="2">±0.5</td><td rowspan="2">±1</td><td rowspan="2">±2</td></tr>
<tr><td>中等 m</td></tr>
<tr><td>粗糙 c</td><td rowspan="2">±0.4</td><td rowspan="2">±1</td><td rowspan="2">±2</td><td rowspan="2">±4</td></tr>
<tr><td>最粗 v</td></tr>
</table>

当采用一般公差时，在图样上只注公称尺寸，不注极限偏差，而应在图样的技术要求或有关技术文件中，用标准号和公差等级代号作出总的表示。例如，当选用中等级 m 时，则表示为 GB/T1804—m。

一般公差主要用于精度较低的非配合尺寸（如装配，所钻不通孔的深度尺寸）。当要素的功能要求比一般公差更小或允许更大的公差值，而该公差比一般公差更经济时，则在公称尺寸后直接注出极限偏差数值。

一般公差适用于金属切削加工以及一般冲压加工的尺寸。对于非金属材料和其他工艺方法加工的尺寸也可参照使用。

1.6 尺寸公差与配合的选用

尺寸公差与配合的选用是机械设计和制造的一个很重要的环节，公差与配合选择的是否合适，直接影响到机器的使用性能、寿命、互换性和经济性。公差与配合的选用主要包括：配合制的选用、公差等级的选用和配合种类的选用。

1.6.1 基准制的选用

设计时，为了减少定值刀具和量具的规格和种类，应该优先选用基孔制。

但是有些情况下采用基轴制比较经济合理。

① 在农业机械、纺织机械、建筑机械中经常使用具有一定公差等级的冷拉钢材直接做轴，不需要再进行加工，这种情况下，应该选用基轴制。

② 同一基本尺寸的轴上装配几个零件而且配合性质不同时，应该选用基轴制。例如，内燃机中活塞销与活塞孔和连杆套筒的配合，如图 1.17（a）所示，根据使用要求，活塞销与活塞孔的配合为过渡配合，活塞销与连杆套筒的配合为间隙配合。如果选用基孔制配合，三处配合分别为 H6/m5、H6/h5 和 H6/m5，公差带如图 1.17（b）所示；如果选用基轴制配合，三处配合分别为 M6/h5、H6/h5 和 M6/h5，公差带如图 1.17（c）所示。如果选用基孔制时，必须把轴做成台阶形式才能满足各部分的配合要求，而且不利于加工和装配；如果选用基轴制，就可把轴做成光轴，这样有利于加工和装配。

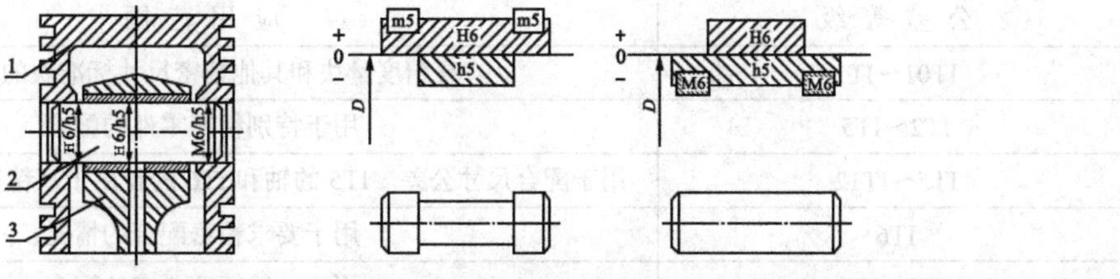

（a）活塞销与活塞孔、连杆套筒的配合　（b）基孔制配合的孔、轴公差带　（c）基轴配合的孔、轴公差带

图 1.17　活塞销与活塞、连杆机构的配合及孔、轴公差带

③ 与标准件或标准部件配合的孔或轴，必须以标准件为基准件来选择配合制。例如，滚动轴承内圈和轴颈的配合必须采用基孔制，外圈和壳体的配合必须采用基轴制。

此外，在一些经常拆卸和精度要求不高的特殊场合可以采用非基准制。例如，滚动轴承端盖凸缘与箱体孔的配合，轴上用来轴向定位的隔套与轴的配合，采用的都是非基准制，如图 1.18 所示。

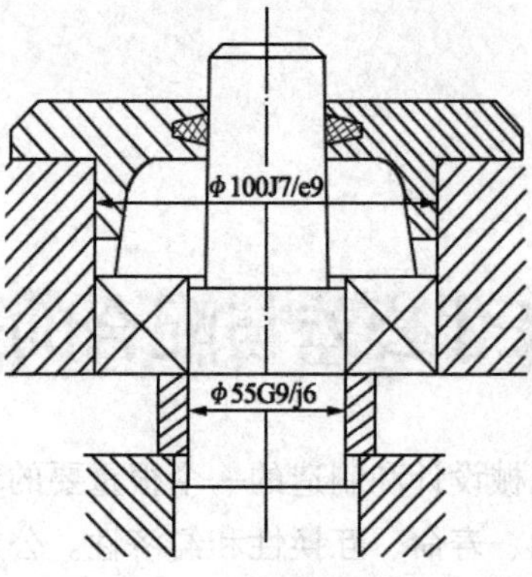

图 1.18　采用非基准制的特殊场合

1.6.2 公差等级的选用

公差等级的选择有一个基本原则，就是在能够满足使用要求的前提下，应尽量选择低的公差等级。

公差等级的选择除遵循上述原则外，还应考虑以下问题。

1. 工艺等价性

在确定有配合的孔、轴的公差等级的时候，还应该考虑到孔、轴的工艺等价性，基本尺寸≤500 mm且标准公差≤IT8的孔比同级的轴加工困难，国家标准推荐孔与比它高一级的轴配合，而基本尺寸≤500 mm且标准公差＞IT8 的孔以及基本尺寸＞500 mm 的孔，测量精度容易保证，国家标准推荐孔、轴采用同级配合。

2. 了解各公差等级的应用范围

具体的公差等级的选择，可参考国家标准推荐的公差等级的应用范围，见表 1.13。

表 1.13　各公差等级应用范围

公差等级	应用范围
IT01～IT1	高精度量块和其他精密尺寸标准块的公差
IT2～IT5	用于特别精密零件的配合
IT5～IT12	用于配合尺寸公差。IT5 的轴和 IT6 的孔用于高精度和重要的配合处
IT6	用于要求精密配合的情况
IT7～IT8	用于一般精度要求的配合
IT9～IT10	用于一般要求的配合或精度要求较高的键宽与键槽宽配合
IT11～IT12	用于不重要的配合
IT12～IT18	用于未注尺寸公差的尺寸精度

3. 熟悉各加工方法的加工精度

各种具体的加工方法所能达到的加工精度，见表 1.14。

公差等级一般采用类比法确定，也就是参考从生产实践中总结出来的经验资料，进行比较选择。用类比法选择公差等级时，应熟悉各个公差等级的应用范围和各种加工方法所能达到的公差等级，具体参见表 1.13、表 1.14 和表 1.15。

表 1.14　　各种加工方法所能达到的公差等级

加工方法	公差等级（IT）																			
	01	0	1	2	3	4	5	6	7	8	9	10	11	12	13	14	15	16	17	18
研磨	—	—	—	—	—	—	—	—	—											
珩磨						—	—	—	—											
圆磨							—	—	—	—										
平磨							—	—	—	—										
金刚石车							—	—	—											
金刚石镗							—	—	—											
拉削							—	—	—											
铰孔								—	—	—	—	—								
车									—	—	—	—	—							
镗									—	—	—	—	—							
铣										—	—	—	—							
刨、插												—	—							
钻												—	—	—	—					
滚压、挤压												—	—							
冲压												—	—	—	—	—				
压铸													—	—	—	—				
粉末冶金成型								—	—	—										
粉末冶金烧结									—	—	—	—								
砂型铸造、气割																		—	—	—
锻造																	—	—		

表 1.15　　常用公差等级的应用实例

公差等级	应用
IT5（孔为 IT6）	主要用在配合公差、形状公差要求很小的地方，其配合性质稳定，一般在机床、发动机、仪表等重要部位应用。例如，与 5 级滚动轴承配合的外壳孔；与 6 级滚动轴承配合的机床主轴，机床尾架与套筒，精密机床及高速机械中轴颈，精密丝杠轴径等
IT6（孔为 IT7）	配合性质能达到较高的均匀性。例如，与 6 级滚动轴承相配合的孔、轴径；与齿轮、蜗轮、联轴器、带轮、凸轮等联接的轴径，机床丝杠轴径；摇臂钻立柱；机床夹具导向件外径尺寸；6 级精度齿轮的基准孔，7、8 级精度齿轮基准轴
IT7	比 6 级精度稍低，应用条件与 6 级基本相似，在一般机械制造中应用较为普遍。例如，联轴器、带轮、凸轮等孔径；夹具中固定转套；7、8 级齿轮基准孔，9、10 级齿轮基准轴
IT8	在机械制造中属于中等精度。例如，轴承座衬套沿宽度方向尺寸，9 至 12 级齿轮基准孔，11 至 12 级齿轮基准轴
IT9，IT10	主要用于机械制造中轴套外径与孔，操纵件与轴，带轮与轴，单键与花键
IT11，IT12	配合精度很低，装配后，可能产生很大间隙，适用于基本上没有什么配合要求场合。例如，机床上法兰盘与止口，滑块与滑移齿轮，加工中工序间尺寸，冲压加工的配合件，机床制造中的扳手孔与扳手座的联接

4. 相关件和相配件的精度

例如，齿轮孔与轴的配合，它们的公差等级决定于相关件齿轮的精度等级，与标准件滚动轴承相配合的外壳孔和轴颈的公差等级决定于相配件滚动轴承的公差等级。

5. 加工成本

为了降低成本，对于一些精度要求不高的配合，孔、轴的公差等级可以相差 2～3 级，如图 1.18 所示，轴承端盖凸缘与箱体孔的配合为 *Φ*100J7/e9，轴上隔套与轴的配合为 *Φ*55G9/j6，它们的公差等级相差分别为 2 级和 3 级。

1.6.3 配合种类的选用

配合的选择主要是根据使用要求确定配合种类和配合代号。

1. 配合类别的选择

配合类别的选择主要是根据使用要求，选择间隙配合、过盈配合和过渡配合三种配合类型其中之一。当相配合的孔、轴间有相对运动时，选择间隙配合；当相配合的孔、轴间无相对运动时，不经常拆卸，而需要传递一定的扭矩，选择过盈配合；当相配合的孔、轴间无相对运动，而需要经常拆卸时，选择过渡配合。下面以基孔制为例，介绍配合类别的选择。

（1）孔、轴之间有相对运动，或没有相对运动，但需要经常拆卸的场合，应采用间隙配合。

用基本偏差 a～h，字母越往后，间隙越小。间隙量小时，主要用于精确定心又便于拆卸的静联接，或结合件间只有缓慢移动或转动的动联接。如结合件要传递力矩，则须需加键、销等紧固件。间隙量较大时，主要用于结合件间有转动、移动或复合运动的动联接。工作温度高，对中性要求低、相对运动速度高等情况，应使间隙增大。

（2）既需要对中性好，又要便于拆卸时，应采用过渡配合。

用基本偏差 j～n（n 与高精度的基准孔形成过盈配合），字母越往后，获得过盈的机会越多。过渡配合可能具有间隙，也可能具有过盈，但不论是间隙量还是过盈量都很小，主要用于精确定心，结合件间无相对运动，可拆卸的静联接。如需要传递力矩，则加键、销等紧固件。

（3）不用紧固件就能保证孔轴之间无相对运动，且需要靠过盈来传递载荷，不经常拆装（或永久性联接）的场合，应采用过盈配合。

用基本偏差 p～zc（p 与低精度的基准孔形成过渡配合），字母越往后，过盈量越大，配合越紧。当过盈量较小时，只作精确定心用，如须传递力矩，须加键、销等紧固件。过盈量较大时，可直接用于传递力矩。采用大过盈的配合，容易将零件挤裂，很少采用。具体选择配合类别时可参考表 1.16 和表 1.17。

表 1.16　配合类别选择

无相对运动	须传递力矩	精确定心	不可拆卸	过 盈 配 合
			可拆卸	过渡配合或基本偏差为 H（h）的间隙配合加键、销紧固件
		不须精确定心		间隙配合加键、销紧固件
	不须传递力矩			过渡配合或过盈量较小的过盈配合
有相对运动	缓慢转动或移动			基本偏差为 H（h）、G（g）等间隙配合
	转动、移动或复合运动			基本偏差为 D～F（d～f）等间隙配合

表 1.17　各种基本偏差应用实例

配　合	基 本 偏 差	特点及应实例
间隙配合	a（A） b（B）	可得到特别大的间隙，应用很少。主要用于工作时温度高、热变形大的零件的配合。例如，发动机中活塞与缸套的配合为 H9/a9
	c（C）	可得到很大的间隙，一般用于工作条件较差（如农业机械）、工作时受力变形大及装配工艺性不好的零件的配合，也适用于高温工作的间隙配合。例如，内燃机排气阀杆与导管的配合为 H8/c7
	d（D）	与 IT6～IT11 对应，适用于较松的间隙配合（如滑轮、空转的带轮与轴的配合），以及大尺寸滑动轴承与轴颈的配合（如涡轮机、球磨机等的滑动轴承）。活塞环与活塞槽的配合可用 H9/d9
	e（E）	与 IT6～IT9 对应，具有明显的间隙。用于大跨矩及多支点的转轴与轴承的配合，以及高速、重载的大尺寸轴与轴承的配合。例如，大型电机、内燃机的主要轴承处的配合为 H8/e7
	f（F）	多与 IT6～IT8 对应，用于一般转动的配合，受温度影响不大、采用普通润滑油的轴与滑动轴承的配合。例如，齿轮箱、小电动机、泵等的转轴与滑动轴承的配合为 H7/f6
	g（G）	多与 IT5、IT6、IT7 对应，形成配合的间隙较小，用于轻载精密装置中的转动配合，用于插销的定位配合、滑阀、连杆销等处的配合，钻套孔多用 G
	b（H）	多与 IT4～IT11 对应，广泛用于无相对转动的配合、一般的定位配合。若没有温度、变形的影响，也可用于精密滑动轴承，如车床尾座孔与滑动套筒的配合为 H6/b5
过度配合	js(JS)	多用于 IT4～IT7 具有平均间隙的过渡配合，用于略有过盈的定位配合。例如，联轴节、齿圈与轮毂的配合，滚动轴承外圈与外壳孔的配合多用 JS7。一般用手或木槌装配
	k（K）	多用于 IT4～IT7 平均间隙接近零的配合，用于定位配合。例如，滚动轴承的内、外圈分别与轴颈、外壳孔的配合。用木槌装配
	m（M）	多用于 IT4～IT7 平均过盈较小的配合，用于精密定位的配合，例如，蜗轮的青铜轮缘与轮毂的配合为 H7/m6
	n（N）	多用于 IT4～IT7 平均过盈较小的配合，很少形成间隙，用于加键传递较大扭矩的配合。例如，冲床上齿轮与轴的配合。用槌子或压力机装配
过盈配合	p（P）	用于小过盈配合，与 H6 或 H7 的孔形成过盈配合，而与 H8 的孔形成过渡配合，碳钢和铸铁制零件形成的配合为标准压入配合。例如，绞车的绳轮与齿圈的配合 H7/p6，合金钢制零件的配合需要小过盈时可用 p（或 P）
	r（R）	用于传递大扭矩或受冲击负荷而需要加键的配合。例如，蜗轮与轴的配合为 H7/r6，H8/r8 配合在基本尺寸＜100mm 时，为过渡配合
	s（S）	用于钢和铸铁零件的永久性和半永久性结合，可产生相当大的结合力。例如，套环压在轴、阀座上用 H7/s6 配合
	t（T）	用于钢和铸铁制零件的永久性结合，不用健可传递扭矩，须用热套法或冷轴法装配。例如，联轴节与轴的配合为 H7/t6
	u（U）	用于大过盈配合，最大过盈须验算，用热套法进行装配。例如，火车轮毂和轴的配合为 H6/u5
	v（V），x（X） y（Y），z（Z）	用于特大过盈配合，目前使用的经验和资料很少，须经试验后才能应用，一般不推荐

2. 配合种类选择的基本方法

配合种类选择的基本方法有三种，即计算法、试验法和类比法。

计算法就是根据理论公式，计算出使用要求的间隙或过盈大小来选定配合的方法。例如，根据液体润滑理论，计算保证液体摩擦状态所需要的最小间隙。在依靠过盈来传递运动和负载的过盈配合时，可根据弹性变形理论公式，计算出能保证传递一定负载所需要的最小过盈和不使工作损坏的最大过盈。用计算法选择配合时，关键是确定所需的极限间隙或极限过盈。随着科学技术的不断发展和计算机的广泛应用，计算法将会日趋完善和逐渐增多。

试验法就是用试验的方法确定满足产品工作性能的间隙或过盈范围。该方法主要用于对产品性能影响较大而又缺乏经验的场合的方法。试验法比较可靠，但周期长、成本高，应用比较少。

类比法就是参照同类型机器或机构中经过生产实践验证的配合的实际情况，再结合所设计产品的使用要求和应用条件来确定配合的方法。在实际工作中，大多采用类比法来选择公差与配合。因此，必须了解和掌握一些在实践生产中已被证明成功的极限与配合的实例，同时也要熟悉和掌握各个基本偏差在配合方面的特征和应用。明确标准规定的各种配合，特别是优先配合的性质，这样，在充分分析零件使用要求和工作条件的基础上，考虑结合件工作时的相对运动状态、承受负载情况、润滑条件、温度变化以及材料的物理力学性能等对间隙或过盈的影响，就能选出合适的配合类型。

表 1.18 为小于或等于 500 mm 基孔制常用和优先配合的特征及应用场合。

表 1.18　尺寸≤500 mm 基孔制常用和优先配合的特征及应用

配合类别	配合特征	配合代号	应用
间隙配合	特大间隙	$\frac{H11}{a11}$ $\frac{H11}{b11}$ $\frac{H12}{b12}$	用于高温或工作时要求大间隙的配合
	很大间隙	$\left(\frac{H11}{c11}\right)$ $\frac{H11}{d11}$	用于工作条件较差、受力变形或为了便于装配而需要大间隙的配合和高温工作的配合
	较大间隙	$\frac{H9}{c9}$ $\frac{H10}{c10}$ $\frac{H8}{d8}$ $\left(\frac{H9}{d9}\right)$ $\frac{H10}{d10}$ $\frac{H8}{e7}$ $\frac{H8}{e8}$ $\frac{H9}{e9}$	用于高速重载的滑动轴承或大直径的滑动轴承，也可以用于大跨距或多支点支承的配合
	一般间隙	$\frac{H6}{f5}$ $\frac{H7}{f6}$ $\left(\frac{H8}{f7}\right)$ $\frac{H8}{f8}$ $\frac{H9}{f9}$	用于一般转速的配合。当温度影响不大时，广泛应用于普通润滑油润滑的支承处
	较小间隙	$\left(\frac{H7}{g6}\right)$ $\frac{H8}{g7}$	用于精密滑动零件或缓慢间隙回转的零件的配合部位
	很小间隙和零间隙	$\frac{H6}{g5}$ $\frac{H6}{h5}$ $\left(\frac{H7}{h6}\right)$ $\left(\frac{H8}{h7}\right)$ $\frac{H8}{h8}$ $\left(\frac{H9}{h9}\right)$ $\frac{H1}{h1}$ $\left(\frac{H11}{h11}\right)$ $\frac{H12}{h12}$	用于不同精度要求的一般定位件的配合以及缓慢移动和摆动零件的配合
过渡配合	绝大部分有微小间隙	$\frac{H6}{js5}$ $\frac{H7}{js6}$ $\frac{H8}{js7}$	用于易于装拆的定位配合或加紧固件后可传递一定静载荷的配合
	大部分有微小间隙	$\frac{H6}{k5}$ $\left(\frac{H7}{k6}\right)$ $\frac{H8}{k7}$	用于稍有振动的定位配合，加紧固件可传递一定载荷，装拆方便可用木锤敲入
	绝大部分有较小过盈	$\frac{H6}{m5}$ $\frac{H7}{m6}$ $\frac{H8}{m7}$	用于定位精度较高而且能够抗振的定位配合，加键可传递较大载荷，可用铜锤敲入或小压力压入
	大部分有微小过盈	$\left(\frac{H7}{n6}\right)$ $\frac{H8}{n7}$	用于精确定位或紧密组合件的配合，加键能传递大力矩或冲击性载荷，只在大修时拆卸

续表

配合类别	配合特征	配合代号	应用
过盈配合	绝大部分有较小过盈	$\frac{H8}{p7}$	加键后能传递很大力矩，且能承受振动或冲击的配合，装配后不再拆卸
	轻型	$\frac{H6}{n5}$ $\frac{H6}{p5}$ $\left(\frac{H7}{p6}\right)$ $\frac{H6}{r5}$ $\frac{H7}{r6}$ $\frac{H8}{r7}$	用于精确的定位配合，一般不能靠过盈传递力矩，要传递力矩尚需要加紧固件
	中型	$\frac{H6}{s5}$ $\left(\frac{H7}{s6}\right)$ $\frac{H8}{s7}$ $\frac{H6}{t5}$ $\frac{H7}{t6}$ $\frac{H8}{t7}$	不需要加紧固件就能传递较小力矩和轴向力，加紧固件后能承受较大载荷和动载荷
	重型	$\left(\frac{H6}{u5}\right)$ $\frac{H8}{u7}$ $\frac{H7}{v6}$	不需要加紧固件就可传递和承受大有力矩和动载荷的配合，要求零件材料有高强度
	特重型	$\frac{H7}{x6}$ $\frac{H7}{y6}$ $\frac{H7}{z6}$	能传递和承受很大力矩和动载荷的配合，需要经过试验后方可应用

注：①括号内的配合为优先配合。

②国标规定的 44 种基轴制配合的应用与本表中的同名配合相同。

工作条件是选择配合的重要依据，在用类比法选择配合时，待选部位与典型实例在工作条件上有变化时，应对配合的松紧作适当的调整。由于情况千差万别，表 1.19 只能定性地表示常见工作条件变化时如何进行调整的趋势，可作为选择配合时的参考。

表 1.19　　不同工作条件影响配合间隙或过盈的趋势

具体情况	过盈增或减	间隙增或减
材料强度小	减	—
经常拆卸	减	—
有冲击载荷	增	减
工作时孔温度高于轴	增	减
工作时轴温度高于孔	减	增
配合长度增大	减	增
配合面形状和位置误差增大	减	增
旋转速度增高	增	增
有轴向运动	—	增
润滑油黏度增大	—	增
表面趋向粗糙	增	减
单件生产相对于成批生产	减	增

例 1.5　已知某孔、轴的公称尺寸为 Φ40 mm，已确定配合间隙要求在 0.022 mm～0.066 mm 之间，试确定孔、轴的公差等级和配合种类（用计算法）。

解： 1. 配合制的选择

一般情况下优先选择基孔制。

2. 选择公差等级

$$T_f' = |X_{max} - X_{min}| = 66\ \mu m - 22\ \mu m = 44\ \mu m$$

欲满足使用要求，所选轴、孔的公差应满足

$$T_f = T_D + T_d \leqslant T_f'$$

设 $T_D' = T_d' = T_f' = 22$ μm，查表 1.3 得知，介于 6～7 级之间，IT6 = 16 μm，IT7 = 25 μm。根据工艺等价性原则，一般孔比轴低一级，故选择孔 IT7 级，轴 IT6 级，则有

$T_f = T_D + T_d = 25\ \mu m + 16\ \mu m = 41\ \mu m < T_f' = 44\ \mu m$

符合使用要求。

由于采用基孔制，故孔的公差带为 $\Phi 40H7\,^{+0.025}_{0}$ mm。

3. 选择配合种类

选择配合种类，即选择轴的基本偏差代号，条件是孔和轴组成配合的最大间隙和最小间隙要求在 0.022 mm～0.066 mm 之间。

由前文知

a～h　*es*　间隙配合

j～n　*ei*　过渡配合

P～zc　*ei*　过盈配合

其中间隙配合：$X_{max} = ES - ei$　　$X_{min} = EI - es$

过渡配合：$X_{max} = ES - ei$　　$Y_{max} = EI - es$

过盈配合：$Y_{max} = EI - es$　　$Y_{min} = ES - ei$

因为题目要求形成的是间隙配合，所以就要利用 X_{min} 有目的地求轴的 *es*。

由 $X_{min} = EI - es$ 及 $EI = 0$ 可知

$$es' = -X_{min} = -22\ \mu m$$

且 es'是轴的基本偏差。查表 1.5 轴的基本偏差表，−22 μm 介于 −25μm（f）和 −9 μm（g）之间，根据上述条件，只有选取 f（$es = -25$ μm）才能保证配合最小间隙 $X_{min} = +25$ μm 在规定的配合间隙 0.022 mm～0.066 mm 之间，故轴为 $\Phi 40f6\,^{-0.025}_{-0.041}$ mm，舍去了 $\Phi 40g6$。

4. 验算结果

所选配合为 $\Phi 40H7\,^{+0.025}_{0}/f6\,^{-0.025}_{-0.041}$，计算得

$$X_{max} = ES - ei = [+25 - (-41)] = +66\ \mu m = +0.066\ mm$$

$$X_{min} = EI - es = [0 - (-25)] = +25\ \mu m = +0.025\ mm$$

均在 0.022 mm～0.066 mm 之间，所选配合既符合国家标准又满足使用要求。

小结

本章主要介绍了极限与配合的基本术语和概念以及《极限与配合》国家标准的组成和特点，其中，掌握各个术语的含义及其之间的联系与区别是该部分内容的关键。

（1）公称尺寸是设计时给定的尺寸。实际尺寸是通过测量得到的尺寸，是具体零件上某一位置尺寸的测量值。本书中的实际尺寸指的是零件制成后的实际尺寸。极限尺寸是允许尺寸变化的两个界限值，统称为极限尺寸。极限尺寸是以公称尺寸为基数来确定的，极限尺寸用于控制实际尺寸。

（2）极限偏差是极限尺寸减去公称尺寸所得的代数差。极限偏差的数值可能是正值、负值或零值；实际偏差是实际尺寸与公称尺寸的差值。偏差是以公称尺寸为基数，从偏离公称尺寸

的角度来表述有关尺寸的术语。

（3）公差是允许尺寸的变动量。公差值无正负含义，它表示尺寸变动范围的大小。标准公差是国家标准统一规定的用以确定公差带大小的任一公差；基本偏差是用于确定公差带相对于零线位置的上偏差或下偏差。

（4）配合是指公称尺寸相同、相互配合的孔与轴公差带之间的关系。配合的种类有间隙配合、过渡配合和过盈配合。间隙配合是指具有间隙的配合；过盈配合是指具有过盈的配合；过渡配合是指可能具有间隙或过盈的配合。

配合公差是指允许间隙或过盈的变动量，它是设计人员根据机器配合部位使用性能的要求对配合松紧变动的程度给定的允许值。

习题

1. 判断题

（1）基本尺寸是设计给定的尺寸，因此零件的实际尺寸越接近基本尺寸，则其精度越高。（　　）

（2）公差，可以说是零件尺寸允许的最大偏差。（　　）

（3）尺寸的基本偏差可正可负，一般都取正值。（　　）

（4）公差值越小的零件，越难加工。（　　）

（5）过渡配合可能具有间隙或过盈，因此，过渡配合可能是间隙配合或是过盈配合。（　　）

（6）某孔的实际尺寸小于与其结合的轴的实际尺寸，则形成过盈配合。（　　）

2. 选择题

（1）尺寸 Φ48F6 中，“F”代表________。

A. 尺寸公差带代号　B. 公差等级代号　C. 基本偏差代号　D. 配合代号

（2）Φ30js8 的尺寸公差带图和尺寸零线的关系是________。

A. 在零线上方　B. 在零线下方　C. 对称于零线　D. 不确定

（3）Φ65g6 和________组成工艺等价的基孔制间隙配合。

A. Φ65H5　B. Φ65H6　C. Φ65H7　D. Φ65G7

（4）下列配合中最松的配合是________。

A. H8/g7　B. H7/r6　C. M8/h7　D. R7/h6

（5）Φ45F8 和 Φ45H8 的尺寸公差带图________。

A. 宽度不一样　B. 相对零线的位置不一样

C. 宽度和相对零线的位置都不一样　D. 宽度和相对零线的位置都一样

（6）通常采用________选择配合类别。

A. 计算法　B. 试验法　C. 类比法

（7）公差带的选用顺序是尽量选择________代号。

A. 一般　B. 常用　C. 优先　D. 随便

（8）如图 1.17 所示，尺寸 Φ100 属于________。

A. 重要配合尺寸　B. 一般配合尺寸　C. 一般公差尺寸　D. 没有公差要求。

3. 按表中给出的数值计算，并将计算结果填入相应的空格内（单位：mm）。

基本尺寸	最大极限尺寸	最小极限尺寸	上偏差	下偏差	公差
孔 Φ8	8.040	8.025			
轴 Φ60			−0.060		0.046
孔 Φ30		30.020			0.100
轴 Φ50			−0.050	−0.112	

4. 已知下列三对孔、轴相配合。要求：

（1）分别计算三对配合的最大与最小间隙，或过盈及配合公差。

（2）分别绘出公差带图，并说明它们的配合类别。

① 孔：$\Phi20^{+0.033}_{0}$　　轴:$\Phi20^{-0.065}_{-0.098}$

② 孔：$\Phi35^{+0.007}_{-0.018}$　　轴:$\Phi35^{0}_{-0.016}$

③ 孔：$\Phi55^{+0.030}_{0}$　　轴：$\Phi55^{+0.060}_{+0.041}$

5. 查表确定下列各孔、轴公差带的极限偏差，画出公差带图，说明配合性质及基准制，并计算极限盈隙值。

（1）Φ30H7/g6（2）Φ45N7/h6（3）Φ65H7/u6（4）Φ180P7/h6（5）Φ50H8/js7（6）Φ40H8/h8（7）Φ18M6/h5

6. 设有一基本尺寸为 Φ60 mm 的配合，经计算确定其间隙应为 0.025～0.110mm，若已决定采用基孔制，试确定此配合的孔、轴公差带代号，并画出其尺寸公差带图。

7. 设有一基本尺寸为 Φ110 mm 的配合，经计算确定，为保证连接可靠，其过盈不得小于 0.040 mm；为保证装配后不发生塑性变形，其过盈不得大于 0.110 mm。若已决定采用基轴制，试确定此配合的孔、轴公差带代号，并画出其尺寸公差带图。

8. 设有一基本尺寸为 Φ25 mm 的配合，为保证装拆方便和对中的要求，其最大间隙和最大过盈均不得大于 0.020 mm。试确定此配合的孔、轴公差带代号（含基准制的选择分析），并画出其尺寸公差带图。

9. 下图 1.19 为一机床传动装配图的一部分，齿轮与轴由键联结，轴承内圈与轴的配合采用 Φ50k6，轴承外圈与机座的配合采用 Φ110J7，试选择②、③、⑤处的配合代号，填入表格中，并将所选代号标注在图上。

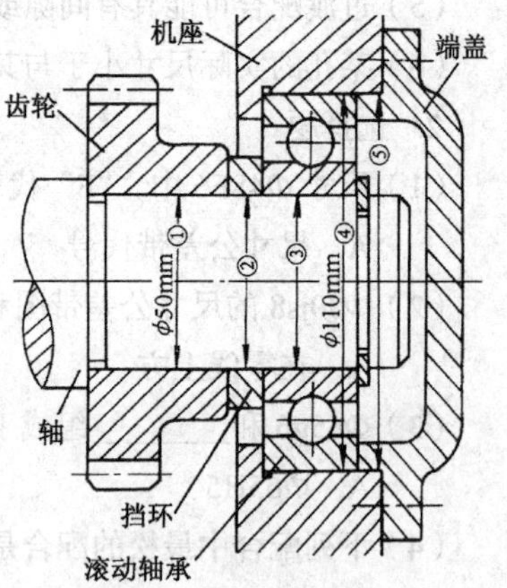

图 1.19　机床传动装配图

配合部位	配合代号	选择理由简述
①		
②		
③		

第2章 形状和位置公差及检测

学习提示及要求

机械零件几何要素的形状和位置精度是一项重要的质量指标，在很大程度上影响着该零件的质量和使用功能，从而影响整个机械产品的质量。为了保证机械产品的质量，就应该正确选择形位公差，在零件图上正确标注，并按零件图上给出的形位公差来评定和检测形位误差。

要求学生正确掌握形位公差带的有关概念、形位公差的选用、标注及形位误差的评定和检测方法。

2.1 概述

零件在加工过程中，机床、夹具、刀具组成的工艺系统本身的误差，以及加工中工艺系统的受力变形、振动、磨损等因素，都会使加工后的零件的形状及其构成要素之间的位置与理想的形状和位置存在一定的差异，这种差异即是形状误差和位置误差（以下简称形位误差）。零件的几何误差直接影响零件的使用性能，主要表现在以下几个方面。

① 影响零件的配合性质。例如，圆柱表面的形状误差，在有相对运动的间隙配合中，会使间隙大小沿结合面长度方向分布不均，造成局部磨损加剧，从而降低运动精度和零件的寿命；在过盈配合中，会使结合面各处的过盈量大小不一，影响零件的联接强度。

② 影响零件的功能要求。例如，机床导轨的直线度误差，会影响运动部件的运动精度；变速箱中的两轴承孔的平行度误差，会使相互啮合的两齿轮的齿面接触不良，降低承载能力。

③ 影响零件的可装配性。例如，在孔轴结合中，轴的几何形状误差都会使孔轴无法装配，如图 2.1 所示。

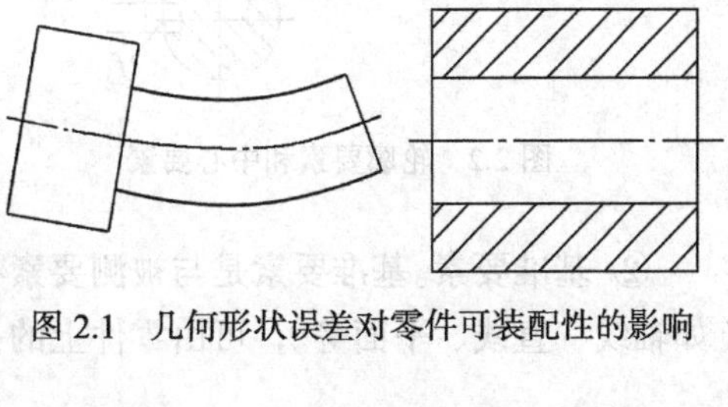

图 2.1　几何形状误差对零件可装配性的影响

可见，形位误差影响着零件的使用性能，进

而会影响到机器的质量，所以必须采用相应的公差进行限制。

为使设计零件的形状和位置公差有规可循，国际标准化组织制订了有关的标准——ISO1101，我国在此基础上制定了相应的国家标准。零件形位公差涉及较多的国家标准，现行的有关标准主要有:《产品几何技术规范　几何公差形状、方向、位置和跳动公差标注》(GB/T 1182—2008)、《公差原则》(GB/T 4249—1996)、《形状和位置公差——最大实体要求、最小实体要求和可逆要求》(GB/T 16671—1996)、《形状和位置公差　检测规定》(GB/T 1958—2004)、《形状和位置公差　未注几何公差值》(GB/T 1184—1996)等。

2.1.1 基本概念

1. 几何要素

形位公差的研究对象是构成零件几何特征的点、线、面。这些点、线、面统称为要素。

一般在研究形状公差时，涉及的对象有线和面两类要素；在研究位置公差时，涉及的对象有点、线和面三类要素。形位公差就是研究这些要素在形状及其相互间方向或位置方面的精度问题。

几何要素可从不同角度分类。

(1)按结构特征分类(见图 2.2)

① 轮廓要素。即构成零件外形为人们直接感觉到的点、线、面。

② 中心要素。即轮廓要素对称中心所表示的点、线、面。其特点是不能为人们直接感觉到，而是通过相应的轮廓要素才能体现出来，如零件上的中心面 *f*、中心线 *h*、中心点 *g* 等。

(2)按存在状态分类

① 实际要素。即零件上实际存在的要素，可以通过测量反映出来的要素代替。

② 理想要素。它是具有几何意义的要素；是按设计要求，由图样给定的点、线、面的理想形态；它不存在任何误差，是绝对正确的几何要素。理想要素是作为评定实际要素的依据，在生产中是不可能得到的。

(3)按所处部位分类

① 被测要素。即图样中给出了形位公差要求的要素，是测量的对象，如图 2.3 中 Φd_2 的圆柱面、Φd_2 右侧的台阶面。

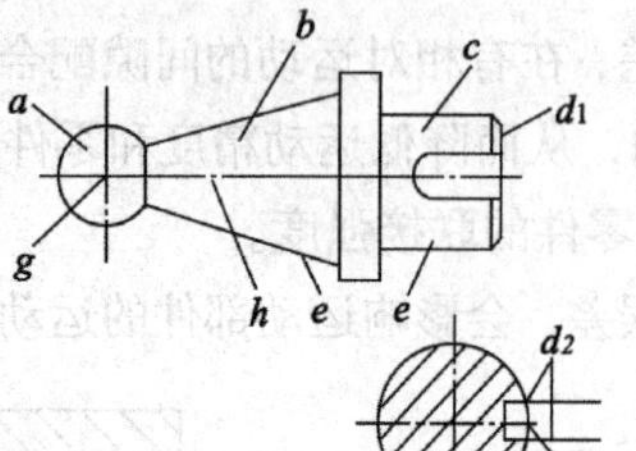

图 2.2　轮廓要素和中心要素

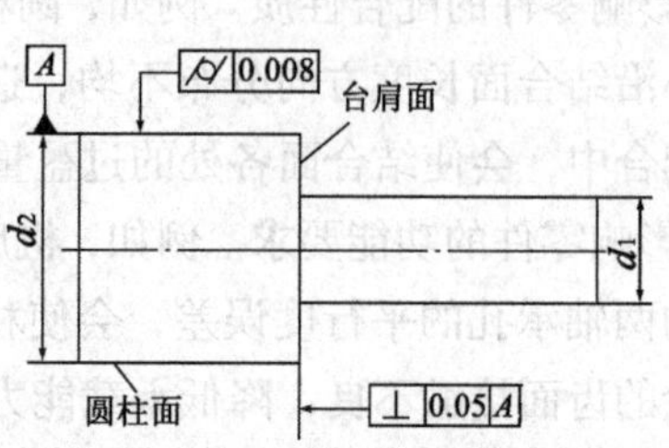

图 2.3　基准要素和被测要素

② 基准要素。基准要素是与被测要素有关且用来确定其几何位置关系的一个几何理想要素(如轴线、直线、平面等)，可由零件上的一个或多个要素构成。基准要素在图样上都标有基准

符号或基准代号，如图 2.3 中 Φd_2 的轴线。

（4）按功能关系分类

① 单一要素。仅对其本身给出形状公差要求的要素。图样上几何公差框格中无基准字母的要素，如图 2.3 中 Φd_2 的圆柱面。

② 关联要素。对其他要素有功能关系的要素，或给出位置公差要求的要素。图样上几何公差框格中有基准字母的要素，如图 2.3 中的 Φd_2 的轴线和台肩面。

2. 形位公差带基本概念

图样中对几何要素的形状、位置提出精度要求时，就必须用几何公差带（形位公差带）来进行表示。

几何公差带是由一个或几个理想的几何线或面所限定的，由线性公差值表示其大小的区域，具有形状、大小、方向和位置 4 个要素。一旦有了这一标注，也就明确了被控制的对象（要素）是谁，允许它有何种误差，允许的变动量（即公差值）多大，范围在哪里，实际要素必须在这个范围之内，工件才为合格。这使几何要素（点、线、面）在整个被测范围内均受其控制。这一用来限制实际要素变动的区域就是形位公差带。

形位公差带的形状是由要素本身的特征和设计要求确定的。常用的形位公差带有以下 11 种形状：两平行直线之间的区域（a）、两等距曲线之间的区域（b）、两平行平面之间的区域（c）、两等距曲面间的区域（d）、圆柱内区域（e）、两同心圆间的区域（f）、圆内区域（g）、球内区域（h）、两同轴圆柱面间的区域（i）、一段圆柱面（j）、一段圆锥面（k），如图 2.4 所示。

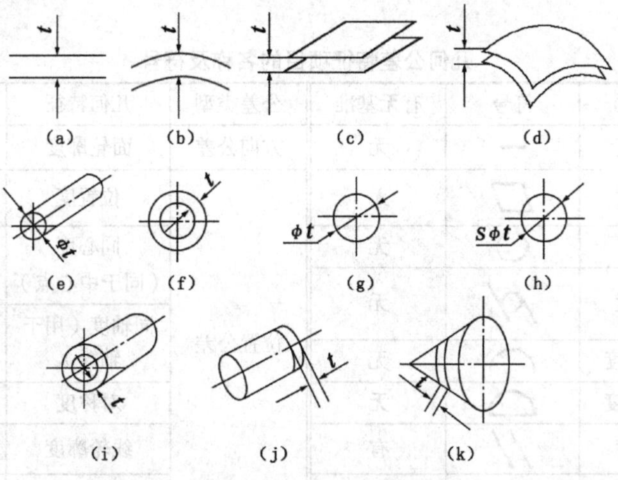

图 2.4　形位公差带的形状

形位公差带的大小是指公差标注中公差值的大小，它是指允许实际要素变动的全量，它的大小表明形状位置精度的高低，一般情况下，应根据 GB/T1184－1996 来选择标准数值，如有特殊需要，也可另行规定。形位公差带的形状不同，可以是指形位公差带的宽度或直径，这取决于被测要素的形状和设计的要求，设计时可在公差值前加或不加符号来区别。形位公差带的宽度或直径值是控制零件几何精度的重要指标。

在评定形位误差时，形状公差带和位置公差带的放置方向直接影响到误差评定的正确性。对于形状公差带，其放置方向应符合最小条件（见形位误差评定）。对于定位位置公差，除点的位置度公差外，其他控制位置的公差带都有方向问题，其放置方向由相对于基准的理论正确尺寸来确定。

对于形状公差带，只是用来限制被测要素的形状误差，本身不作位置要求。实际上，只要求形状公差带在尺寸公差带内便可，允许在此范围内任意浮动。

对于定向位置公差带，强调的是相对于基准的方向关系，其对实际要素的位置是不作控制的，而是由相对于基准的尺寸公差或理论正确尺寸控制。例如，机床导轨面对床脚底面的平行度要求，它只控制实际导轨面对床脚底面的平行性方向是否合格，至于导轨面离地面的高度，则由其对床脚底面的尺寸公差控制，被测导轨面只要位于尺寸公差内，且不超过给定的平行度公差带，就视为合格。因此，导轨面高于平行度公差带可移到尺寸公差带的上部位置，根据被测要素离基准的距离不同，平行度公差带可以在尺寸公差带内上下浮动变化。如果由理论正确尺寸定位，则形位公差带的位置由理论正确尺寸确定，其位置是固定不变的。

对于定位位置公差带，强调的是相对于基准的位置（其必包含方向）关系，公差带的位置由相对于基准的理论正确尺寸确定，公差带是完全固定位置的。其中同轴度、对称度的公差带位置与基准（或其延伸线）位置重合，即理论正确尺寸为 0，而位置度则应在 x、y、z 坐标上分别给出理论正确尺寸。

2.1.2 形位公差的项目及符号

按国家标准 GB/T 1182—2008 的规定，几何公差特征项目共有 19 项，各项目的名称及符号如表 2.1 所示。

表 2.1 几何公差特征项目的名称及符号

公差类型	几何特征	符号	有无基准	公差类型	几何特征	符号	有无基准
形状公差	直线度	⏤	无	方向公差	面轮廓度	⌓	有
	平面度	⏥	无	位置公差	位置度	⌖	有或无
	圆度	○	无		同心度（同于中心点）	◎	有
	圆柱度	⌭	无		同轴度（用于轴线）	◎	有
	线轮廓度	⌒	无		对称度	⌯	有
	面轮廓度	⌓	无		线轮廓度	⌒	有
方向公差	平行度	∥	有		面轮廓度	⌓	有
	垂直度	⊥	有	跳动公差	圆跳动	↗	有
	倾斜度	∠	有		全跳动	⌰	有
	线轮廓度	⌒	有				

注：线轮廓度和面轮廓度若不带基准，属于几何公差；若带基准，则可化为方向公差或位置公差。

2.1.3 形位公差的标注

对零件的几何要素有几何公差要求时，应在设计图样上按 GB/T1182—1996 的规定，用几何公差框格、基准符号和指引线进行标注，如图 2.5 所示。

1. 形位公差代号

公差框格及填写的内容如下。

如图 2.5 所示，形位公差框格由 2～5 格组成。形状公差一般为两格，位置公差可为 2～5 格。在零件图样上只能沿水平或垂直放置。框格中从左到右或从下到上依次填写下列内容：

第一格：几何公差特征项目符号。

第二格：几何公差值及附加要求。

第三格：基准字母（没有基准的形状公差框格只有前两格）。

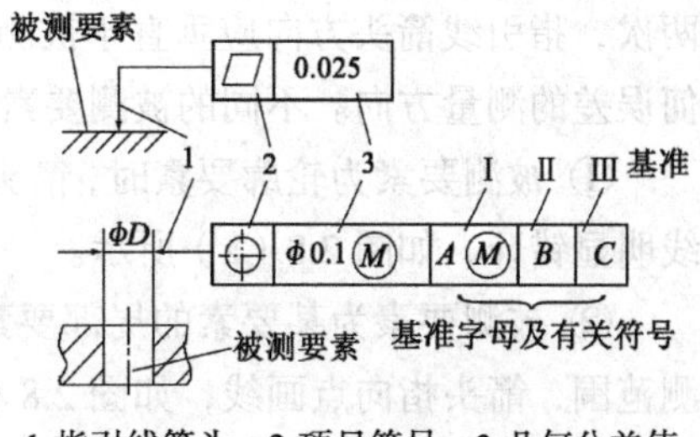

1-指引线箭头；2-项目符号；3-几何公差值

图 2.5 形位公差框格填写

填写公差框格应注意以下几点。

① 几何公差值均是以毫米为单位的线性值表示，根据公差带的形状不同，在公差值前加注不同的符号或不加符号，如图 2.6（b）、图 2.6（d）所示。

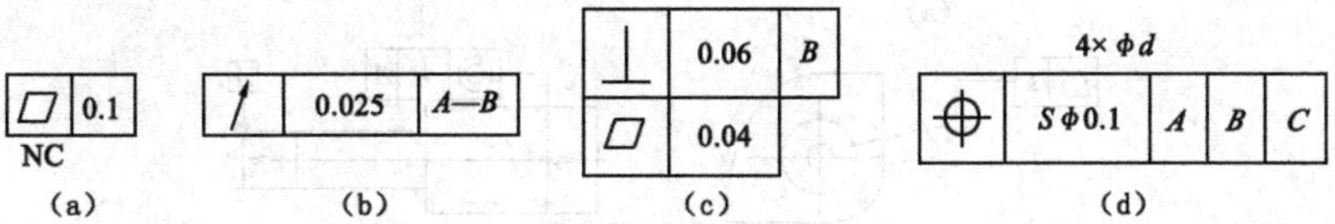

图 2.6 公差框格

② 当公差应用于几个相同要素时，应在公差框格的上方被测要素的尺寸之前注明要素的个数，并在两者之间加上符号“×”，如图 2.6（d）所示。对被测要素的其他说明，应在框格下方注明，如图 2.6（a）所示，其中 NC 表示不凸起。

③ 对同一被测要素有两个或两个以上的公差项目要求时，允许将一个框格放在另一个框格的下方，如图 2.6（c）所示。

④ 对被测要素的形状在公差带内有进一步的限定要求时，应在公差值后面加注相应的符号，如表 2.2 所示。

表 2.2 形位公差标注中的有关符号

含义	符号	举例	含义	符号	举例
只许中间向材料内凹下	(−)	— t(−)	只许从左至右减小	(▷)	t(▷)
只许中间向材料外凸起	(+)	▱ t(+)	只许从右至左减小	(◁)	t(◁)

2. 被测要素的标注

用带箭头的指引线将公差框格与被测要素相连来标注被测要素。指引线与框格的联接可采用图 2.7（a）、图 2.7（b）、图 2.7（c）所示的方法，指引线由框格中部引出，也可采用图 2.7（d）所示的方法。

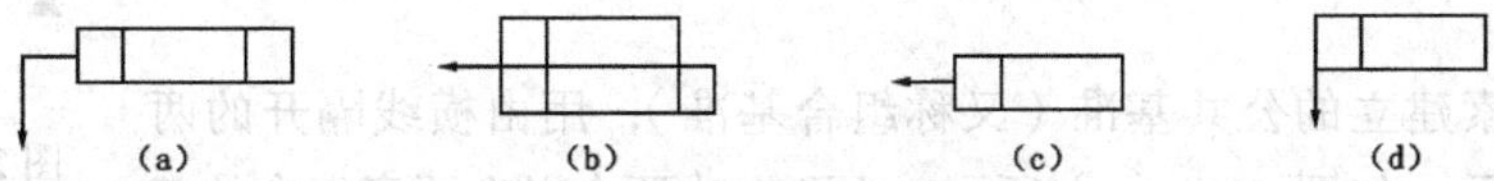

图 2.7 指引线与形位公差框格

指引线从几何公差框格的左边或右边引出并指向被测要素时，中间可以弯折，但不得多于两次，指引线箭头方向应垂直于被测要素，即与公差带的宽度或直径方向相同，该方向也是几何误差的测量方向。不同的被测要素，箭头的指示位置也不同。

① 被测要素为轮廓要素时，箭头应直接指向被测要素或其延长线，并且与相应轮廓的尺寸线明显错开，如图 2.8（a）所示。

② 被测要素为某要素的局部要素，而且在视图上表现为轮廓线时，可用粗点画线表示出被测范围，箭头指向点画线，如图 2.8（b）所示。

③ 被测要素为视图上的局部表面时，可用带圆点的参考线指明被测要素（圆点应在被测表面上），而将指引线的箭头指向参考线，如图 2.8（c）所示。

④被测要素为中心要素时，箭头应与相应轮廓尺寸线对齐，如图 2.8（d）所示。

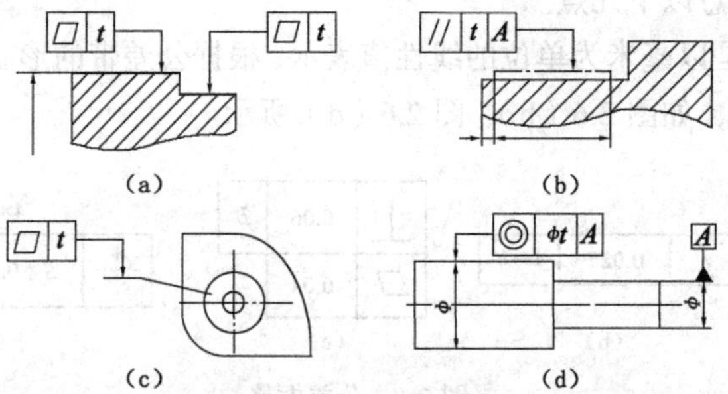

图 2.8　被测要素的标注

⑤ 一个公差框格可以用于具有相同几何特征和公差值的若干个分离要素，如图 2.9（a）所示。

⑥ 若干个分离要素给出单一公差带时，可按图 2.9（b）所示在公差框格内公差值的后面加注公共公差带的符号 CZ，CZ 表示公共公差带。

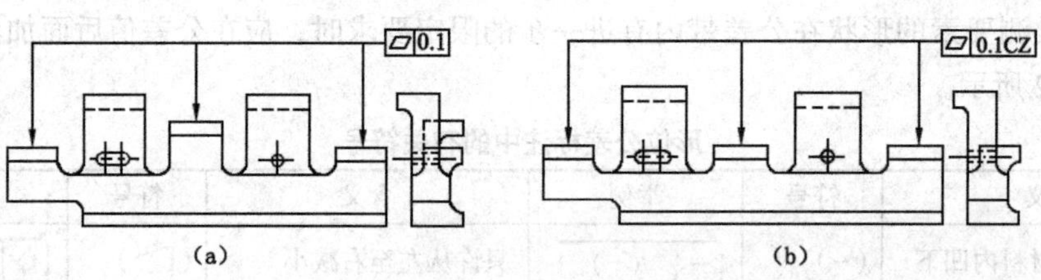

图 2.9　位置受限时被测要素的标注

3. 基准的标注

对关联被测要素的位置公差必须注明基准。基准代号如图 2.8（b）所示，方框内的字母应与公差框格中的基准字母对应。代表基准的字母（包括基准代号方框内的字母）用大写的英文字母（为不引起误解，其中 E、I、J、M、Q、O、P、L、F 不用）表示，且不论代号在图样中的方向如何，方框内的字母均应水平书写，如图 2.10 所示。

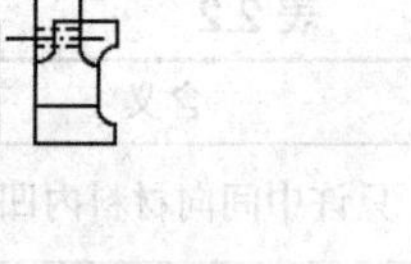

图 2.10　基准示例

以两个要素建立的公共基准（又称组合基准），用由横线隔开的两个大写字母表示，如图 2.11（a）所示；由两个或两个以上要素组合的基准体系，如多基准组合，表示基准的大写字母应按基准的先后顺序从左到右依次放置各个格中，如图 2.11（b）所示。另外，以下还有几处常见位置标注方法及注意事项。

① 当以边线、表面等轮廓要素为基准时，基准符号应靠近基准要素的轮廓线或其延长线，如图 2.12 所示，且与轮廓的尺寸线明显错开。当基准要素是轮廓要素时，基准代号中的短横线应靠近基准要素的轮廓线或轮廓面，也可靠近轮廓的延长线，但要与尺寸线明显错开至少 4 mm，如图 2.12（b）所示。

图 2.11　多个基准要素的表示

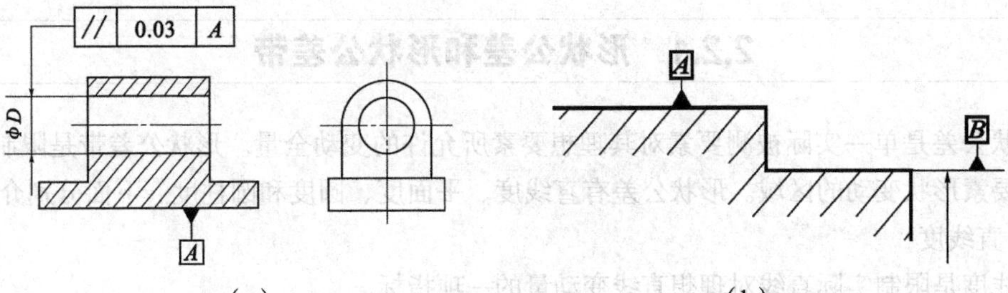

图 2.12　基准的标注

② 当受到图形限制、基准代号必须标注在某个面上时，基准符号可置于用原点指向实际表面的参考线上，不可漏标涂黑的原点，图 2.13 所示应为环形表面。

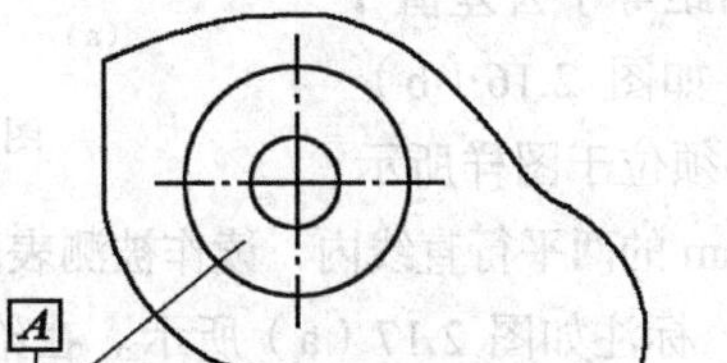

图 2.13　轮廓基准要素

③ 当基准要素是中心点、轴线、中心平面等中心要素时，基准代号的连线应与该要素的尺寸线对齐，如图 2.14 所示。

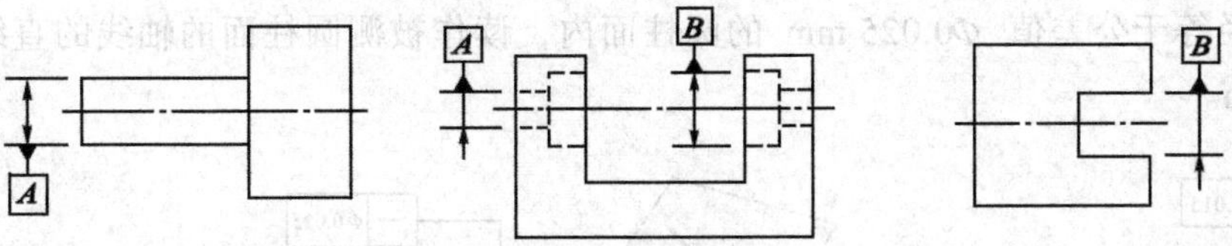

图 2.14　中心基准要素

④ 如果只要求要素的某一部分作为基准，则该部分应用粗点划线表示并加注尺寸，如图 2.15 所示。

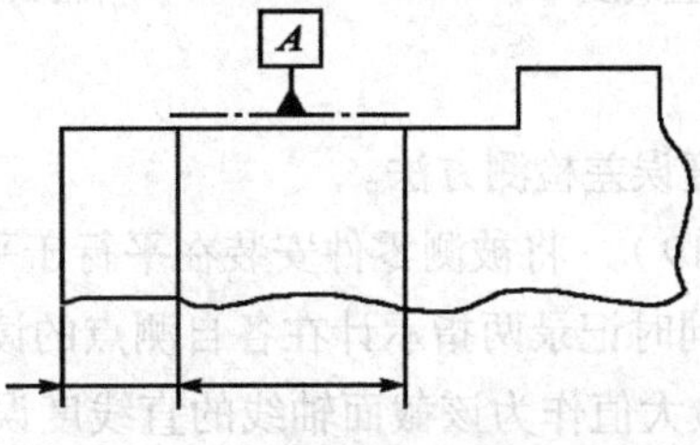

图 2.15　基准要素为局部范围

2.2 形状公差和形状误差检测

2.2.1 形状公差和形状公差带

形状公差是单一实际被测要素对其理想要素所允许的变动全量。形状公差带是限制单一实际被测要素形状变动的区域。形状公差有直线度、平面度、圆度和圆柱度。下面分别介绍。

1. 直线度

直线度是限制实际直线对理想直线变动量的一项指标。

① 直线度公差根据被测直线的空间特性和零件的使用要求有以下几种情况。

a. 给定平面内的直线度　标注如图 2.16（a）所示。在给定平面内，间距等于公差值 t 的两平行直线所限定的区域，如图 2.16（b）所示，要求被测表面的素线必须位于图样所示投影面且距离为公差值 0.015 mm 的两平行直线内，读作被测表面素线的直线度公差为 0.015 mm。

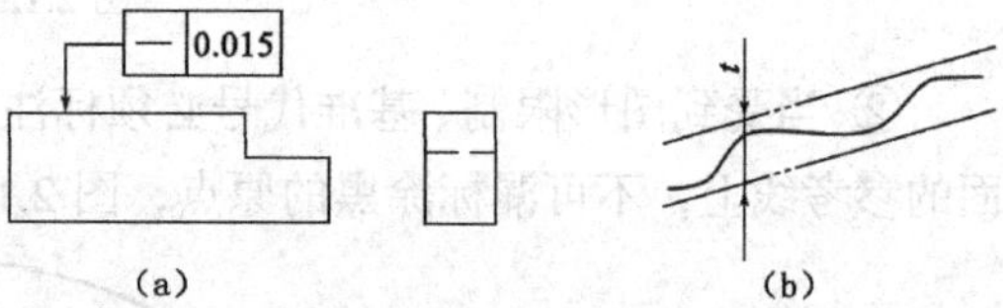

图 2.16　给定平面内的直线度

b. 给定方向上的直线度　标注如图 2.17（a）所示。在给定方向上，间距等于公差值 t 的两平行平面所限定的区域，如图 2.17（b）所示，要求提取（实际）的棱边应限定在间距等于 0.015 mm 的两平行平面之间，读作三棱锥上棱线的直线度公差为 0.015 mm。

c. 任意方向上的直线度　标注如图 2.18（a）所示。在任意方向上，公差带位直径等于公差值 Φt 所限定的区域，如图 2.18（b）所示，要求外圆柱面的提取（实际）中心线应限定在直径等于公差值 Φ0.025 mm 的圆柱面内，读作被测圆柱面的轴线的直线度公差为 Φ0.025 mm。

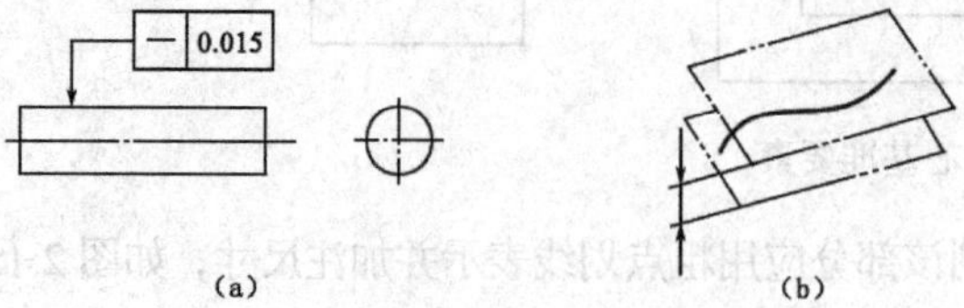

图 2.17　给定方向上的直线度

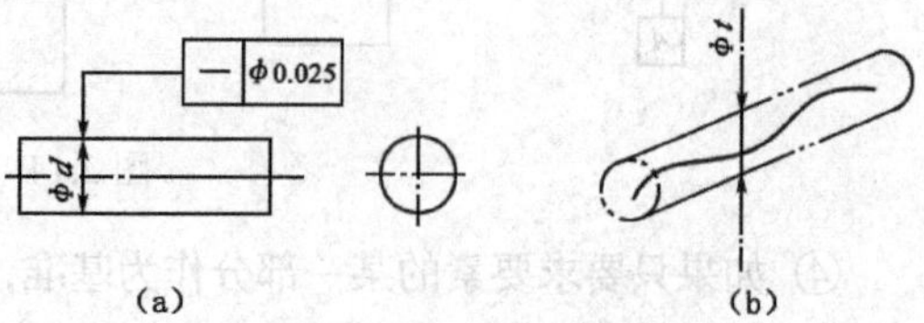

图 2.18　任意方向上的直线度

② 直线度误差的检测。

下面介绍几种常用的直线度误差检测方法。

a. 指示器测量法（见图 2.19）　将被测零件安装在平行于平板的两顶尖之间。首先，沿铅垂轴线截面的两条素线测量，同时记录两指示计在各自测点的读数 M_1 和 M_2，取各测点读数差之半（即（M_1−M_2）/2）中的最大值作为该截面轴线的直线度误差。按上述方法测量若干个截面，取其中最大的误差值作为该被测零件轴线的直线度误差。

b. 刀口尺法　用刀口尺（平尺）与被测素线接触，使两者之间的最大间隙为最小，此时的最大间隙即为该被测素线的直线度误差。误差的大小应根据光隙测定，当光隙较小时，可按标准光隙来估读；当光隙较大时，则可用厚薄规（塞尺）测量，如图 2.20（a）所示。

c. 钢丝法　调整测量钢丝的两端，使两端点读数相等。测量显微镜在被测线的全长内等距测量，同时记录示值。根据记录的读数用计算法（或图解法）按最小条件（也可按两端点连线法）计算直线度误差，如图 2.20（b）所示。

d. 水平仪法　将被测零件调整到水平位置。首先水平仪按节距沿被测素线移动，同时记录水平仪的读数，根据记录的读数用计算法（或图解法）按最小条件（也可按两端点连线法）计算该素线的直线度误差；然后测量若干条素线，取其中最大的误差值作为该被测零件的直线度误差，如图 2.20（c）所示。此方法适用于测量较大零件。

e. 自准直仪法　将反射镜放在被测件的两端，调整自准直仪使其光轴与两端点连线平行。首先反射镜按节距沿被测零件素线移动，同时记录垂直方向上的示值，根据记录的示值用计算法（或图解法）按最小条件（也可按两端点连线法）计算该素线的直线度误差；然后按上述方法测量若干条素线，取其中最大的误差值作为该零件的直线度误差，如图 2.20（d）所示。

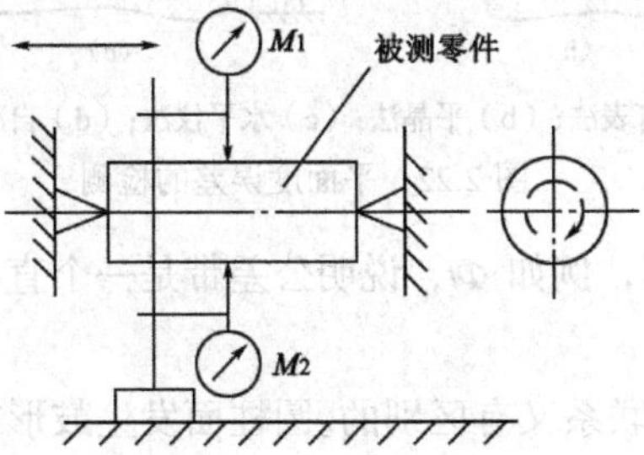

图 2.19　两指示器测直线度

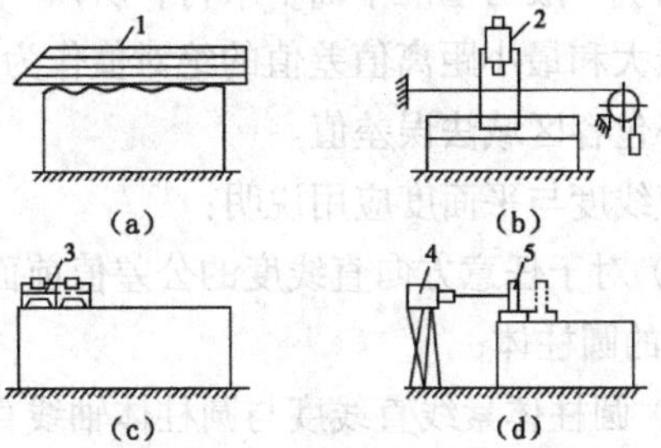

1-刀口尺；2-测量显微镜；3-水平仪；4-自准直仪；5-反射镜

图 2.20　直线度误差的测量

2. 平面度

平面度是限制实际平面对其理想平面变动量的一项指标。

（1）平面度公差（标注见图 2.21（a））平面度公差是指间距等于公差值 t 的两平行平面所限定的区域，如图 2.21（b）所示，要求提取（实际）表面应限定在间距等于公差值 0.06mm 的两平行平面之间，读作被测表面的平面度公差为 0.06 mm。

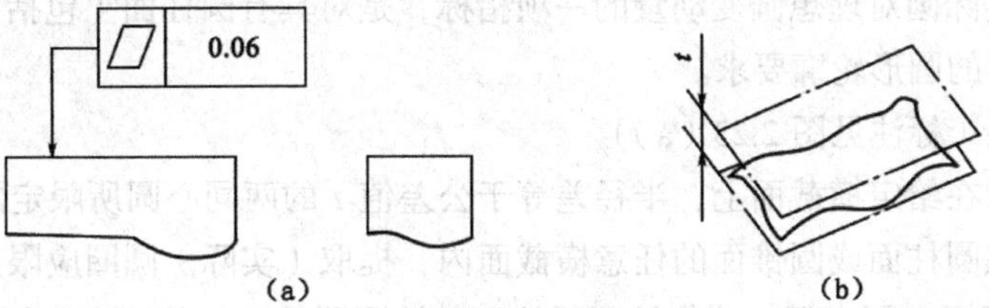

图 2.21　平面度

（2）平面度误差的检测

常见的平面度测量方法有如下几种。

① 打表法　将被测零件支承在平板上，将被测平面上两对角线的角点分别调成等高或最远

的三点调成距测量平板等高，按一定布点测量被测表面，同时记录示值。指示计最大与最小示值的差值即为该平面的平面度误差近似值，如图 2.22（a）所示。

② 平晶法　将平晶贴在被测平面上，观察干涉条纹。被测表面的平面度为封闭的干涉条纹数乘以光波波长之半；对不封闭的干涉条纹，平面度为条纹的弯曲度与相邻两条纹间距之比再乘以光波波长之半。此方法适用于高精度的小平面，如图 2.22（b）所示。

③ 水平仪法　将被测表面调水平，用水平仪按一定的布点和方向逐点测量被测表面（通过移动放置在被测表面上的桥板来体现），同时记录示值，并换算成线性值。

④ 自准直仪法　将反射镜放在被测表面上，并把自准直仪调整至与被测表面平行，按一定布点和方向测量。经过计算得到平面度误差值，如图 2.22（d）所示。图 2.22（c）、图 2.22（d）的读数要整理成对测量基准平面（图 2.22（c）为水平面、图 2.22（d）为光轴平面）距离值，由于被测实际平面的最小包容区域（两平行平面）一般与基准平面不平行，所以一般不能用最大和最小距离值差值的绝对值作为平面度最小包容区域法误差值。

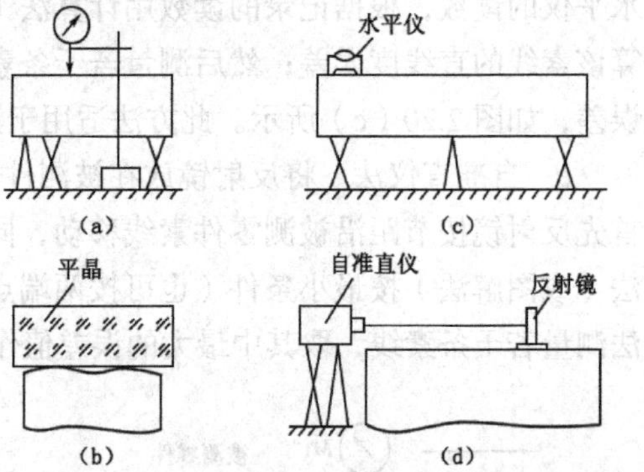

（a）打表法；（b）平晶法；（c）水平仪法；（d）自准直仪法

图 2.22　平面度误差的检测

直线度与平面度应用说明：

① 对于任意方向直线度的公差值前面要加注“Φ”，例如 Φt，说明公差带是一个直径为公差值 t 的圆柱体；

② 圆柱体素线直线度与圆柱体轴线直线度是既有联系又有区别的。圆柱面发生鼓形或鞍形形变，素线就不直，但轴线不一定不直，圆柱面发生弯曲，素线和轴线都不直。因此，素线直线度公差可以控制轴线直线度误差，而轴线直线度公差不能完全控制素线直线度误差。轴线直线度公差只控制弯曲，用于长径比较大的圆柱体；

③ 直线度与平面度的区别：平面度控制平面的形状误差，直线度可控制直线、平面、圆柱面以及圆锥面的形状误差。图样上提出平面度要求，同时也控制了直线度误差；

④ 对于窄长平面（如龙门刨导轨面）的形状误差，可用直线度控制。宽大平面（如龙门刨工作台面）的形状误差，可用平面度控制。

3. 圆度

圆度是限制实际圆对理想圆变动量的一项指标，是对具有圆柱面（包括圆锥、球面）的零件，在一正截面内的圆形轮廓要求。

（1）圆度公差（标注见图 2.23（a））

圆度公差是指在给定横截面上，半径差等于公差值 t 的两同心圆所限定的区域，如图 2.23（b）所示，要求在圆柱面或圆锥面的任意横截面内，提取（实际）圆圈应限定在半径差等于公差值 0.03 mm 的两同心圆之间，读作被测圆柱面（被测圆锥面）的圆度公差为 0.03 mm。值得注意的是圆度标注时，指引线的箭头垂直指向零件的轴线。

（2）圆度误差的检测

圆度误差的检测方法有如下 3 类。

方法一：在圆度仪上测量，如图 2.24（a）所示。圆度仪上回转轴带着传感器转动，使传感器上测量头沿被测表面回转一圈，测量头的径向位移由传感器转换成电信号，经放大器放大，推动记录笔在圆盘纸上画出相应的位移，得到所测截面的轮廓图，如图 2.24（b）所示。这是以精密回转轴的回转轨迹模拟理想圆，与实际圆进行比较的方法。用一块刻有许多等距同心圆的透明板（见图 2.24（c）)，置于记录纸下，与测得的轮廓圆相比较，找到紧紧包容轮廓圆，而半径差又为最小的两同心圆（见图 2.24（d）)，其间距就是被测圆的圆度误差（注意应符合最小包容区域判别法：两同心圆包容被测实际轮廓时，至少有四个实测点内外相间地在两个圆周上，称交叉准则，如图 2.24（e）所示）。根据放大倍数不同，透明板上相邻两同心圆之间的格值为 5 ~ 0.05 μm；当放大倍数为 5 000 时，格值为 0.2 μm。

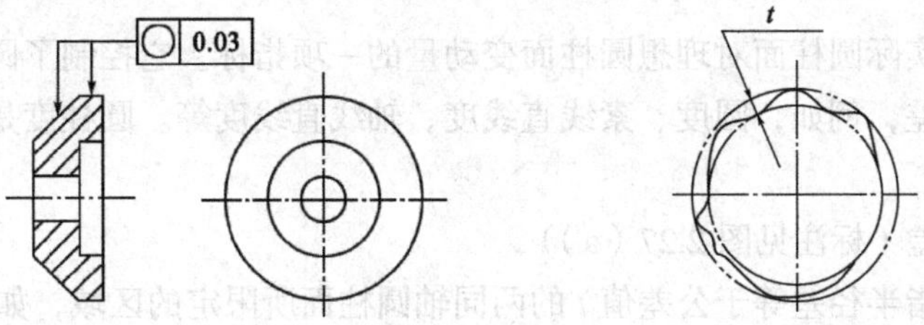

图 2.23 圆度

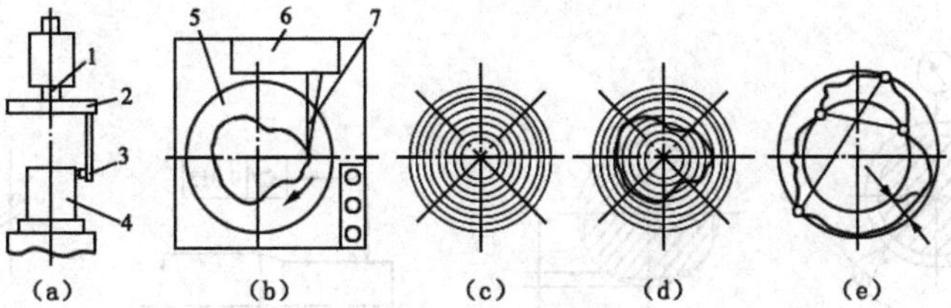

1-圆度仪回转轴；2-传感器；3-测量头；4-被测零件；5-转盘；6-放大器；7-记录笔

图 2.24 用圆度仪测量圆度

如果圆度仪上附有电子计算机，可将传感器拾到的电信号送人计算机，按预定程序算出圆度误差值。圆度仪的测量精度很高，价格也很高，且使用条件苛刻。也可用直角坐标测量仪来测量圆上各点的直角坐标值，再算出圆度误差。

方法二：将被测零件放在支承上，用指示器来测量实际圆的各点对固定点的变化量，如图 2.25 所示。被测零件轴线应垂直于测量截面，同时固定轴向位置。

① 在被测零件回转一周过程中，指示计示值的最大差值之半作为单个截面的圆度误差。

② 按上述方法，测量若干个截面，取其中最大的误差值作为该零件的圆度误差。

此方法适用于测量内、外表面的偶数棱形状误差。测量时可以转动被测零件，也可转动量具。由于此检测方案的支承点只有一个，加上测量点，通称两点法测量。通常也可用卡尺测量。

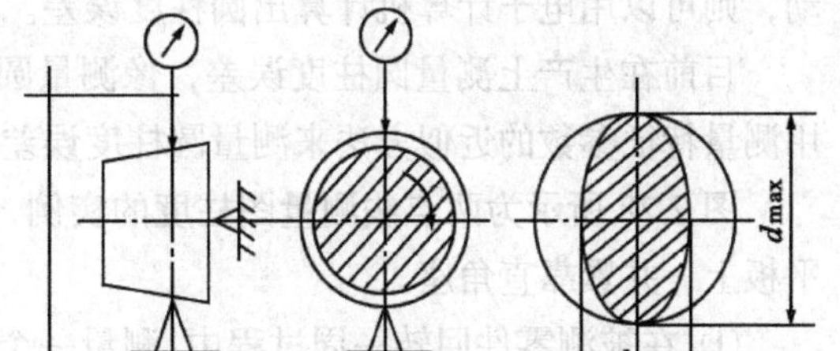

图 2.25 两点法测量圆度

方法三：图 2.26 所示为三点法测量圆度。将被测零件放在 V 形块上，使其轴线垂直于测量截面，同时固定轴向位置。

① 在被测零件回转一周过程中，指示计示值的最大差值与反映系数 K 之商作为单个截面的圆度误差。

② 按上述方法测量若干个截面，取其中最大的误差值作为该零件的圆度误差。此方法测量结果的可靠性取决于截面形状误差和 V 形块夹角的综合效果。常以夹角 α 等于 90° 和 120° 或 72° 和 108° 的两 V 形块分别测量。

此方法适用于测量内、外表面的奇数棱形状误差（偶数棱形状误差采用两点法测量）。使用时可以转动被测零件，也可转动量具。

4. 圆柱度

圆柱度是限制实际圆柱面对理想圆柱面变动量的一项指标。它控制了圆柱体横截面和轴截面内的各项形状误差，例如，圆度、素线直线度、轴线直线度等。圆柱度是圆柱体各项形状误差的综合指标。

（1）圆柱度公差（标注见图 2.27（a））

圆柱度公差是指半径差等于公差值 t 的两同轴圆柱面所限定的区域，如图 2.27（b）所示，要求提取（实际）圆柱面应限定在半径差等于公差值 0.015 mm 的两同轴圆柱之间，读作被测圆柱面的圆柱度公差为 0.015 mm。实际圆柱面上各点只要位于公差带内，可以是任何形态。

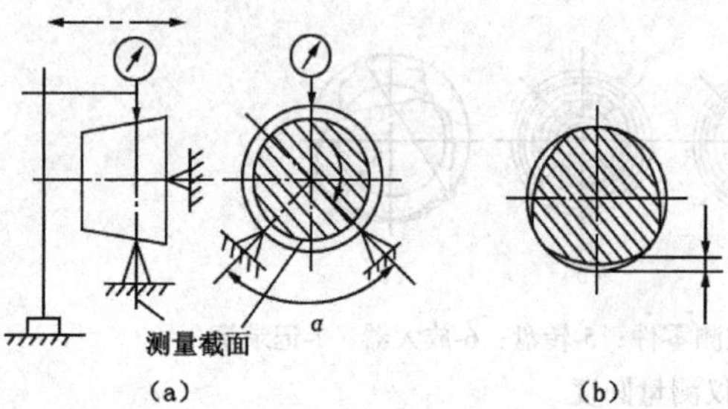

图 2.26　三点法测量圆度

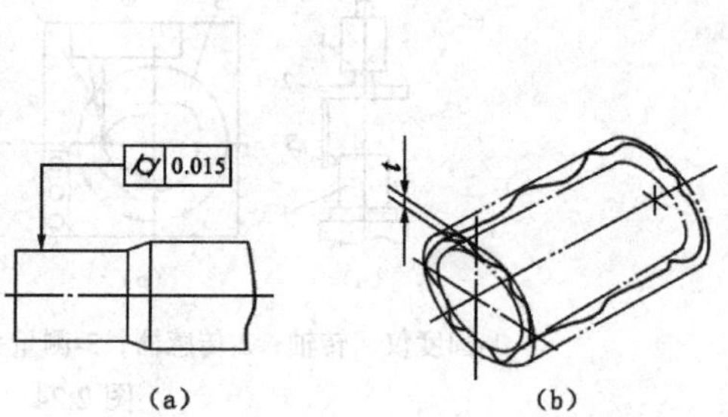

图 2.27　圆柱度

（2）圆柱度误差的检测

圆柱度误差的检测可在圆度仪上测量若干个横截面的圆度误差，按最小条件确定圆柱度误差。例如，圆度仪具有使测量头沿圆柱的轴向作精确移动的导轨，使测量头沿圆柱面做螺旋运动，则可以用电子计算机计算出圆柱度误差。

目前在生产上测量圆柱度误差，像测量圆度误差一样，多用测量特征参数的近似方法来测量圆柱度误差。

图 2.28 所示为两点法测量图柱度的实例，将被测零件放在平板上，并紧靠直角座。

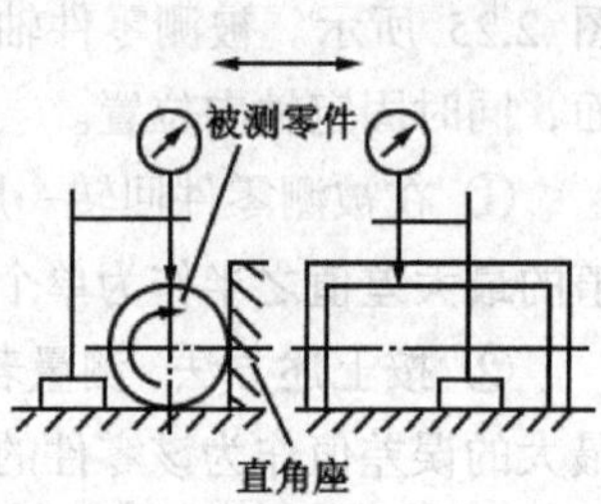

图 2.28　两点法测量圆柱度

① 在被测零件回转一周过程中，测量一个横截面上的最大与最小示值。

② 按上述方法测量若干个横截面，然后取各截面内所测得的所有示值中最大与最小示值差之半作为该零件的圆柱度误差。此方法适用于测量外表面的偶数棱形状误差。

图 2.29 所示为用三点法测量圆柱度的实例，将被测零件放在平板上的 V 形块内（V 形块的

长度应大于被测零件的长度）。

① 在被测零件回转一周过程中，测量一个横截面上的最大与最小示值。

② 按前述方法，连续测量若干个横截面，然后取各截面内所测得的所有示值中最大与最小示值的差值之半数作为该零件的圆柱度误差。此方法适用于测量外表面的奇数棱形状误差。为测量准确，通常应使用夹角 $\alpha = 90°$ 和 $\alpha = 120°$ 的两个 V 形块分别测量。

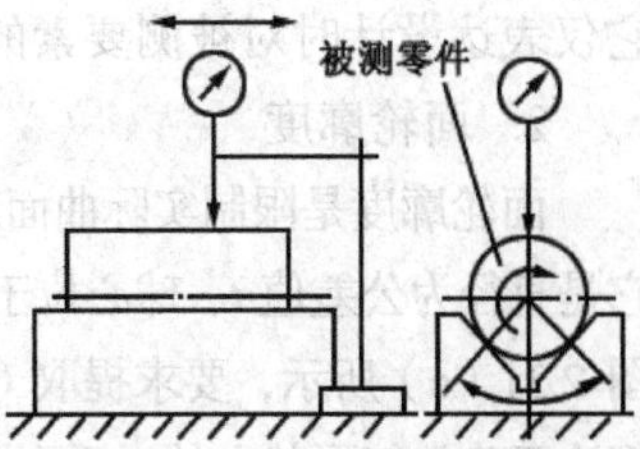

图 2.29　三点法测量圆柱度

圆度与圆柱度应用说明：

① 圆柱度和圆度一样，是用半径差来表示的，这是符合生产实际的，因为圆柱面旋转过程中以半径的误差起作用，所以是比较先进的、科学的指标。两者不同处是：圆度公差控制横截面误差，而圆柱度公差则是控制横截面和轴截面的综合误差；

② 圆度和圆柱度在检测中，如须规定要用两点法或三点法，则可在公差框格下方加注检测方案说明；

③ 圆柱度公差值只是指两圆柱面的半径差，未限定圆柱面的半径和圆心位置。因此，公差带不受直径大小和位置的约束，可以浮动。

2.2.2　轮廓度公差及其公差带

轮廓度公差包括线轮廓度公差和面轮廓度公差。无基准要求时为形状公差，有基准要求时为位置公差。

1. 线轮廓度

线轮廓度是限制实际曲线对理想曲线变动量的一项指标，标注如图 2.30 所示。它是直径等于公差值 t、圆心位于具有理论正确几何形状上的一系列圆的两包络线所限定的区域，如图 2.30（c）所示，要求在任意一平行于图示投影面的截面内，提取（实际）轮廓线应限定在直径等于公差值 0.04 mm、圆心位于被测要素理论正确几何形状上的一系列圆的两包络线之间，读作外形轮廓中圆弧部分的线轮廓度公差为 0.04 mm。

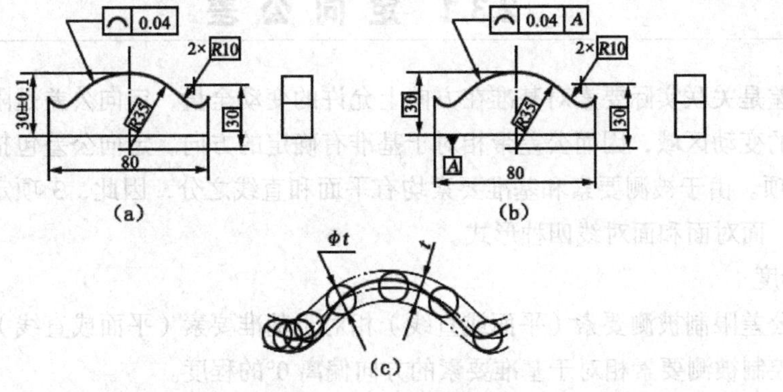

（a）标注示例（无基准要求）；（b）标注示例（有基准要求）；（c）线轮廓度公差带

图 2.30　线轮廓度

理论正确尺寸（角度）是用来确定被测要素的理想形状、理想方向或理想位置的尺寸（角度），在图样上用加方框的数字表示，如 30 、R10 、R35 ，以便与未注尺寸公差的尺寸相区别。

它仅表达设计时对被测要素的理想要求，故该尺寸不带公差。

2. 面轮廓度

面轮廓度是限制实际曲面对理想曲面变动量的一项指标，标注如图 2.31（a）、图 2.31（b）所示。它是直径为公差值 t、球心位于被测要素理论正确形状上的一系列圆球的两包络面所限定的区域，如图 2.31（c）所示，要求提取（实际）轮廓面应限定在直径等于公差值 0.02 mm、球心位于被测要素理论正确几何形状上的一系列圆球的两等距包络面之间，读作椭圆球面的面轮廓度公差为 0.02 mm。

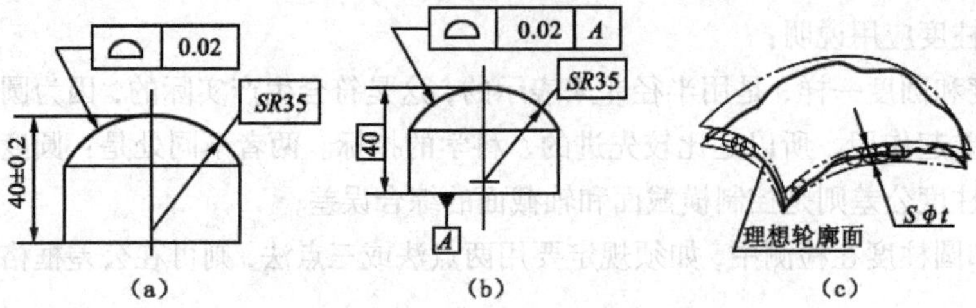

图 2.31 面轮廓度

同样应该注意，面轮廓度公差可以同时限制被测曲面的面轮廓度误差和曲面上任意一截面的线轮廓度误差。

2.3 位置公差和位置误差检测

位置公差是关联实际要素对基准在方向和（或）位置所允许的变动全量。位置公差带是限制关联实际要素对基准在方向和（或）位置变动的区域。按照关联要素对基准功能要求的不同，位置公差可分为定向公差、定位公差和跳动公差 3 类。

2.3.1 定向公差

定向公差是关联实际要素对基准在方向上允许的变动全量，定向公差是限制关联实际要素对基准方向的变动区域，因而公差带相对于基准有确定的方向。定向公差包括平行度、垂直度和倾斜度 3 项。由于被测要素和基准要素均有平面和直线之分，因此，3 项定向公差均有线对线、线对面、面对面和面对线四种形式。

1. 平行度

平行度公差限制被测要素（平面或直线）相对于基准要素（平面或直线）在平行方向上变动，即用来控制被测要素相对于基准要素的方向偏离 0°的程度。

（1） 平行度公差

面对面的平行度，标注如图 2.32（a）所示。其公差带是指间距等于公差值 t，且平行于基准面 A 的两平行平面所限定的区域，如图 2.32（b）所示，表示提取（实际）平面应限定距离等于公差值 0.05 mm，且平行于基准面 A 的两平行平面之间，读作被测表面相对于基准面（底

面 A）的平行度公差为 0.05 mm。

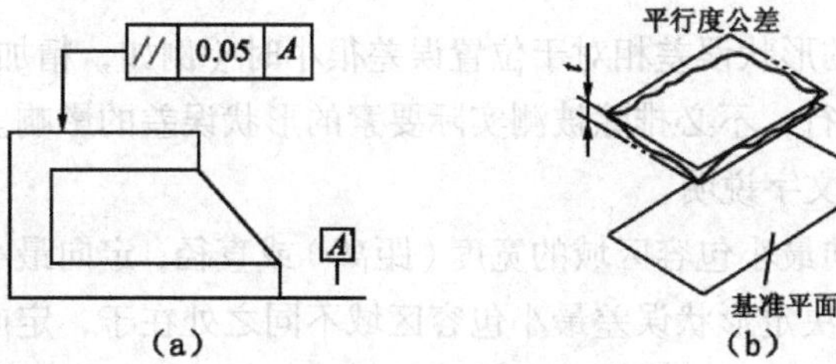

图 2.32　面对面平行度

面对线的平行度，标注如图 2.33（a）所示。其公差带是指间距等于公差值 t，且平行于基准轴线 A 的两平行平面所限定的区域，如图 2.33（b）所示，被测平面应位于该区域内。图 2.34（a）是线对线的平行度公差，读者可自行分析其公差带。

显然，平行度公差带与基准都是平行的。

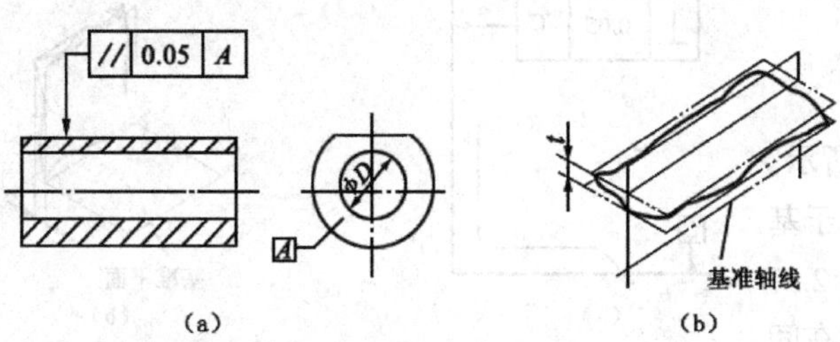

图 2.33　面对线平行度

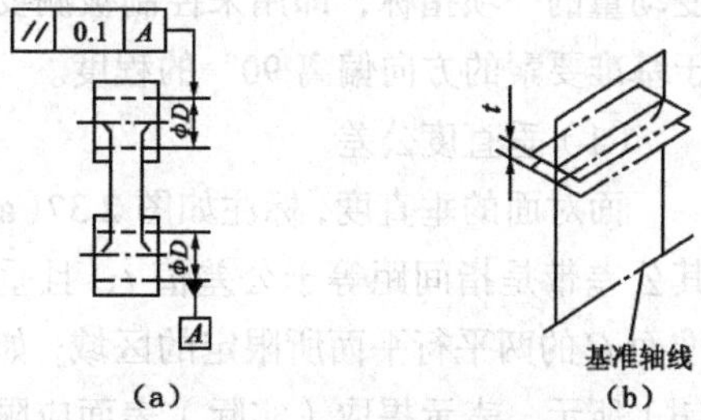

图 2.34　线对线平行度

（2）平行度误差的检测

平行度误差的检测方法，经常是用平板、心轴或 V 形块来模拟平面、孔或轴做基准，然后测量被测线、面上各点到基准的距离之差，以最大相对差作为平行度误差。图 2.33 所示的零件，可用图 2.35 所示的方法测量，基准轴线由心轴模拟，将被测零件放在等高支承上，调整（转动）该零件使 $L_3 = L_4$，然后测量整个被测表面并记录读数。取整个测量过程中指示计的最大与最小示值之差作为该零件的平行度误差。测量时应选用可胀式（或与孔成无间隙配合的）心轴。

测量连杆给定方向上的平行度可参见图 2.36，基准轴线和被测轴线由心轴模拟，将被测零件放在等高支承上，在测量距离为 L_2 的两个位置上测得的读数分别为 M_1、M_2，则平行度误差为

$$f = \frac{L_1}{L_2}\left|M_1 - M_2\right|$$

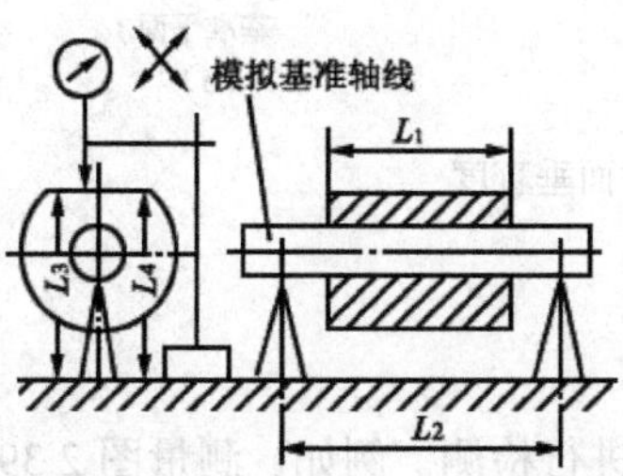

图 2.35　测量面对线的平行度

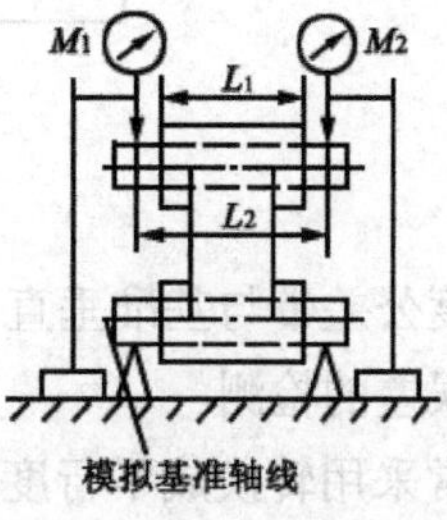

图 2.36　测量连杆两孔的平行度

测量时应选用可胀式（或与孔成无间隙配合的）心轴。

（3）平行度应用说明

① 当被测实际要素的形状误差相对于位置误差很小时（例如，精加工过的平面），测量可直接在被测实际表面上进行，不必排除被测实际要素的形状误差的影响。如果必须排除时，须在有关的公差框格下加注文字说明。

② 定向误差值是定向最小包容区域的宽度（距离）或直径，定向最小包容区域和项目与形状公差带完全相同。它和决定形状误差最小包容区域不同之处在于，定向最小包容区域在包容被测实际要素时，它的方向不像最小包容区域那样可以不受约束，而必须和基准保持图样规定的相互位置（例如，平行度则应平行，垂直度则为 90°），同时要符合最小条件。

③ 被测实际表面满足平行度要求，若被测点偶然出现一个超差的凸点或凹点时，这个特殊点的数值，是否要作为平行度误差，应根据零件的使用要求来确定。

2. 垂直度

垂直度公差是限制被测要素（平面或直线）相对于基准要素（平面或直线）在垂直方向上变动量的一项指标，即用来控制被测要素相对于基准要素的方向偏离 90° 的程度。

（1）垂直度公差

面对面的垂直度，标注如图 2.37（a）所示。其公差带是指间距等于公差值 t，且垂直于基准面 C 的两平行平面所限定的区域，如图 2.37（b）所示，表示提取（实际）表面应限定在间距等于公差值 0.05 mm，且垂直于基准面 C 的两平行平面之间，读作右侧面对于底面的垂直度公差为 0.05 mm。

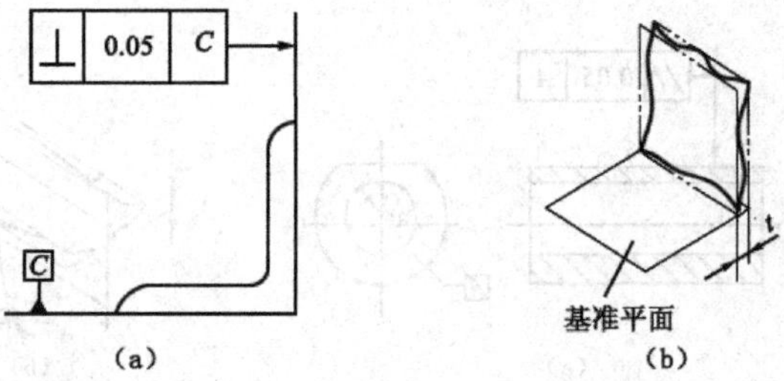

图 2.37　面对面垂直度

线对面在任意方向的垂直度，标注如图 2.38（a）所示。其公差带是直径等于公差值 t，且垂直于基准面 A 的圆柱所限定的区域，如图 2.38（b）所示，表示提取（实际）中心线应限定在直径等于公差值 $\Phi 0.05$ mm，且垂直于基准面 A 的圆柱内，读作 Φd 轴线对于底面 A 的垂直度公差为 $\Phi 0.05$ mm。图 2.39 所示为线对线的垂直度，读者可自行分析其公差带。

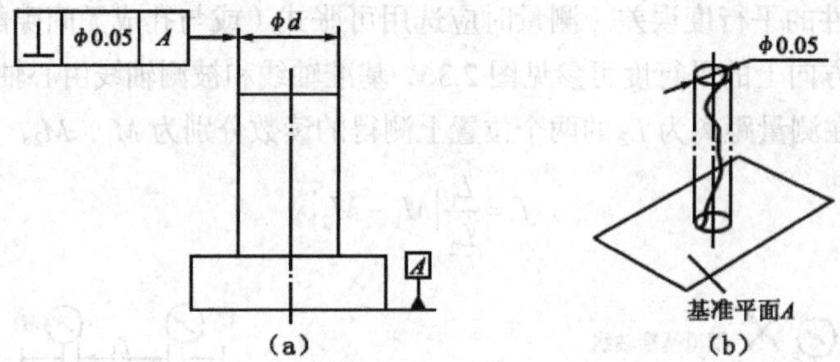

图 2.38　线对面垂直度

显然，垂直度公差带与基准垂直。

（2）垂直度误差的检测

垂直度误差常采用转换成平行度误差的方法进行检测。例如，测量图 2.39 所示的零件，可用图 2.40 所示的方法检测。基准轴线用一根相当于标准直角尺的心轴模拟，被测轴线用心轴

模拟。转动基准心轴，在测量距离为 L_2 的两个位置上测得的数值分别为 M_1 和 M_2，则垂直度误差为

$$f = \frac{L_1}{L_2}\left|M_1 - M_2\right|$$

测量时被测心轴应选用可胀式（或与孔成无间隙配合的）心轴，而基准心轴应选用可转动且配合间隙小的心轴。

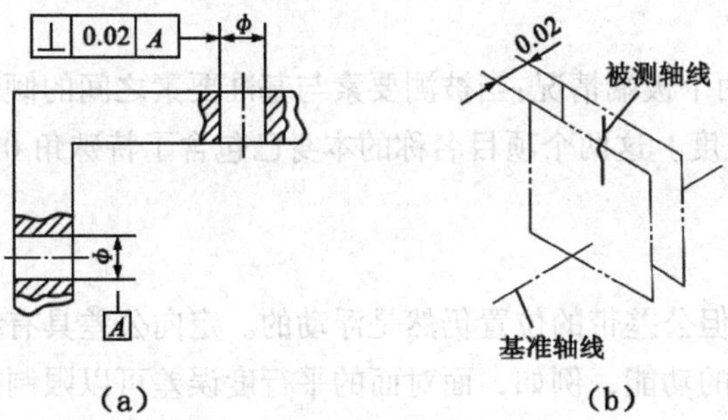

图 2.39 线对线垂直度

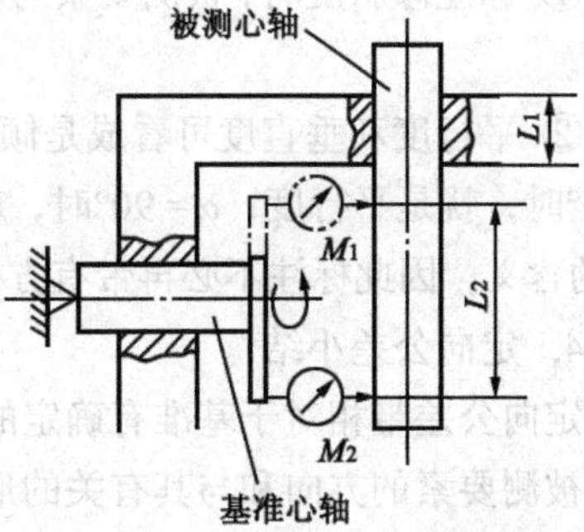

图 2.40 测量线对线的垂直度

（3）垂直度应用说明

① 轴线对轴线的垂直度，如没有标注出给定长度，则可按被测孔的实际长度进行测量。

② 直接用直角尺测量平面对平面或轴线对平面的垂直度时，由于没有排除基准表面的形状误差，测得的误差值受基准表面形状误差的影响。

③ 过去曾有用测量端面跳动的方法，来测量平面对轴线的垂直度，这种方法不妥，在后面介绍端面圆跳动时再予以说明。

3. 倾斜度

倾斜度公差是限制被测要素（平面或直线）相对于基准要素（平面或直线）在倾斜方向上变动量的一项指标，即用来控制被测要素相对于基准要素的方向偏离某一给定角度（0°～90°）的程度。

（1）倾斜度公差

标注如图 2.41（a）所示。其公差带是间距等于公差值 t 的两平行平面所限定的区域。这两个平行平面按给定角度倾斜于基准平面，如图 2.41（b）所示，表示提取（实际）表面应限定在间距等于公差值 0.08 mm 两平行平面之间，这两个平行平面按理论正确角度 45°倾斜于基准平面 A，读作被测斜面相对于底面的倾斜度公差为 0.08 mm，理论倾斜角度为 45°。

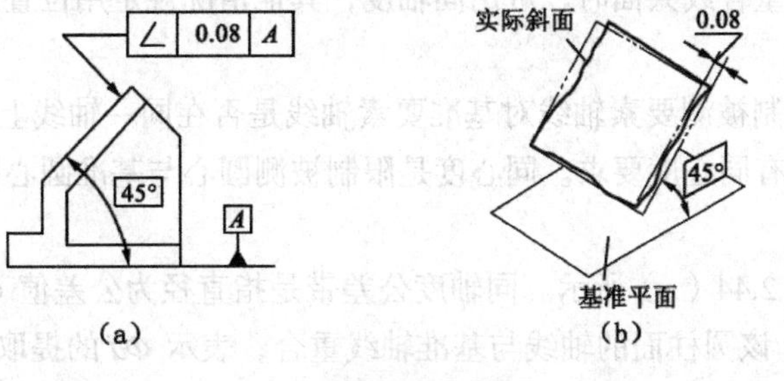

图 2.41 面对面倾斜度

（2）倾斜度误差的检测

倾斜度误差的检测也可转换成平行度误差的检测，只要加一个定角座或定角套即可。例如，测量图 2.41 的零件，可用如图 2.42 所示的方法检测，将被测零件放置在定角座上，调整被测件，使整个被测表面的读数差为最小值，取指示器的最大与最小读数之差作为该零件的倾斜度误差。定角座可用正弦尺（或精密转台）代替。显然，倾斜度公差带与基准成理论正确角度。

（3）倾斜度应用说明

① 标注倾斜度时，被测要素与基准要素间的夹角是不带偏差的理论正确角度，标注时要带方框。

② 平行度和垂直度可看成是倾斜度的两个极端情况：当被测要素与基准要素之间的倾斜角 $\alpha=0°$时，就是平行度；$\alpha=90°$时，就是垂直度。这两个项目名称的本身已包含了特殊角 0° 和 90°的含义，因此标注不必再带有方框了。

4. 定向公差小结

定向公差带相对于基准有确定的方向，但公差带的位置仍然是浮动的。定向公差具有综合控制被测要素的方向和与其有关的形状误差的功能，例如，面对面的平行度误差可以限制被测平面的平面度误差。因此，当对某一被测要素给出定向公差后，通常不再对该要素给出形状公差，只有对该要素的形状有进一步的要求时，才给出形状公差，而且形状公差值要小于位置公差值，如图 2.43 所示。

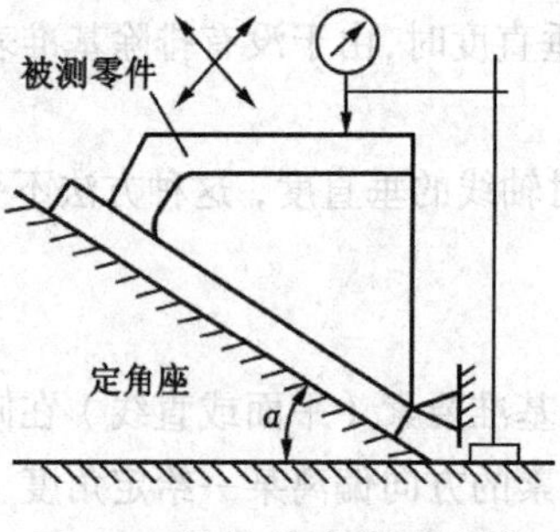

图 2.42 测量面对面的倾斜度

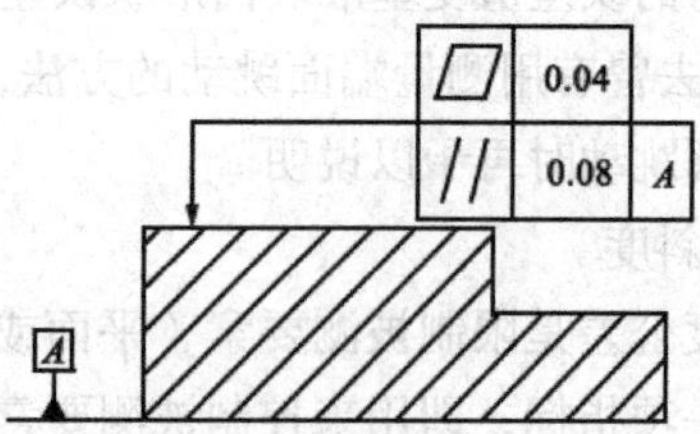

图 2.43 同一被测要素上的形状公差和定向公差的标注

2.3.2 定位公差

定位公差是关联实际要素对基准在位置上允许的变动全量。定位公差带是限制关联实际要素对基准在位置上的变动区域，因而公差带相对于基准有确定的位置。当被测要素和基准要素都是中心要素且要求重合或共面时，可用同轴度，其他情况规定用位置度。

1. 同轴度

同轴度公差是限制被测要素轴线对基准要素轴线是否在同一轴线上的位置误差，即被测轴线的理想位置与基准有同心度要求。同心度是限制被测圆心与基准圆心同心的程度。

（1）同轴度公差

同轴度标注如图 2.44（a）所示。同轴度公差带是指直径为公差值 Φt 的圆柱面内的区域，如图 2.44（b）所示，该圆柱面的轴线与基准轴线重合，表示 Φd 的提取（实际）中心线应限定在直径为公差值 Φ0.1 mm，且与公共基准（或组合基准）轴线 $A—B$ 为轴线的圆柱面内，读作

Φd 轴线相对于 $A—B$ 形成的公共轴线（或组合基准）的同轴度公差为 $\Phi 0.1$mm。

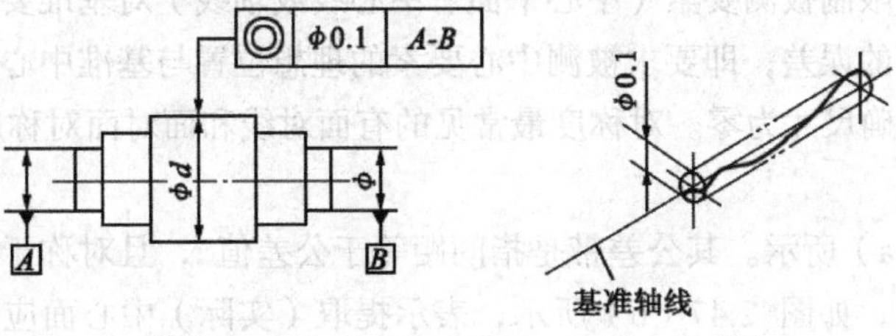

(a) (b)

图 2.44 台阶轴的同轴度

例如，电动机定子硅钢片零件的同轴度如图 2.45（a）所示，其公差是指直径为公差值 Φt，且与基准圆同心的圆内的区域。图 2.45（b）表示外圆的圆心应限定在直径为公差值 $\Phi 0.01$mm，且以基准点 A 为圆心的圆周内。

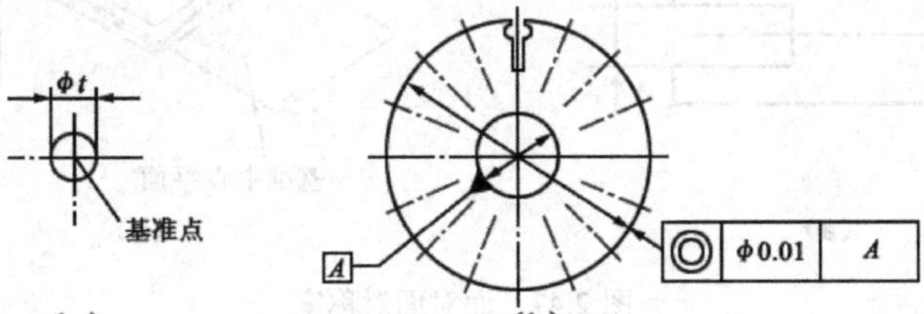

(a) (b)

图 2.45 电动机定子硅钢片零件的同轴度

（2）同轴度误差的检测

同轴度误差的检测是要找出被测轴线离开基准轴线的最大距离，以其两倍值定为同轴度误差。图 2.44 所示的同轴度要求，可用图 2.46 所示的方法测量。以两基准圆柱面中部的中心点连线作为公共基准轴线，即将零件放置在两个等高的刃口状 V 形架上，将两指示器分别在铅垂轴截面调零。

① 在轴向测量，指示器在垂直基准轴线的正截面上测得各对应点的读数差值 $|M_1\text{-}M_2|$ 作为在该截面上的同轴度误差。

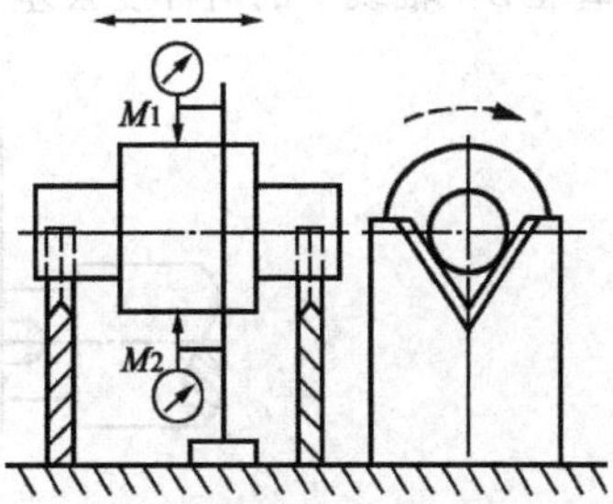

图 2.46 用两个指示器测量同轴度

② 转动被测零件，按上述方法测量若干个截面。取各截面测得的读数差中的最大值（绝对值）作为该零件的同轴度误差。此方法适用于测量形状误差较小的零件。

（3）同轴度与同心度的应用说明

① 同轴度误差反映在横截面上是圆心的不同心。过去常把同轴度叫做不同心度是不确切的，因为要控制的是轴线，而不是圆心点的偏移。

② 检测同轴度误差时，要注意基准轴线不能搞错，用不同的轴线作基准将会得到不同的误差值。

③ 同心度主要用于薄的板状零件，例如，电动机定子中的硅钢片零件，此时要控制的是在横截面上内外圆的圆心的偏移，而不是控制轴线。

2. 对称度

对称度公差用于限制被测要素（中心平面、中心线或轴线）对基准要素（中心平面、中心线或轴线）是否共面的误差，即要求被测中心要素的理想位置与基准中心要素共面，此时的理想位置定位的理论正确尺寸为零。对称度最常见的有面对线和面对面对称度两种情况。

（1）对称度公差

标注如图 2.47（a）所示。其公差带是指间距等于公差值 t，且对称于基准中心平面的两平行平面所限定的区域，如图 2.47（b）所示，表示提取（实际）中心面应限定在间距等于公差值 0.1 mm，且对称于基准中心平面 A 的两平行平面之间，读作槽的中心平面相对于基准 A（物体的中心平面）的对称度公差为 0.1 mm。

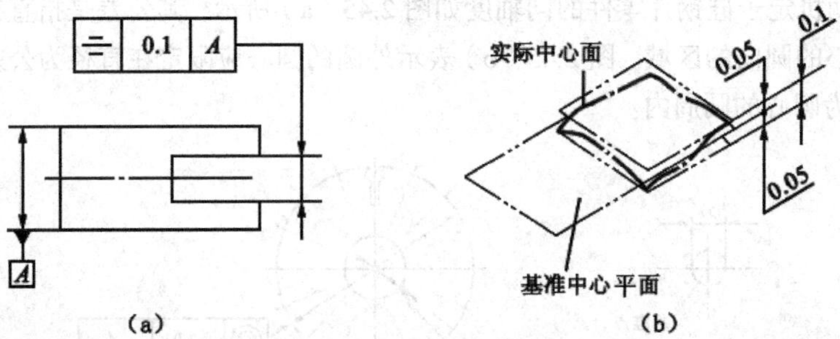

图 2.47　面对面对称度

轴槽对称度标注如图 2.48（a）所示。其公差带是指间距等于公差值 t，且对称于基准中心平面的两平行平面所限定的区域，如图 2.48（b）所示，表示提取（实际）中心面应限定在间距等于公差值 0.1 mm，且对称于基准中心平面 B 的两平行平面之间，读作键槽的中心平面对于基准 B（轴线）的对称度公差为 0.1 mm。

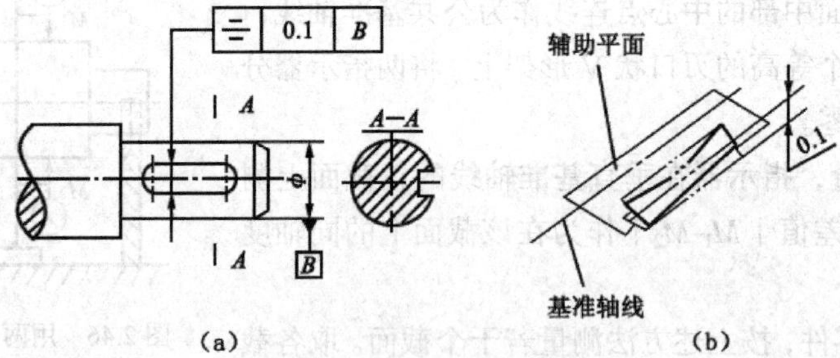

图 2.48　轴槽的对称度

对轴提出对称度，就可控制在轴上铣槽时槽的中心平面对轴线的偏斜程度，如图 2.49 所示。

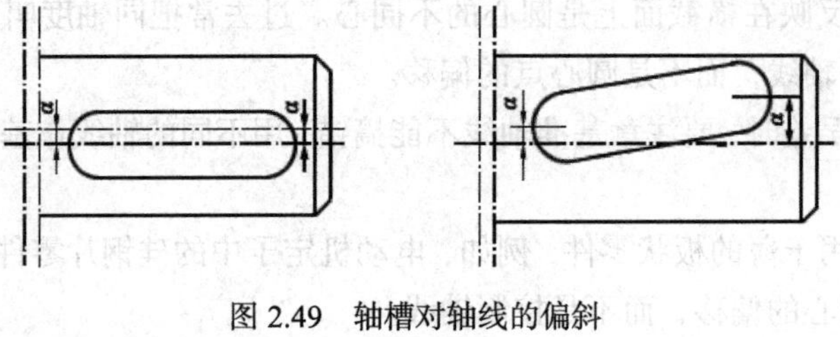

图 2.49　轴槽对轴线的偏斜

（2）对称度误差的检测

对称度误差的检测要找出被测中心要素离开基准中心要素的最大距离，以其两倍值定为对称度误差。通常是用测长量仪测量对称的两平面或圆柱面的两边素线，各自到基准平面或圆柱面的两边素线的距离之差。测量时用平板或定位块模拟基准滑块或槽面的中心平面。

测量图 2.47 所示零件的对称度误差，可用图 2.50 所示的方法。将被测零件放置在平板上，测量被测表面与平板之间的距离，将被测件翻转后，测量另一被测表面与平板之间的距离，取测量截面内对应两测点的最大差值作为对称度误差。

（3）对称度应用说明

对称度误差是在被测要素的全长上进行测量的，取测得的最大值作为误差值。

3. 位置度

位置度公差用于限制被测要素的实际位置对理想位置的变动量，理想位置由理论正确尺寸和基准共同确定。

（1）位置度公差

点的位置度用于限制球心或圆心的位置误差。如图 2.51 所示，球 ΦD 的球心必须位于直径为公差值 0.08 mm，并以相对基准 A、B 所确定的理想位置为球心的球内。

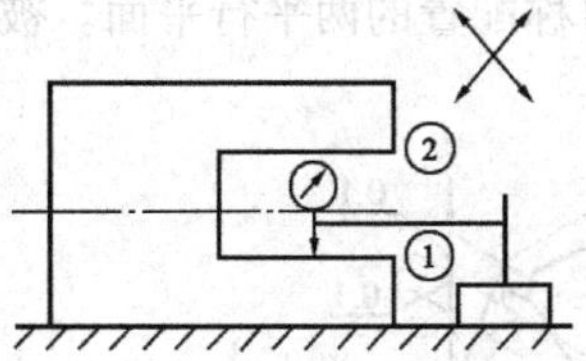

图 2.50 测量面对面的对称度

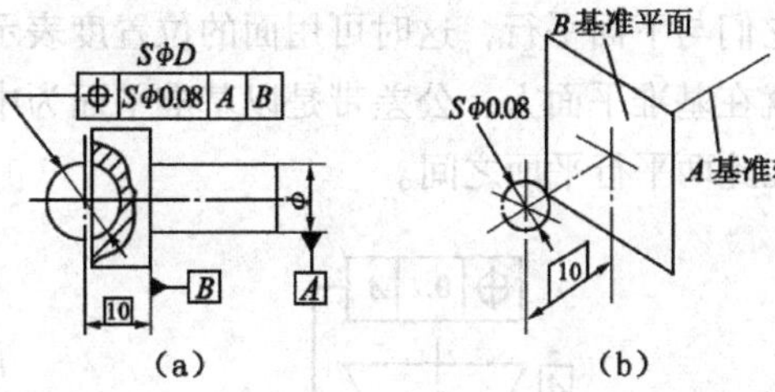

图 2.51 点的位置度

孔轴线的位置度，标注如图 2.52（a）所示。其公差带是直径为 Φ0.1 mm 的圆柱面内的区域，公差带轴线的位置由相对于三基面体系的理论正确尺寸确定，如图 2.52（b）所示，表示为 D 孔测得（实际）中心线应限定在直径为公差值 Φ0.1 mm，且以相对于 A、B、C 3 个基准平面的理论正确尺寸所确定的理想位置为轴线的圆柱面内，读作 D 孔的轴线对基准 A、B、C 的位置度公差为 Φ0.1 mm。

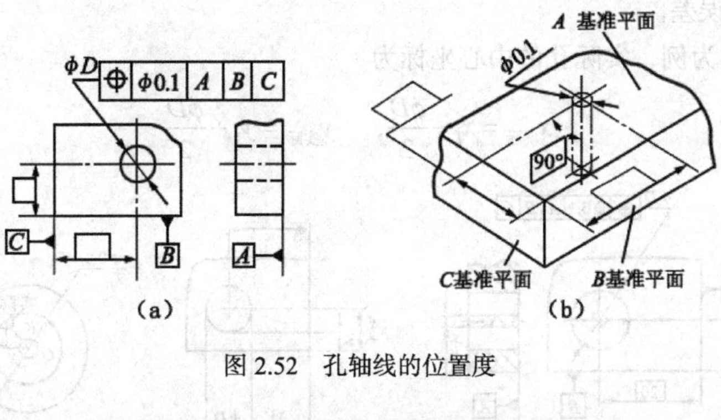

图 2.52 孔轴线的位置度

方向公差和位置公差有时需要多个基准来确定其公差带或边界的方向和（或）位置，这时就须引入 3 个相互垂直的平面组成的三基面体系（空间直角坐标系）。

如果是薄板，且孔的轴线很短，则可看成为一个点，并成为点的位置度。这时，公差带变为以基准 B 和 C 以及理论正确尺寸所确定的理想点为中心，直径为 Φ0.1 mm 的圆。

孔间位置度要求控制各孔之间的距离。如图 2.53 所示，由 3 个孔组成的孔组，要求控制各孔之间的距离，位置度公差是 Φ0.05 mm，公差带是 3 个圆柱，它们的轴线由孔的理想位置确定，即由理论正确尺寸确定。每个孔的实际轴线应在各自的圆柱内。此处未给基准，意思是这组孔与零件上其他孔组或表面没有严格要求，可用坐标尺寸公差定位。此例多用于箱体和盖板上。

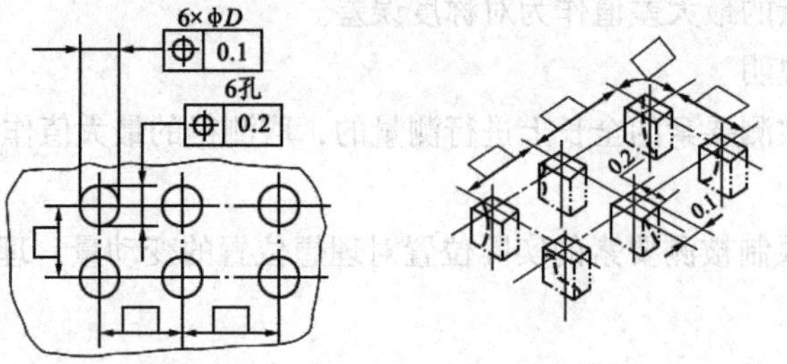

图 2.53　孔间位置度

面的位置度用于限制面的位置误差。如图 2.54 所示，滑块只要求燕尾槽两边的两平面重合，并不要求它们与下面平行，这时可用面的位置度表示，其理论正确尺寸为零。因此，被测面的理想位置就在基准平面上，公差带是以基准平面为中心面，对称配置的两平行平面。被测实际面应限定在此两平行平面之间。

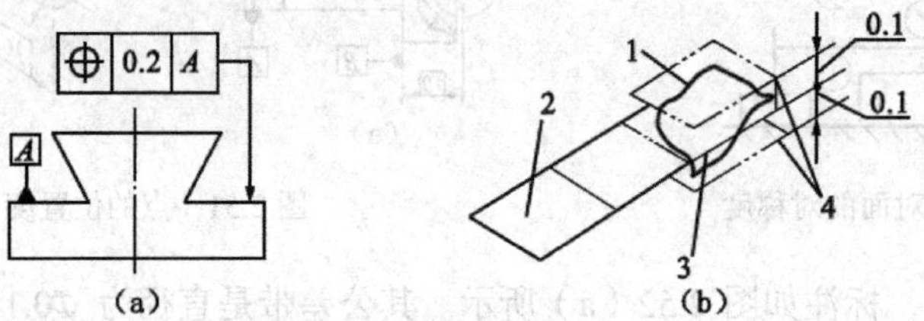

图 2.54　面的位置度

（2）位置度误差的检测

位置度误差的检测，通常应用的有两类方法。

一类方法是用测长量仪测量要素的实际位置尺寸，然后与理论正确尺寸比较，以最大差值的两倍作为位置度误差。

以图 2.55 所示为例，实际孔的中心坐标为

$$x_{实际}=x_1+\frac{\phi D}{2},\quad y_{实际}=y_1+\frac{\phi D}{2}$$

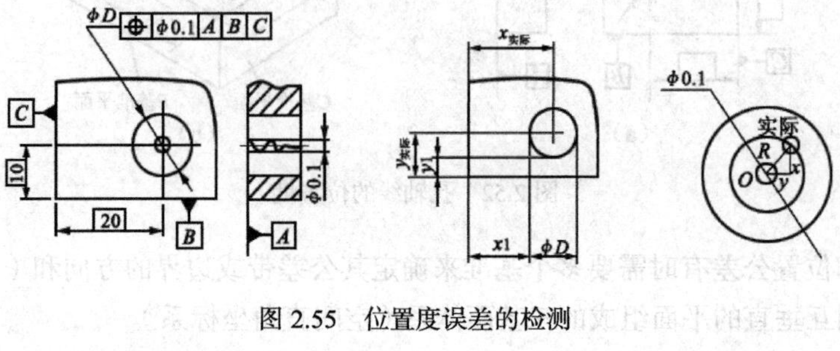

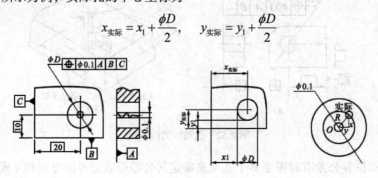

图 2.55　位置度误差的检测

其中 x_1、y_1 可以用工具显微镜或游标卡尺测出。理想点的坐标 O：（x_0、y_0），图 2.55 中所示为（20，10）。则实际点到理想点的距离为

$$R=\sqrt{X^2+Y^2}=\sqrt{\left(X_{实际}-X_0\right)^2+\left(Y_{实际}-Y_0\right)^2}$$

如果 $f_{位置}=2R\leqslant \Phi 0.1$，则实际点在公差圆之内或之上；如果 $f_{位置}=2R>\Phi 0.1$，则实际点在公差圆之外。零件位置度合格的条件是：$f_{位置}\leqslant t$（位置度公差）。

另一类方法是用位置量规测量要素的合格性，此处略。

（3）位置度应用说明

① 由上述各例可以看出，位置度公差带有两平行平面、四棱柱、球、圆和圆柱，其宽度或直径为公差值，但都是以被测要素的理想位置中心对称配置。这样，公差带位置固定，不仅控制了被测要素的位置误差，还能控制它的形状和方向误差。

② 在大批量生产中，为了测量的准确和方便，一般都采用量规检验。在新产品试制、单件小批量生产、精密零件和工装量具的生产中，常使用量仪来测量位置度误差。这时，应根据位置度的要求，选择具有适当测量精度的通用量仪，按照图样规定的技术要求，测量出各被测要素的实际坐标尺寸，然后再按照位置度误差定义，将坐标测量值换算成相对于理想位置的位置度误差。

4. 定位公差小结

定位公差带是以理想要素为中心对称布置的，所以位置固定，这样不仅控制了被测要素的位置误差，而且控制了被测要素的方向和形状误差，但不能控制形成中心要素的轮廓要素上的形状误差。具体来说，同轴度可控制轴线的直线度，但不能完全控制圆柱度；对称度可以控制中心面的平面度，但不能完全控制构成中心面的两对称面的平面度和平行度。定位误差的检测是确定被测实际要素偏离其理想要素最大距离的两倍值。而理想要素的位置，对同轴度和对称度来说，就是基准的位置；对位置度来说，可以由基准和理论正确尺寸或尺寸公差（或角度公差）等确定。

2.3.3 跳动公差

跳动公差是根据检测方法来定义的公差项目，即当被测实际要素绕基准轴线回转时，被测表面法线方向的跳动量的允许值。跳动量用指示表的最大读数与最小读数的差来表示。根据测量时指示表测头对被测表面是否做相对移动，将跳动分为圆跳动和全跳动。

1. 圆跳动

圆跳动是被测实际要素某一固定参考点围绕基准轴线作无轴向移动、回转一周中，由位置固定的指示器在给定方向上测得的最大变动量。它是形状和位置误差的综合（圆度、同轴度等），所以圆跳动是一项综合性的公差。

圆跳动有 3 个项目：径向圆跳动、端面圆跳动和斜向圆跳动。对于圆柱形零件，有径向圆跳动和端面圆跳动；对于其他回转要素如圆锥面、球面或圆弧面，则有斜向圆跳动。

（1）圆跳动公差

① 径向圆跳动公差　标注如图 2.56（a）所示。其公差带是在任一垂直于基准轴线的横截面内，半径差等于公差值 t，且圆心在基准轴线上的两同心圆所限定的区域，如图 2.56（b）所

示，表示在任一垂直于公共基准轴线 $A—B$ 的横截面内，提取（实际）圆应限定在半径差等于公差值 0.05 mm、圆心在基准轴线 $A—B$ 上的两同心圆之间，读作 Φd_1 圆柱面对两个 Φd_2 圆柱面的公共轴线 $A—B$ 的径向圆跳动公差为 0.05 mm。

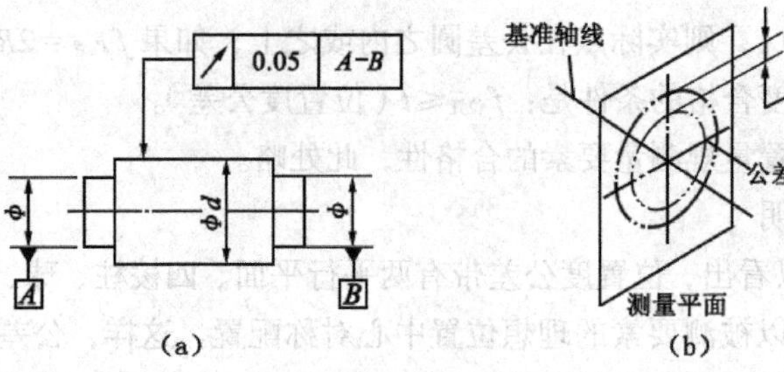

图 2.56　径向圆跳动

② 端面圆跳动公差　标注如图 2.57（a）所示。其公差带是在与基准轴线同轴的任一半径的圆柱截面上，间距等于公差值 t 的两圆所限定的圆柱面区域，如图 2.57（b）所示，表示在与基准轴线 B 同轴的任一圆柱形截面上，提取（实际）圆应限定在轴向距离等于公差值 0.08 mm 的两个等圆之间，读作右端面相对于 Φd 轴线的端面圆跳动公差为 0.08 mm。

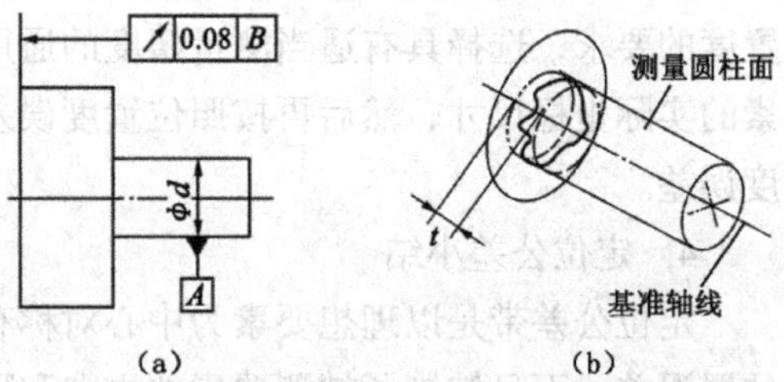

图 2.57　端面圆跳动

③ 斜向圆跳动公差　标注如图 2.58（a）所示。其公差带是在与基准轴线同轴的某一圆锥截面上，间距等于公差值 t 的两圆所限定的圆锥面区域，如图 2.58（b）所示，当圆锥面绕基准轴线作无轴向移动的回转时，在各个测量面上的跳动量的最大值，作为被测回转表面的斜向圆跳动误差。

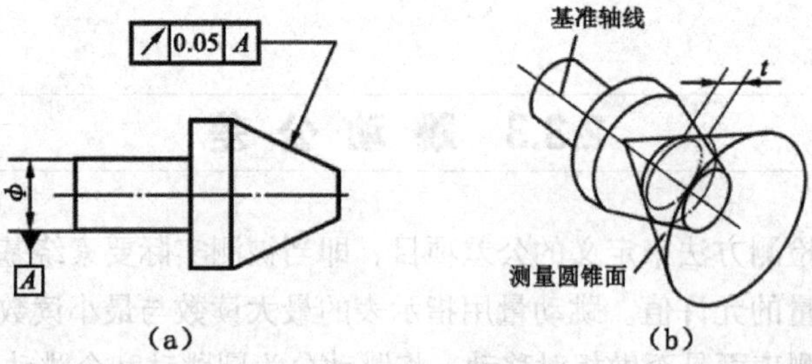

图 2.58　斜向圆跳动

（2）圆跳动误差的检测

① 径向圆跳动的检测　如图 2.59 所示，基准轴线由 V 形架模拟，被测零件支承在 V 形架上，并在轴向定位。在被测零件回转一周过程中由位置固定的指示计在半径方向测得的最大、最小示值之差即为单个测量平面上的径向圆跳动。

按上述方法测量若干个截面，取各截面上测得的跳动量中的最大值，作为该零件的径向圆跳动。该测量方法受 V 形架角度和基准实际要素形状误差的综合影响。

② 端面圆跳动的检测　如图 2.60 所示，将被测件固定在 V 形块上，并在轴向上固定。

在被测件回转一周过程中，指示计示值最大差值即为单个测量圆柱面上的端面圆跳动。

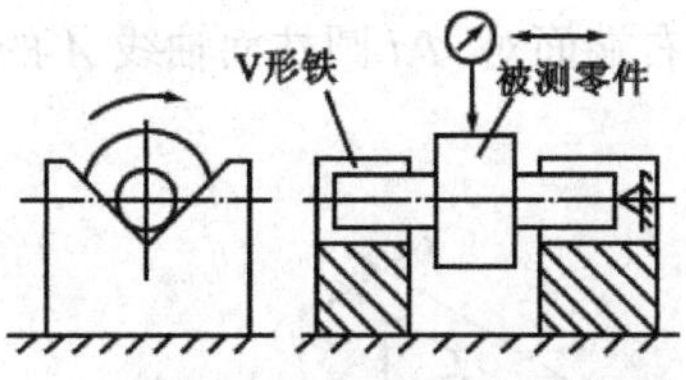

图 2.59 测量径向圆跳动

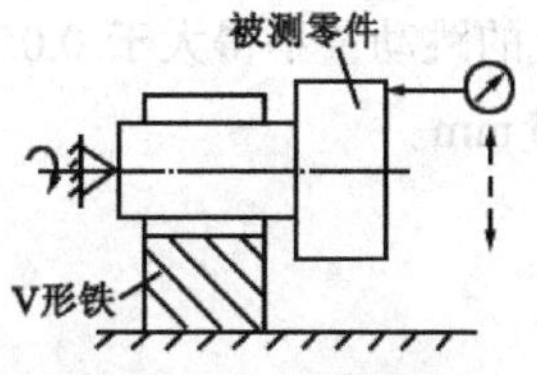

图 2.60 测量端面圆跳动

按上述方法，在若干个圆柱面进行测量，取在各测量圆柱面上测得的跳动量中的最大值，作为该零件的端面圆跳动。

③ 斜向圆跳动的检测 如图 2.61 所示，将被测件固定在导向套筒内，且在轴向固定。在被测件回转一周过程中，指示计示值最大差值即为单个测量圆锥面上的斜向圆跳动。

按上述方法测量若干个圆锥面，取各测量圆锥面上测得的跳动量中的最大值，作为该零件的斜向圆跳动。

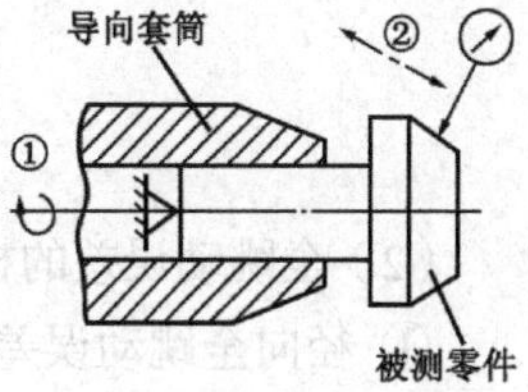

图 2.61 测量斜向圆跳动

（3）圆跳动应用说明

① 若未给定测量直径，则检测时不能只在被测面的最大直径附近测量一次。因为端面圆跳动规定在被测表面上任一测量直径处的轴向跳动量，均不得大于公差值 t。

② 斜向圆跳动的测量方向是被测表面的法向方向。若有特殊方向要求时，也可按需加以注明。

2. 全跳动

圆跳动仅能反映单个测量平面内被测要素轮廓形状的误差情况，不能反映出整个被测面上的误差。全跳动则是对整个表面的几何误差综合控制，是被测实际要素绕基准轴线作无轴向移动的连续回转，同时指示计沿理想素线连续移动（或被测实际要素每回转一周，指示器沿理想素线作间断移动），由指示计在给定方向上测得的最大与最小读数之差。

全跳动有两个项目：径向全跳动和端面全跳动。

（1）全跳动公差

① 径向全跳动公差 标注如图 2.62（a）所示。其公差带是半径差为公差值 t，且与基准轴线同轴的两圆柱面之间的区域，如图 2.62（b）所示，表示为提取（实际）表面应限定在半径差等于公差 0.2 mm，与公共基准轴线 $A—B$ 同轴的圆柱面之间，读作 Φd 圆柱面对基准 $A—B$（Φd_1 和 Φd_2 形成的公共轴线）的径向全跳动公差为 0.2 mm。

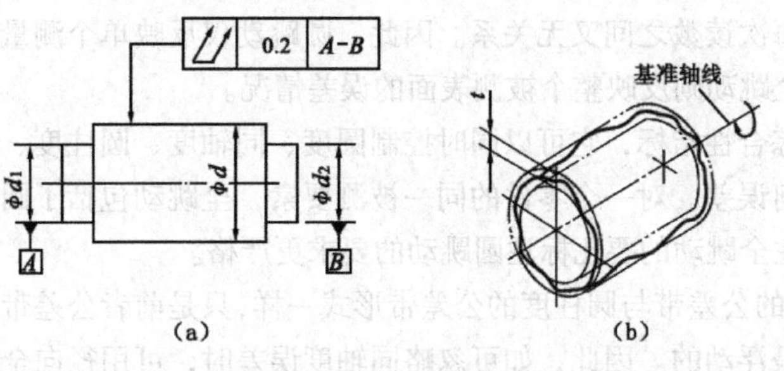

图 2.62 径向全跳动

② 端面全跳动公差 标注如图 2.63（a）所示。其公差带是间距为公差值 t，且与基准轴线垂直的两平行平面所限定的区域，如图 2.63（b）所示，表示被测端面绕基准轴线作无轴向移动的连续回转，同时，指示计作垂直于基准轴线的直线移动（被测端面的法向为测量方向），在

整个端面上的跳动量不得大于 0.05 mm，读作零件的右端面对 *Φd* 圆柱面轴线 *A* 的端面全跳动公差为 0.05 mm。

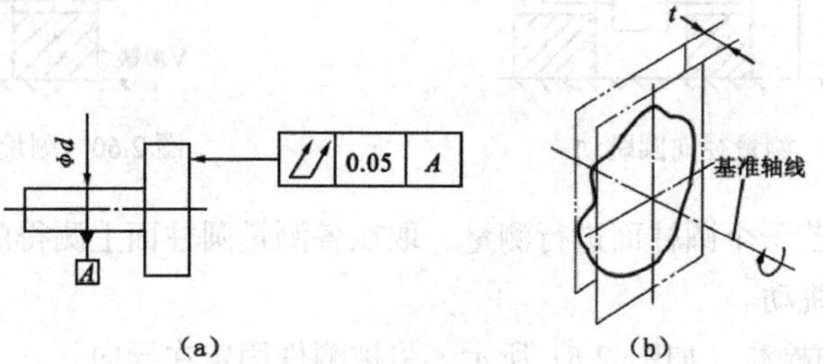

图 2.63　端面全跳动

（2）全跳动误差的检测

① 径向全跳动误差的检测　如图 2.64 所示，将被测零件固定在两同轴导向套筒内，同时在轴向上固定并调整该对套筒，使其同轴并与平板平行。在被测件连续回转过程中，同时让指示计沿基准轴线的方向作直线运动。在整个测量过程中指示计示值的最大差值即为该零件的径向全跳动。基准轴线也可以用一对 V 形块或一对顶尖的简单方法来体现。

② 端面全跳动误差的检测　如图 2.65 所示，将被测零件支承在导向套筒内，并在轴向上固定。导向套筒的轴线应与平板垂直。在被测零件连续回转过程中，指示计沿其径向作直线运动。在整个测量过程中指示计示值的最大差值即为该零件的端面全跳动。基准轴线也可以用 V 形块等简单方法来体现。

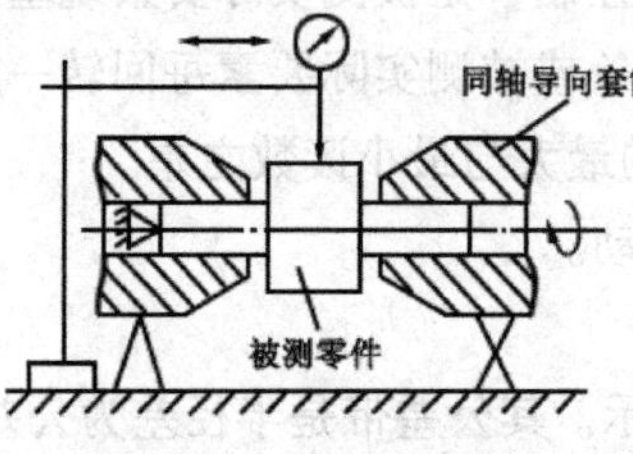

图 2.64　测量径向全跳动

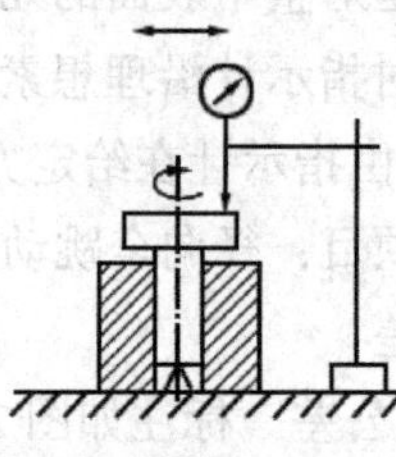

图 2.65　测量端面全跳动

（3）全跳动应用说明

① 全跳动是在测量过程中一次总计读数（整个被测表面最高点与最低点之差），而圆跳动是分别多次读数，每次读数之间又无关系。因此，圆跳动仅反映单个测量面内被测要素轮廓形状的误差情况，而全跳动则反映整个被测表面的误差情况。

全跳动是一项综合性指标，它可以同时控制圆度、同轴度、圆柱度、素线的直线度、平行度、垂直度等的几何误差。对一个零件的同一被测要素，全跳动包括了圆跳动。显然，当给定公差值相同时，标注全跳动的要比标注圆跳动的要求更严格。

② 径向全跳动的公差带与圆柱度的公差带形式一样，只是前者公差带的轴线与基准轴线同轴，而后者的轴线是浮动的。因此，如可忽略同轴度误差时，可用径向全跳动的测量来控制该表面的圆柱度误差，因为同一被测表面的圆柱度误差必小于径向全跳动测得值。虽然在径向全跳动的测量中得不到圆柱度误差值，但如果全跳动不超差，圆柱度误差也不会超差。

③ 在生产中有时用检测径向全跳动的方法测量同轴度。这样，表面的形状误差必须反映到测量值中去，得到偏大的同轴度误差值。该值如不超差，同轴度误差不会超差；若测得值超差，

同轴度也不一定超差。

④ 端面全跳动的公差带与平面对轴线的垂直度公差带完全一样，故可用端面全跳动或其测量值代替垂直度或其误差值。两者控制结果是一样的，而端面全跳动的检测方法比较简单。但端面圆跳动则不同，不能用检测端面圆跳动的方法检测平面对轴线的垂直度。

2.4 公差原则与相关要求

任何零件都同时存在有形位误差和尺寸误差。而影响零件的使用性能的，有时主要是形位误差，有时主要是尺寸误差，有时则主要是它们的综合结果而不必区分出它们各自的大小。因而在设计上，为了表达设计意图并为工艺和检测提供方便，应根据需要赋予要素的形位公差和尺寸公差以不同的关系。我们把处理尺寸公差和几何公差之间关系而确立的原则，称为公差原则。公差原则分为独立原则和相关要求。相关要求又分为包容要求、最大实体要求、最小实体要求和可逆要求。

2.4.1 有关术语及定义

1. 局部实际尺寸

局部实际尺寸（D_a、d_a）简称实际尺寸，是指在实际要素的任意正截面上，两对应点之间测得的距离。由于存在几何误差和测量误差，因此，其各处的局部实际尺寸可能不尽相同，如图 2.66 所示。

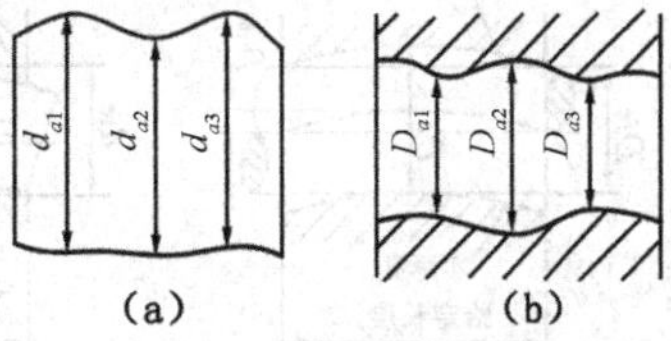

图 2.66 局部实际尺寸

2. 实体极限和实体尺寸

（1）最大实体极限和最大实体尺寸

最大实体极限是对应于最大实体尺寸的极限尺寸。最大实体尺寸是孔或轴具有允许的材料量为最多时的极限尺寸（MMS），即轴的最大极限尺寸和孔的最小极限尺寸。孔的最大实体尺寸用 D_M 表示，轴的最大实体尺寸用 d_M 表示。

（2）最小实体极限和最小实体尺寸

最小实体极限是对应于最小实体尺寸的极限尺寸。最小实体尺寸是孔或轴具有允许的材料量为最少时的极限尺寸（LMS），即轴的最小极限尺寸和孔的最大极限尺寸。孔的最小实体尺寸用 D_L 表示，轴的最小实体尺寸用 d_L 表示。

最大实体极限是在同一设计的零件中装配感觉最难的状态，即可能获得最紧的装配结果的状态，它也是工件强度最高的状态；最小实体极限是装配感觉最易的状态，即可能获得最松的装配结果的状态，它也是工件强度最低的状态。最大和最小实体极限都是设计规定的合格工件的材料量的两个极限状态，如图 2.67 所示。

根据实体尺寸的定义可知，要素的实体尺寸是由设计给定的，当设计给出要素的极限尺寸时，其相应的最大、最小实体尺寸也就确定了。

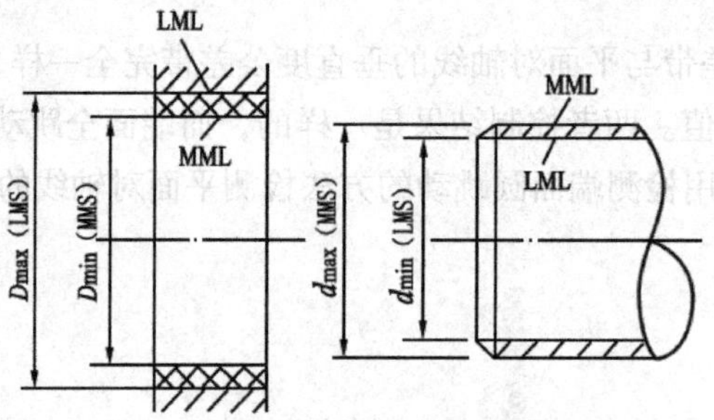

图 2.67　最大、最小实体状态与尺寸

3. 作用尺寸

（1）体外作用尺寸

体外作用尺寸是指在被测要素的给定长度上，与实际内表面（孔）体外相接的最大理想轴的尺寸，称为孔的体外作用尺寸，简称孔的作用尺寸，用 D_{fe} 表示；在被测要素的给定长度上，与实际外表面（轴）体外相接的最小理想孔的尺寸，称为轴的体外作用尺寸，简称轴的作用尺寸，用 d_{fe} 表示。对于关联要素，该理想外（内）表面的轴线或中心面必须与基准保持图样上给定的几何关系。图 2.68 为单一要素的体外作用尺寸，图 2.68（a）所示为孔的体外作用尺寸，图 2.68（b）所示为轴的体外作用尺寸。图 2.69 所示为关联要素（轴）的体外作用尺寸，图 2.69（a）所示为图样标注，图 2.69（b）所示为轴的体外作用尺寸，最小理想孔的轴线必须垂直于基准面 A。

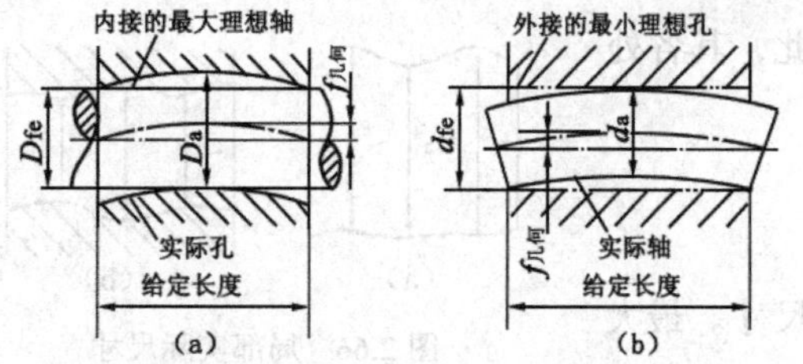

图 2.68　单一要素的体外作用尺寸

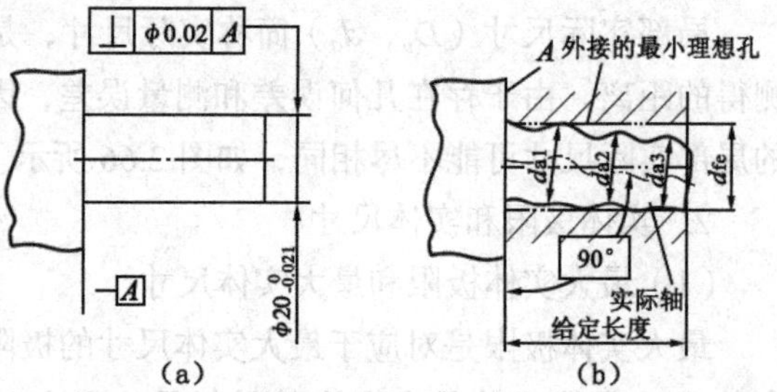

图 2.69　关联要素的体外作用尺寸

由图 2.68 和图 2.69 可以直观地看出，内外表面的体外作用尺寸 D_{fe}、d_{fe} 与其实际尺寸 D_a、d_a 以及几何误差 f 之间的几何关系，可以用下式表示：

对于内表面　$D_{fe} = D_a - f_{几何}$

对于外表面　$d_{fe} = d_a + f_{几何}$

可以看出，作用尺寸的大小由其实际尺寸和几何误差共同确定。一方面，按同一图样加工的一批零件，其实际尺寸各不相同，因此，其作用尺寸也不尽相同。另一方面，由于几何误差的存在，外表面的作用尺寸大于该表面的实际尺寸，内表面的作用尺寸小于该表面的体外作用尺寸。因此，几何误差影响内外表面的配合性质。例如，$\phi30\text{H7}\left(\begin{smallmatrix}+0.021\\0\end{smallmatrix}\right) / \text{h6}\left(\begin{smallmatrix}0\\-0.013\end{smallmatrix}\right)$ 孔轴配合，其最小间隙为零。若孔轴加工后不存在形状误差，即具有理想形状，且其实际尺寸均为 30，则装配后，具有最小间隙量为 0；若加工后，孔具有理想形状，且实际尺寸处处为 30，如图 2.70（a）所示；而轴的轴线发生了弯曲，即存在形状误差 $f_{几何}$，且实际尺寸处处为 30，如图 2.70（b）

所示。显然，装配后具有过盈量。若要保证配合的最小间隙量为 0，必须将孔的直径扩大为

$$d_{fe}=30+f_{几何}=d_a+f_{几何}$$

因此，体外作用尺寸实际上是对配合起作用的尺寸。

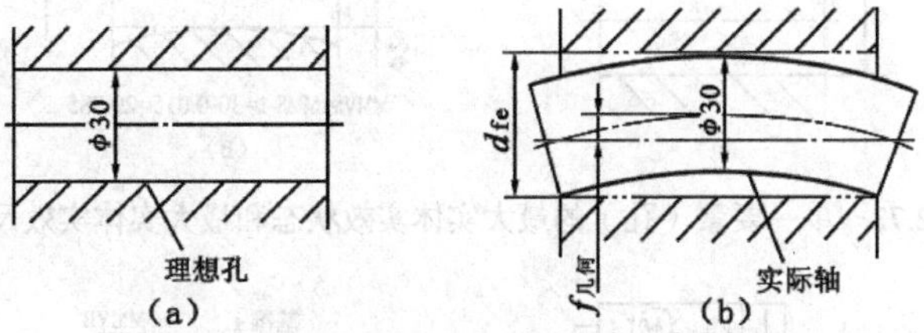

图 2.70　轴线直线度误差对配合性质的影响

由上所述，得出作用尺寸的特点：

① 作用尺寸是假想的圆柱直径，是在装配时起作用的尺寸；

② 对单个零件来说，作用尺寸是唯一的；对一批零件而言，作用尺寸是不同的；

③ $d_a \leqslant d_{fe}$，$D_a \geqslant D_{fe}$。（试问何时二者相等？）

（2）体内作用尺寸

体内作用尺寸是指在被测要素的给定长度上，与实际内表面（孔）体内相接的最小理想轴的尺寸，称为内表面（孔）的体内作用尺寸，用 D_{fi} 表示；与实际外表面（轴）体内相接的最大理想孔的尺寸，称为外表面（轴）的体内作用尺寸，用 d_{fi} 表示。对于关联要素，该理想外表面或内表面的轴线或中心面必须与基准保持图样上给定的几何关系。图 2.71（a）和图 2.71（b）分别是孔和轴单一要素的体内作用尺寸。

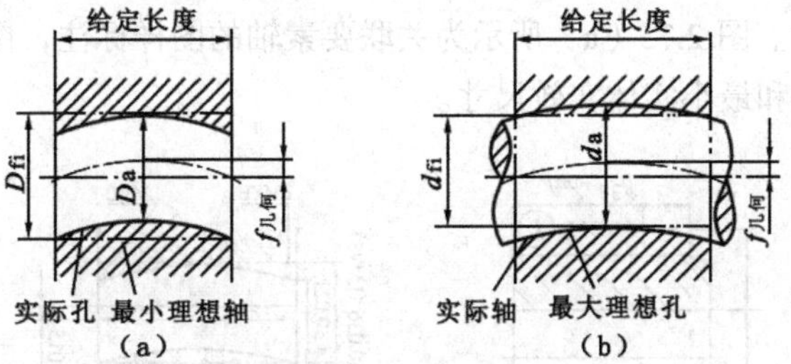

图 2.71　单一要素的体内作用尺寸

体内作用尺寸是对零件强度起作用的尺寸。

4. 实体实效状态和实体实效尺寸

① 最大实体实效状态和最大实体实效尺寸在给定长度上，实际要素处于最大实体状态，且其中心要素的形状或位置误差等于给出公差值时的综合极限状态，称为最大实体实效状态，用 MMVC 表示。实际要素在最大实体实效状态下的体外作用尺寸，称为最大实体实效尺寸，用 MMVS 表示。用公式表示：

$$D_{MV}=D_M-t_{几何}$$
$$d_{MV}=d_M+t_{几何}$$

图 2.72（a）所示为单一要素（孔）的图样标注，图 2.72（b）所示为实际孔的最大实体实效状态和最大实体实效尺寸示意图。图 2.73（a）所示为关联要素（轴）的图样标注，图 2.73（b）所示为实际轴的最大实体实效状态和最大实体实效尺寸示意图。

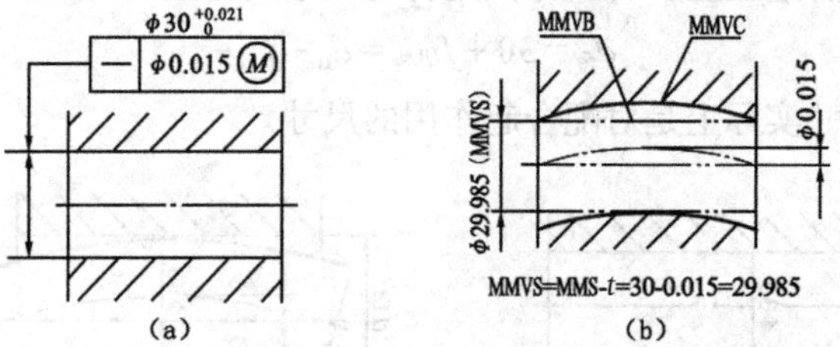

图 2.72　单一要素（孔）的最大实体实效状态和最大实体实效尺寸

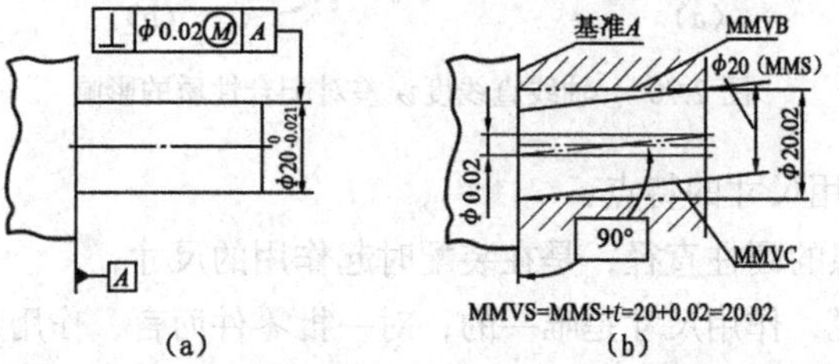

图 2.73　关联要素（轴）的最大实体实效状态和最大实体实效尺寸

② 最小实体实效状态和最小实体实效尺寸　在给定长度上，实际要素处于最小实体状态，且其中心要素的形状或位置误差等于给出公差值时的综合极限状态，称为最小实体实效状态，用 LMVC 表示。实际要素在最小实体实效状态下的体内作用尺寸，称为最小实体实效尺寸，用 LMVS 表示。用公式表示：

$$D_{LV} = D_L + t_{几何}$$
$$d_{LV} = d_L - t_{几何}$$

图 2.74（a）所示为单一要素孔的图样标注，图 2.74（b）所示为实际孔的最小实体实效状态和最小实体实效尺寸。图 2.75（a）所示为关联要素轴的图样标注，图 2.75（b）所示为实际轴的最小实体实效状态和最小实体实效尺寸。

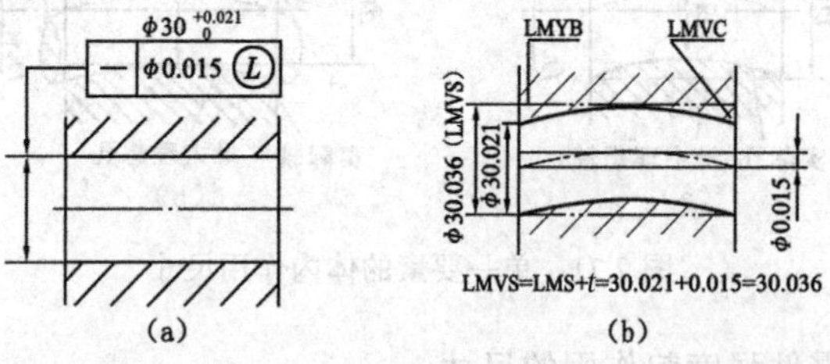

图 2.74　单一要素（孔）的最小实体实效状态和最小实体实效尺寸

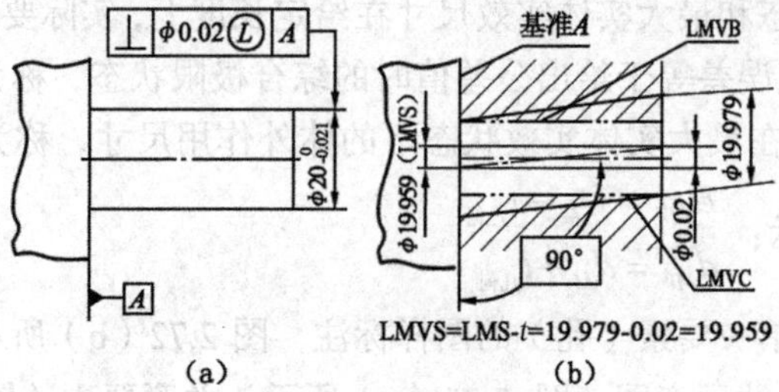

图 2.75　关联要素（孔）的最小实体实效状态和最小实体实效尺寸

5. 理想边界

理想边界是指由设计给定的具有理想形状的极限边界。对于内表面（孔），它的理想边界相当于一个具有理想形状的外表面；对于外表面（轴），它的理想边界相当于一个具有理想形状的内表面。

设计时，根据零件的功能和经济性要求，常给出以下几种理想边界。

（1）最大实体边界（MMB）

当理想边界的尺寸等于最大实体尺寸时，称为最大实体边界，如图 2.76 和图 2.77 所示。

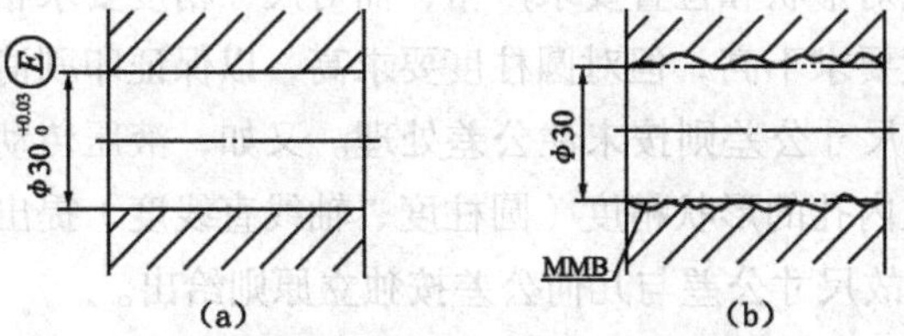

图 2.76 单一要素的最大实体边界

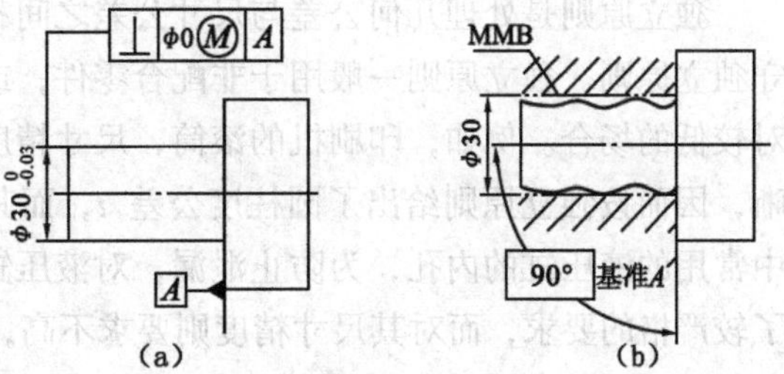

图 2.77 关联要素的最大实体边界

（2）最大实体实效边界（MMVB）

当尺寸为最大实体实效尺寸时的理想边界。边界是用来控制被测要素的实际轮廓的。例如对于轴，该轴的实际圆柱面不能超越边界，以此来保证装配。而几何公差值则是对于中心要素而言的，例如，轴的轴线直线度采用最大实体要求，则是对轴线而言。应该说几何公差值是对轴线直线度误差的控制，而最大实体实效边界则是对其实际的圆柱面的控制，这一点应注意。

（3）最小实体边界（LMB）

尺寸为最小实体尺寸时的理想边界。

（4）最小实体实效边界（LMVB）

尺寸为最小实体实效尺寸时的理想边界。

2.4.2 独立原则

1. 独立原则的含义和图样标注

图样上给定的尺寸公差与几何公差各自独立，相互无关，分别满足要求的公差原则，称为独立原则。

采用独立原则时，尺寸公差与几何公差之间相互无关，即尺寸公差只控制实际尺寸的变动量，与要素本身的几何误差无关，几何公差只控制要素的几何误差，与要素本身的尺寸误差无关。要素只需要分别满足尺寸公差和几何公差要求即可。

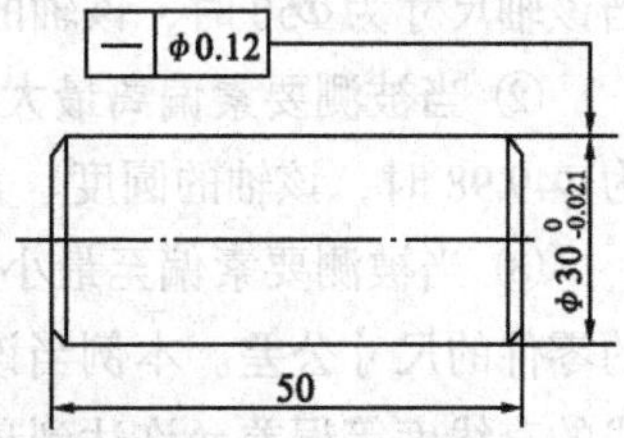

图 2.78 独立原则的标注示例

独立原则的图样标注如图 2.78 所示，图样上不须加注任何关系符号。图 2.78 所示轴的直径公差与其轴线的直线度公差采用独立原则。只要轴的实际尺寸在Φ29.979～Φ30 之间，其轴线的直线度误差不大于Φ0.12，则零件合格。

2. 遵守独立原则零件的合格条件

对于内表面：$D_{\min} \leqslant D_a \leqslant D_{\max}$

对于外表面：$d_{\min} \leqslant d_a \leqslant d_{\max}$

$f_{几何} \leqslant t_{几何}$

检验时，实际尺寸只能用两点法测量（如用千分尺、卡尺等通用量具），几何误差只能用几何误差的测量方法单独测量。

3. 独立原则的应用

独立原则是处理几何公差与尺寸公差之间相互关系的基本原则，图样上给出的公差大多遵守独立原则。独立原则一般用于非配合零件，或对形状和位置要求严格，而对尺寸精度要求相对较低的场合。例如，印刷机的滚筒，尺寸精度要求不高，但对圆柱度要求高，以保证印刷清晰，因而按独立原则给出了圆柱度公差 t，而其尺寸公差则按未注公差处理。又如，液压传动中常用的液压缸的内孔，为防止泄漏，对液压缸内孔的形状精度（圆柱度、轴线直线度）提出了较严格的要求，而对其尺寸精度则要求不高，故尺寸公差与几何公差按独立原则给出。

2.4.3 相关要求

相关要求是指图样上给定的尺寸公差与几何公差相互有关的公差要求，通常包括包容要求、最大实体要求（包括可逆要求应用于最大实体要求）和最小实体要求（包括可逆要求应用于最小实体要求）。

1. 包容要求

（1）包容要求的含义和图样标注

包容要求是指实际要素遵守最大实体边界，且局部实际尺寸不得超出最小实体尺寸的一种公差要求。也就是说，无论实际要素的尺寸误差和几何误差如何变化，实际轮廓都不得超越最大实体边界，即体外作用尺寸不得超越最大实体边界尺寸，且实际尺寸不得超越最小实体尺寸。

采用包容要求时，必须在图样上尺寸公差带或公差值后面加注符号Ⓔ，如图 2.79（a）所示。该轴的尺寸为$\Phi 50^{0}_{-0.025}$，采用包容要求，图样应同时满足下列要求，即零件尺寸在$\phi 50$～$\Phi 49.975$之间。Ⓔ的解释可归纳为如下 3 点。

① 当被测要素处于最大实体状态时，该零件的几何公差（最大的几何误差）等于零。本例当该轴尺寸为$\Phi 50$时，该轴的圆度、素线、轴线的直线度等误差等于零。

② 当被测要素偏离最大实体状态时，该零件的几何公差允许达到偏离量。本例当该轴尺寸为$\Phi 49.98$时，该轴的圆度、素线、轴线的直线度等误差允许达到偏离量，即等于$\Phi 0.02$ mm。

③ 当被测要素偏至最小实体状态时，该零件的几何公差允许达到最大值，即等于图样给定的零件的尺寸公差。本例当该轴尺寸为$\Phi 49.975$ 时，该轴的圆度、圆柱度、素线的直线度、轴线的直线度等误差允许达到最大值，即等于图样给定的轴的尺寸公差最大为 0.025mm。当该轴的实际尺寸处处为最大实体尺寸$\Phi 50$时，其轴线有任何几何误差都将使其实际轮廓超出最大实体边界，如图 2.79（b）所示，所以，此时该轴的几何公差值应为$\Phi 0$，如图 2.79（c）所示；当轴的实际尺寸为$\Phi 49.990$时，轴的几何误差只有在$\Phi 0$～$\Phi 0.010$之间，实际轮廓才不会超出最大

实体边界，即此时几何公差值应为Φ0.010，如图 2.79（d）所示；当轴的实际尺寸为最小实体尺寸Φ49.975 时，几何误差只有在Φ0～Φ0.025 之间，实际轮廓才不会超出最大实体边界，即此时轴的几何公差值应为Φ0.025，如图 2.79（e）所示。

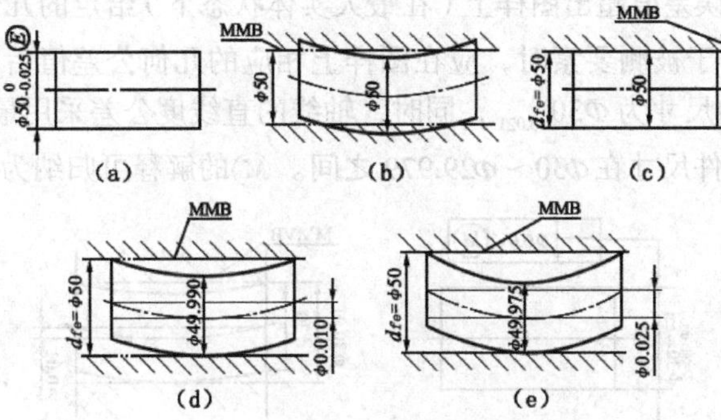

图 2.79　包容要求

可见，遵守包容要求的尺寸要素，当其实际尺寸达到最大实体尺寸时，几何公差只能为 0；当其实际尺寸偏离最大实体尺寸而不超越最小实体尺寸时，允许几何公差获得一定的补偿值，补偿值的大小在其尺寸公差以内；当实际尺寸为最小实体尺寸时，几何公差有最大补偿量，其大小为其尺寸公差值 T = MMS − LMS。显然，包容要求是将尺寸误差和几何误差同时控制在尺寸公差范围内的一种公差要求，主要用于必须保证配合性质的要素，用最大实体边界保证必要的最小间隙或最大过盈，用最小实体尺寸防止间隙过大或过盈过小。

图 2.80 在图 2.79 的基础上又标注了轴线的直线度公差Φ0.02 mm，其意义是：当轴的尺寸为Φ49.975 mm～Φ50 mm 时，则轴线的直线度公差应为Φ0～Φ0.02 mm；当轴的尺寸为Φ49.975 mm（最小实体尺寸）时，轴线直线度公差仍不允许超过Φ0.02 mm。总之，按标注解释为：轴线直线度误差不得大于Φ0.02 mm，而圆柱表面不能超出具有最大实体尺寸Φ50 mm 的理想包容圆柱面。

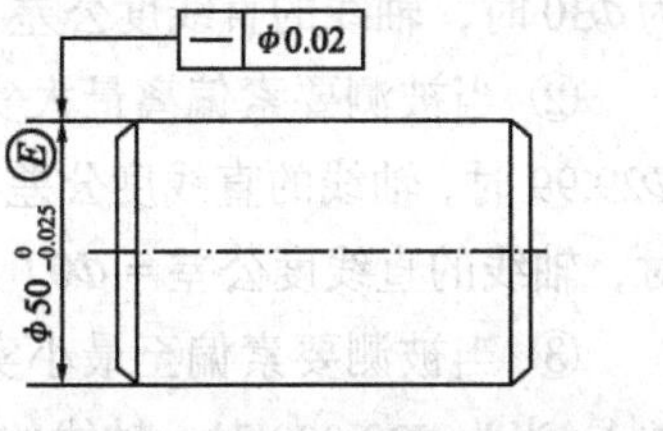

图 2.80　同时应用独立原则和包容要求

（2）采用包容要求零件的合格条件

采用包容要求时，被测要素遵守最大实体边界，其体外作用尺寸不得超出其最大实体尺寸，且局部实际尺寸不得超出其最小实体尺寸，即合格条件为

对于孔
$$D_M(D_{min}) \leqslant D_{fe}$$
$$D_a \leqslant D_L(D_{max})$$

对于轴
$$d_L(d_{min}) \leqslant d_a$$
$$d_{fe} \leqslant d_M(d_{max})$$

上述 4 个公式就是极限尺寸判断原则，也称泰勒原则。检验时，按泰勒原则并用光滑极限量规检验实际要素是否合格。

（3）包容要求的应用

包容要求仅用于单一尺寸要素（例如圆柱面、两反向平行面等尺寸），主要用于保证单一要素间的配合性质。例如，回转轴颈与滑动轴承、滑块与滑块槽以及间隙配合中的轴孔或有缓慢移动的轴孔结合等。

2. 最大实体要求

（1）最大实体要求的含义和图样标注

最大实体要求是指被测要素的实际轮廓应遵守最大实体实效边界，且当实际尺寸偏离最大实体尺寸时，允许几何误差值超出图样上（在最大实体状态下）给定的几何公差值的一种要求。

最大实体要求应用于被测要素时，应在图样上相应的几何公差值后面加注符号Ⓜ，如图2.81（a）所示，该轴的尺寸为$\Phi30^{\ 0}_{-0.021}$，同时，轴线的直线度公差采用最大实体要求。图样应同时满足下列要求：零件尺寸在$\Phi30$～$\Phi29.979$之间。Ⓜ的解释可归纳为如下3点。

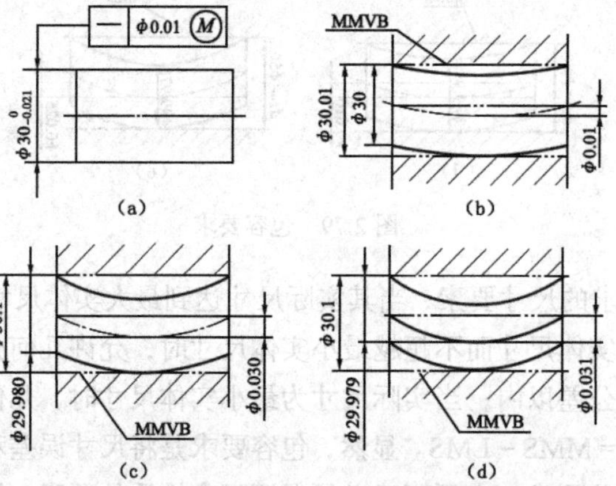

图 2.81　单一要素的最大实体要求示例

① 当被测要素处于最大实体尺寸时，零件的几何公差（最大的几何误差）等于给定值。当为$\Phi30$时，轴线的直线度公差 = $\Phi0.01$。

② 当被测要素偏离最大实体尺寸时，该零件的几何公差允许达到给定值加偏离量。当为$\Phi29.99$时，轴线的直线度公差 = $\Phi0.01$（给定值）+ $\Phi0.01$（偏离量，也叫补偿值）。当为$\Phi29.98$时，轴线的直线度公差 = $\Phi0.01$（给定值）+ $\Phi0.02$（偏离量）。

③ 当被测要素偏至最小实体尺寸时，零件的几何公差 = 给定值 + 最大的偏离量（尺寸公差）。当为$\Phi29.979$时，轴线的直线度公差 = $\Phi0.01 + \Phi0.021$（尺寸公差）= $\Phi0.031$。

此时被测要素的实际轮廓被控制在最大实体实效边界以内，即实际要素的体外作用尺寸不得超出最大实体实效尺寸，而且实际尺寸必须在最大实体尺寸和最小实体尺寸范围内。当轴的实际尺寸超越最大实体尺寸而向最小实体尺寸偏离时，允许将超出值补偿给几何公差，即此时可将给定的直线度公差 t 几何扩大。本例当轴的实际直径 d_a 处为最大实体尺寸$\Phi30$时（即实际轴处于MMC时），轴线的直线度公差为图样上的给定值，即 $t_{几何} = \Phi0.01$，如图2.81（b）所示；当轴的实际直径 d_a 小于$\Phi30$时，例如 $d_a = \Phi29.980$ 时，其轴线直线度公差可以大于图样上的给定值$\Phi0.01$，但必须保证被测要素的实际轮廓不超出最大实体实效边界，即体外作用尺寸不超出最大实体实效尺寸，即 $d_{fe} \leqslant \text{MMVS} = \Phi30 + \Phi0.01 = \Phi30.01$，此时该轴轴线的直线度公差值获得一补偿量，其值为：

$$\Delta t = \text{MMS} - d_a = \Phi30 - \Phi29.98 = \Phi0.02$$

直线度公差值为：

$$t_{几何} = \Phi0.01 + \Phi0.02 = \Phi0.03$$

如图 2.81（c）所示。

显然，当轴的实际直径处处为最小实体尺寸$\Phi 29.979$（即处于 LMC）时，其轴线直线度公差可获得最大补偿量：

$$\Delta t_{max} = MMS - LMS = \Phi 30 - \Phi 29.979 = T_d = 0.021$$

此时直线度公差获得最大值：

$$t_{几何} = \Phi 0.01 + \Phi 0.021 = \Phi 0.031$$

如图 2.81（d）所示。

图 2.82 所示为最大实体要求应用于关联被测要素的示例。图 2.82（a）表示$\Phi 80^{+0.12}_{0}$孔的轴线对基准平面 A 的任意方向的垂直度公差采用最大实体要求。当该孔处于最大实体状态，即孔的实际直径处处为最大实体尺寸$\Phi 80$ 时，垂直度公差值为图样上的给定值$\Phi 0.04$，如图 2.82（b）所示；当实际孔偏离其最大实体状态，例如 $D_a = \Phi 80.05$ 时，其垂直度公差可大于图样上的给定值，但必须保证孔的体外作用尺寸不小于其最大实体实效尺寸，即

$$D_{fe} \geqslant MMVS = MMS - t_{几何} = \Phi 80 - \Phi 0.04 = \Phi 79.96$$

垂直度公差获得补偿值为

$$\Delta t = D_a - MMS = \Phi 80.05 - \Phi 80 = \Phi 0.05$$

垂直度公差值为

$$t_{几何} = \Phi 0.04 + \Phi 0.05 = \Phi 0.09$$

如图 2.82（c）所示。

显然，当孔处于最小实体状态时，即当 $D_a = LMS = \Phi 80.12$ 时，垂直度公差可获得最大补偿值

$$\Delta t_{max} = T_D = 0.12$$

此时，垂直度公差值为：

$$t_{几何} = \Phi 0.04 + \Phi 0.12 = \Phi 0.16$$

如图 2.82（d）所示。

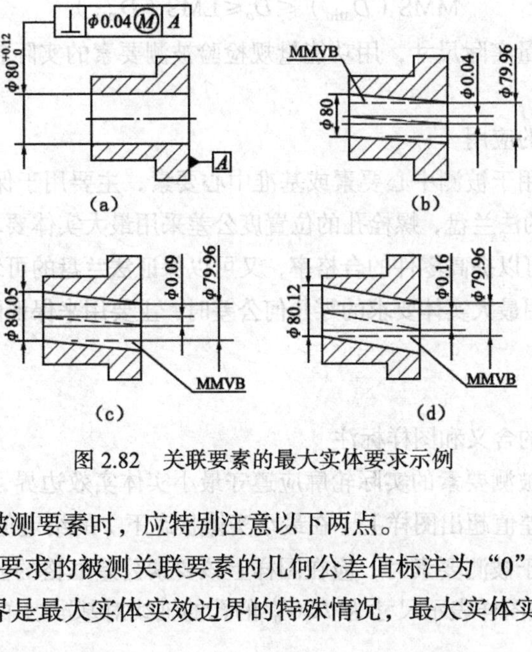

图 2.82　关联要素的最大实体要求示例

最大实体要求用于被测要素时，应特别注意以下两点。

① 当采用最大实体要求的被测关联要素的几何公差值标注为“0”或“$\Phi 0$”时，如图 2.83（a）所示，其遵守的边界是最大实体实效边界的特殊情况，最大实体实效边界这时就变成了最

大实体边界，这种情况称为最大实体要求的零几何公差。

② 当对被测要素的几何公差有进一步要求时，应采用图 2.83（b）所示的方法标注，该标注表示孔 $\Phi50_{-0.021}^{\ 0}$ 的轴线垂直度公差采用最大实体要求，该垂直度公差不允许超过公差框格中给定值 Φ0.08 mm。当孔的实际直径从最大实体尺寸向最小实体尺寸方向偏离时（孔的直径由小变大），允许将偏离量补偿给垂直度公差，但该垂直度公差不得大于 Φ0.08 mm。

最大实体要求应用于基准要素时，应在图样上相应的几何公差框格的基准字母后面加注符号Ⓜ，如图 2.84 所示。

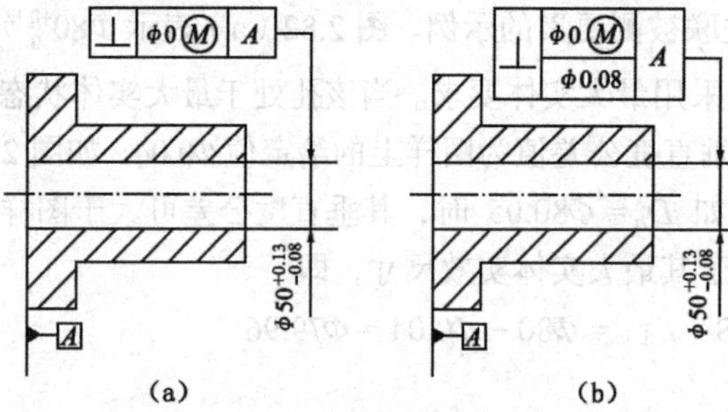

图 2.83　最大实体要求的零形位公差

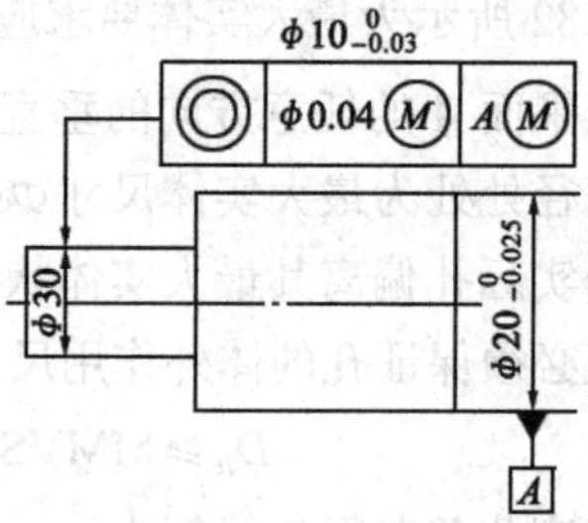

图 2.84　最大实体要求应用于基准要素时的标注

（2）采用最大实体要求零件的合格条件

采用最大实体要求的要素遵守最大实体实效边界，体外作用尺寸不得超出最大实体实效尺寸，且局部实际尺寸在最大与最小实体尺寸之间，即合格条件为

对于外表面

$$d_{fe} \leqslant \text{MMVS}（d_{\max} + t_{\text{几何}}）$$

$$\text{LMS}（d_{\min}）\leqslant da \leqslant \text{MMS}（d_{\max}）$$

对于内表面

$$D_{fe} \geqslant \text{MMVS}（D_{\min} - t_{\text{几何}}）$$

$$\text{MMS}（D_{\min}）\leqslant D_a \leqslant \text{LMS}（D_{\max}）$$

检测时用两点法测量实际尺寸，用功能量规检验被测要素的实际轮廓是否超越最大实体的实效边界。

（3）最大实体要求的应用

最大实体要求只能用于被测中心要素或基准中心要素，主要用于保证零件的可装配性。

例如，用螺栓联接的法兰盘，螺栓孔的位置度公差采用最大实体要求时，可以充分利用图样上给定的公差，这样既可以提高零件的合格率，又可以保证法兰盘的可装配性，从而达到较好的经济效益。关联要素采用最大实体要求的零几何公差时，主要用来保证配合性质，其适用场合与包容要求相同。

3. 最小实体要求

（1）最小实体要求的含义和图样标注

最小实体要求是指被测要素的实际轮廓应遵守最小实体实效边界，当实际尺寸偏离最小实体尺寸时，允许几何误差值超出图样上（在最小实体状态下）的给定值的一种公差要求。

最小实体要求应用于被测要素时，应在图样上该要素公差框格的公差值后面加注符号Ⓛ，如图 2.85（a）所示。该图样表示尺寸为 $\Phi20_{\ 0}^{+0.1}$ 的孔的轴线对基准 A 的同轴度公差采用最小实体要求，此时，被测要素的实际轮廓被控制在最小实体实效边界内，即该孔的体内作用尺寸不得超越最小实体实效尺寸，该孔的实际尺寸不得超越最大实体尺寸和最小实体尺寸。当孔的实际尺寸超越最小实体尺寸而向最大实体尺寸偏离时，允许将超出值补偿给几何公差，即将图样上给定的几何公差值扩大。例如，当 $D_a = \text{LMS} = \Phi 20.1$ 时，同轴度公差 $t_{几何} = \Phi 0.08$；当 $D_a = \Phi 20.05$ 时，同轴度公差获得补偿值

$$\Delta t = \text{LMS} - D_a = \Phi 20.1 - \Phi 20.05 = \Phi 0.05$$

即同轴度公差

$$t_{几何} = \Phi 0.08 + \Phi 0.05 = \Phi 0.13$$

显然，当 $D_a = \text{MMS} = \Phi 20$ 时，同轴度公差有最大值，即

$$t_{几何} = \Phi 0.08 + T_D = \Phi 0.08 + \Phi 0.1 = \Phi 0.18$$

最小实体要求用于基准要素时，应在图样上相应几何公差框格的基准字母后面加注符号Ⓛ，如图 2.85（b）所示（此时基准 A 本身采用独立原则，遵守最小实体边界）。图 2.86 表示基准 D 本身采用最小实体要求，其遵守的边界为最小实体实效边界。

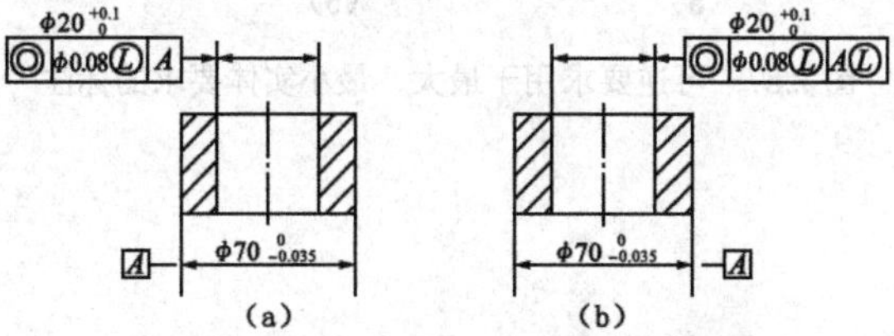

图 2.85　被测要素采用最小实体要求的标注

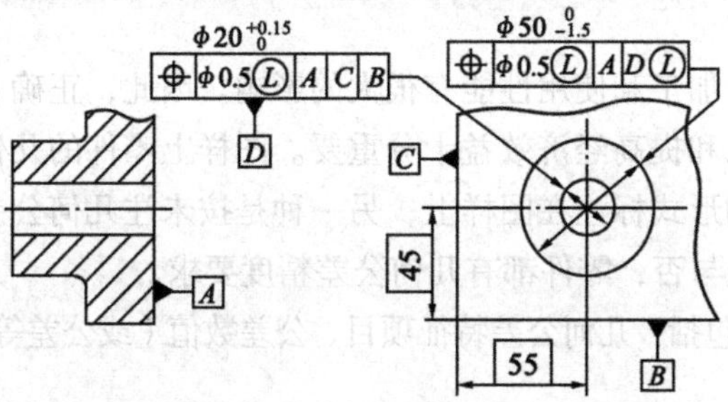

图 2.86　基准要素本身采用最小实体要求的标注

同样地，当采用最小实体要求的关联要素的几何公差值标注为“0”或“$\Phi 0$”时，称为最小实体要求的零几何公差，此时该要素遵守最小实体边界。

（2）采用最小实体要求零件的合格条件

采用最小实体要求的要素遵守最小实体实效边界，体内作用尺寸不得超出最小实体实效尺寸，且局部实际尺寸在最大与最小实体尺寸之间，即合格条件为

对于外表面

$$d_{fi} \geqslant d_{LMV}\ (d_{\min} - t_{几何})$$

$$d_{\min} \leqslant d_a \leqslant d_{\max}$$

对于内表面

$$D_{fi} \leqslant D_{LMV}\ (D_{\max} + t_{几何})$$

$$D_{\min} \leqslant D_a \leqslant D_{\max}$$

（3）最小实体要求的应用

最小实体要求只能用于被测中心要素或基准中心要素，主要用来保证零件的强度和最小壁厚。除了上述几种公差要求之外，还有可逆要求。可逆要求是指中心要素的几何误差值小于给出的几何公差值时，允许在满足零件功能要求的前提下扩大尺寸公差的一种公差要求。可逆要求通常用于最大实体要求和最小实体要求，其图样标注如图 2.87 所示，在相应的公差框格中符号Ⓜ或Ⓛ后面再加注符号 R。

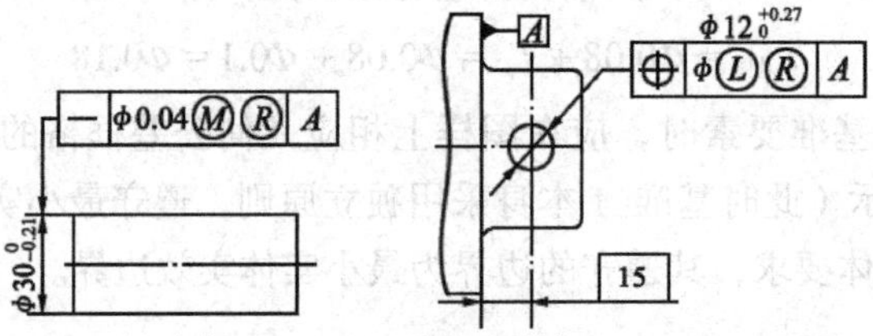

图 2.87　可逆要求用于最大、最小实体要求的标注

2.5 形位公差的选择

几何误差对零部件的加工和使用性能有很大的影响。因此，正确合理地选择几何公差对保证机器及零件的功能要求和提高经济效益十分重要。图样上零件的几何公差要求有两种表示方法：一种是用公差框格的形式标注在图样上；另一种是按未注几何公差的规定，图样上不标注几何公差要求。无论标注与否，零件都有几何公差精度要求。

几何公差的选择主要包括：几何公差特征项目、公差数值（或公差等级）、基准和公差原则等。

2.5.1 几何公差特征项目的选择

几何公差特征项目一般是根据零件的几何特征、使用要求和经济性等因素，综合考虑而确定的。在保证了零件的功能要求，应尽量使几何公差项目减少，检测方法简单并能获得较好的经济效益。我们在选用的时候可从以下几个方面考虑。

（1）零件的几何特征

零件的几何特征不同，会产生不同的几何误差。例如，对圆柱形零件，可选择圆度、圆柱度、轴心线直线度及素线直线度等；平面零件可选择平面度；窄长平面可选择直线度；槽类零件可选择对称度；阶梯轴、孔可选择同轴度等。

（2）零件的功能要求

根据零件不同的功能要求，给出不同的几何公差项目。例如，圆柱形零件，当仅需要顺利装配时，可选轴心线的直线度；如果孔、轴之间有相对运动，应均匀接触，或为保证密封性，应标注圆柱度公差以综合控制圆度、素线直线度和轴线直线度（如柱塞与柱塞套、阀芯与阀体等）。

又如，为保证机床工作台或刀架运动轨迹的精度，需要对导轨提出直线度要求；对安装齿轮轴的箱体孔，为保证齿轮的正确啮合，需要提出孔心线的平行度要求；为使箱体、端盖等零件上各螺栓孔能顺利装配，应规定孔组的位置度公差等。

（3）检测的方便性

确定几何公差特征项目时，要考虑到检测的方便性与经济性。例如，对轴类零件，用素线的直线度和圆度代替圆柱度，用径向圆跳动代替同轴度（圆度误差较小时），用径向圆跳动代替圆度（同轴度误差较小时），用径向全跳动代替圆柱度，用轴向（端面）全跳动代替端面对轴线的垂直度等，因为跳动误差检测方便，又能较好地控制相应的几何误差。

在满足功能要求的前提下，尽量减少项目，以获得较好的经济效益。

2.5.2 几何公差值的确定

几何公差值应该在保证满足要素功能要求的条件下，选用尽可能大的公差数值，以满足经济性的要求。

迄今为止，注出几何公差值的选用尚无有效的精确可靠的理论计算方法，主要采用与现有资料对比和依靠实践经验积累的方法。国家标准对 14 项几何公差特征，除线、面轮廓度和位置度未规定公差等级外，其余 11 项均有规定。一般划分为 12 级，即 1～12 级，精度依次降低；仅圆度和圆柱度划分为 13 级，如表 2.3～表 2.6 所示（摘自 GB/T1184—1996），6 级与 7 级为基本级。此外，还规定了位置度公差值的数系。

对于规定有公差等级的几何公差项目，可以根据被测要素的尺寸（主参数）参考表 2.3～表 2.6 确定其几何公差值，圆度、圆柱度、同轴度、圆跳动和全跳动以被测要素的直径作为主参数，直线度、平面度及定向公差以被测要素的最大长度作为主参数，对称度以被测要素的轮廓宽度作为主参数。

表 2.3　直线度和平面度公差值

主参数 *L*（mm）	公差等级											
	1	2	3	4	5	6	7	8	9	10	11	12
≤10	0.2	0.4	0.8	1.2	2	3	5	8	12	20	30	60
＞10～16	0.25	0.5	1	1.5	2.5	4	6	10	15	25	40	80
＞16～25	0.3	0.6	1.2	2	3	5	8	12	20	30	50	100
＞25～40	0.4	0.8	1.5	2.5	4	6	10	15	25	40	60	120
＞40～63	0.5	1	2	3	5	8	12	20	30	50	80	150
＞63～100	0.6	1.2	2.5	4	6	10	15	25	40	60	100	200
＞100～160	0.8	1.5	3	5	8	12	20	30	50	80	120	250
＞160～250	1	2	4	6	10	15	25	40	60	100	150	300
＞250～400	1.2	2.5	5	8	12	20	30	50	80	120	200	400
＞400～630	1.5	3	6	10	15	25	40	60	100	150	250	500

注：主参数 *L* 系轴、直线、平面的长度。

直线度、平面度主参数 L 图例，如图 2.88 所示。

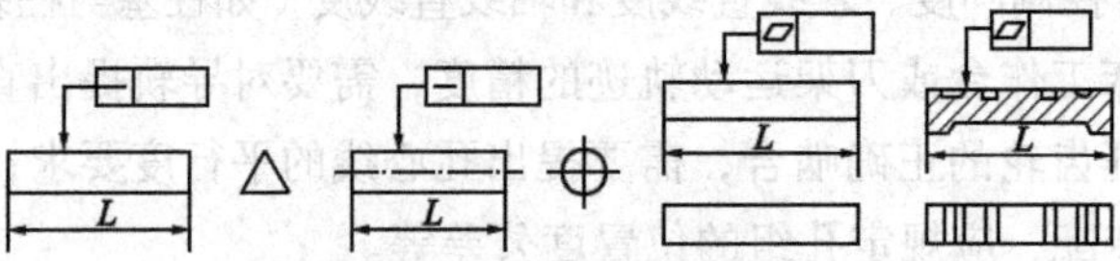

图 2.88　主参数 L 图例

表 2.4　　　　　　　　　　　　　　圆度和圆柱度公差值　　　　　　　　　　　　　（单位：μm）

主参数 $d(D)$（mm）	公差等级												
	0	1	2	3	4	5	6	7	8	9	10	11	12
≤3	0.1	0.2	0.3	0.5	0.8	1.2	2	3	4	6	10	14	25
＞3～6	0.1	0.2	0.4	0.6	1	1.5	2.5	4	5	8	12	18	30
＞6～10	0.12	0.25	0.4	0.6	1	1.5	2.5	4	6	9	15	22	36
＞10～18	0.15	0.25	0.5	0.8	1.2	2	3	5	8	11	18	27	43
＞18～30	0.2	0.3	0.6	1	1.5	2.5	4	6	9	13	21	33	52
＞30～50	0.25	0.4	0.6	1	1.5	2.5	4	7	11	16	25	39	62
＞50～80	0.3	0.5	0.8	1.2	2	3	5	8	13	19	30	46	74
＞80～120	0.4	0.6	1	1.5	2.5	4	6	10	15	22	35	54	87
＞120～180	0.6	1	1.2	2	3.5	5	8	12	18	25	40	63	100
＞180～250	0.8	1.2	2	3	4.5	7	10	14	20	29	46	72	115
＞250～315	1.0	1.6	2.5	4	6	8	12	16	23	32	52	81	130
＞315～400	1.2	2	3	5	7	9	13	18	25	36	57	89	140
＞400～500	1.5	2.5	4	6	8	10	15	20	27	40	63	97	155

注：主参数 $d(D)$ 系轴（孔）的直径。

圆度、圆柱度主参数 $d(D)$ 图例，如图 2.89 所示。

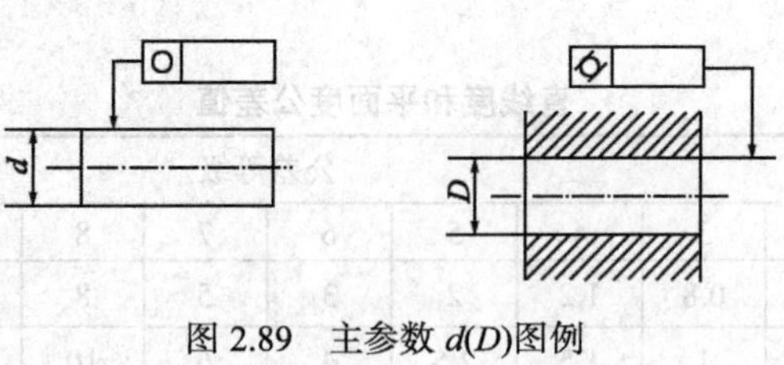

图 2.89　主参数 $d(D)$ 图例

表 2.5　　　　　　　　　　　　平行度、垂直度、倾斜度公差值　　　　　　　　　　（单位：μm）

主参数 L、d（D）（mm）	公差等级											
	1	2	3	4	5	6	7	8	9	10	11	12
≤10	0.4	0.8	1.5	3	5	8	12	20	30	50	80	120
＞10～16	0.5	1	2	4	6	10	15	25	40	60	100	150
＞16～25	0.6	1.2	2.5	5	8	12	20	30	50	80	120	200
＞25～40	0.8	1.5	3	6	10	15	25	40	60	100	150	250
＞40～63	1	2	4	8	12	20	30	50	80	120	200	300
＞63～100	1.2	2.5	5	10	15	25	40	60	100	150	250	400

续表

主参数 L、d（D）（mm）	公差等级											
	1	2	3	4	5	6	7	8	9	10	11	12
>100～160	1.5	3	6	12	20	30	50	80	120	200	300	500
>160～250	2	4	8	15	25	40	60	100	150	250	400	600
>250～400	2.5	5	10	20	30	50	80	120	200	300	500	800
>400～630	3	6	12	25	40	60	100	150	250	400	600	1000

注：①主参数 L 为给定平行度时轴线或平面的长度，或给定垂直度、倾斜度时被测要素的长度；

② 主参数 d（D）为给定面对线垂直度时，被测要素的轴（孔）直径（图略）。

表 2.6　　同轴度、对称度、圆跳动和全跳动公差值　　（单位：μm）

主参数 d（D）B、L（mm）	公差等级											
	1	2	3	4	5	6	7	8	9	10	11	12
≤1	0.4	0.6	1.0	1.5	2.5	4	6	10	15	25	40	60
>1～3	0.4	0.6	1.0	1.5	2.5	4	6	10	20	40	60	120
>3～6	0.5	0.8	1.2	2	3	5	8	12	25	50	80	150
>6～10	0.6	1	1.5	2.5	4	6	10	15	30	60	100	200
>10～18	0.8	1.2	2	3	5	8	12	20	40	80	120	250
>18～30	1	1.5	2.5	4	6	10	15	25	50	100	150	300
>30～50	1.2	2	3	5	8	12	20	30	60	120	200	400
>50～120	1.5	2.5	4	6	10	15	25	40	80	150	250	500

注：主参数为被测要素的宽度或直径。

同轴度、对称度、圆跳动和全跳动主参数 d（D）、B、L 如图 2.90 所示。

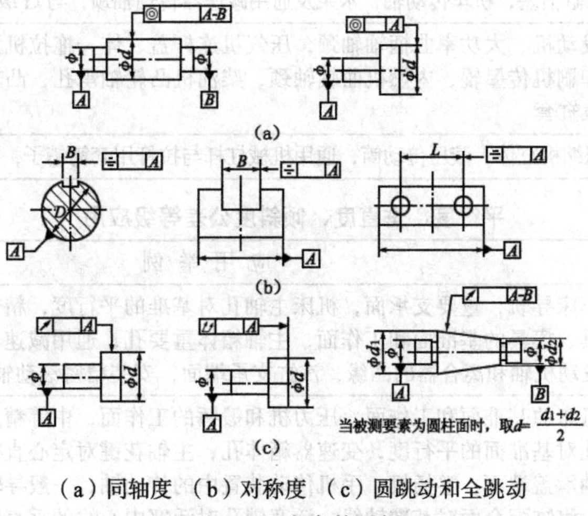

（a）同轴度（b）对称度（c）圆跳动和全跳动

图 2.90　主参数图例

对于位置度，由于被测要素类型繁多，国家标准只规定了公差值数系，而未规定公差等级，如表 2.7 所示。

表 2.7　　位置度公差值数系表　　（单位：μm）

1	1.2	1.5	2	2.5	3	4	5	6	8
1×10^n	1.2×10^n	1.5×10^n	2×10^n	2.5×10^n	3×10^n	4×10^n	5×10^n	6×10^n	8×10^n

注：*n* 为正整数。

几何公差值（公差等级）常用类比法确定。主要考虑零件的使用性能、加工的可能性和经济性等因素。表 2.8～表 2.11 可供类比时参考。

表 2.8　　直线度、平面度公差等级应用

公 差 等 级	应 用 举 例
5	1 级平板，2 级宽平尺，平面磨床的纵导轨、垂直导轨、立柱导轨及工作台，液压龙门刨床和转塔车床床身导轨，柴油机进气、排气阀门导杆
6	普通机床导轨面，例如，卧式车床、龙门刨床、滚齿机、自动车床等的床身导轨、立柱导轨、柴油机壳机
7	2 级平板，机床主轴箱，摇臂钻床底座和工作台，镗床工作台，液压泵盖，减速器壳体结合面
8	机床传动箱体，挂轮箱体，车床溜板箱体，柴油机汽缸体，连杆分离面，缸盖结合面，汽车发动机缸盖，曲轴箱结合面，液压管件和端盖联结面
9	3 级平板，自动车床床身底面，摩托车曲轴箱体，汽车变速箱壳体，手动机械的支承面

表 2.9　　圆度、圆柱度公差等级应用

公 差 等 级	应 用 举 例
5	一般计量仪器主轴，测杆外圆柱面，陀螺仪轴颈，一般机床主轴轴颈及主轴轴承孔，柴油机、汽油机活塞、活塞销，与 E 级滚动轴承配合的轴颈
6	仪表端盖外圆柱面，一般机床主轴及前轴承孔、泵、压缩机的活塞，汽缸，汽油发动机凸轮轴，纺织机锭子，减速传动轴轴颈，高速船用柴油机、拖拉机曲轴主轴颈，与 E 级滚动轴承配合的外壳孔，与 G 级滚动轴承配合的轴颈
7	大功率低速柴油机曲轴轴颈、活塞、活塞销、连杆、汽缸，高速柴油机箱体轴承孔，千斤顶或压力油缸活塞，机车传动轴，水泵及通用减速器转轴轴颈，与 G 级滚动轴承配合的外壳孔
8	低速发动机、大功率曲柄轴轴颈，压气机连杆盖、体，拖拉机汽缸、活塞，炼胶机冷铸轴辊，印刷机传墨辊，内燃机曲轴轴颈，柴油机凸轮轴承孔，凸轮轴，拖拉机、小型船用柴油机汽缸套
9	空气压缩机缸体，液压传动筒，通用机械杠杆与拉杆用套筒销子，拖拉机活塞环、套筒孔

表 2.10　　平行度、垂直度、倾斜度公差等级应用

公 差 等 级	应 用 举 例
4，5	卧式车床导轨，重要支承面，机床主轴孔对基准的平行度，精密机床重要零件，计量仪器、量具、模具的基准面和工作面，主轴箱体重要孔，通用减速器壳体孔，齿轮泵的油孔端面，发动机轴和离合器的凸缘，汽缸支承端面，安装精密滚动轴承的壳体孔的凸肩
6，7，8	一般机床的基准面和工作面，压力机和锻锤的工作面，中等精度钻模的工作面，机床一般轴承孔对基准面的平行度，变速器箱体孔，主轴花键对定心直径部位轴线的平行度，重型机械轴承盖端面，卷扬机、手机传动装置中的传动轴，一般导轨，主轴箱体孔，刀架，砂轮架，汽缸配合面对基准轴线，活塞销孔对活塞中心线的垂直度，滚动轴承内、外圈端面对轴线的垂直度
9，10	低精度零件，重型机械滚动轴承端盖，柴油机、煤气发动机箱体曲轴孔、曲轴颈、花键轴和轴肩端面，皮带运输机端盖等端面对轴线的垂直度，手动卷扬机及传动装置中的轴承端面，减速器壳体平面

表 2.11　　同轴度、对称度、跳动公差等级应用

公差等级	应用举例
5，6，7	这是应用范围较广的公差等级。用于几何精度要求较高、尺寸公差等级为 IT8 及高于 IT8 的零件。5 级常用于机床轴颈，计量仪器的测量杆，汽轮机主轴，柱塞油泵转子，高精度滚动轴承外圈，一般精度滚动轴承内圈，回转工作台端面跳动。7 级用于内燃机曲轴、凸轮轴、齿轮轴、水泵轴，汽车后轮输出轴，电动机转子，印刷机传墨辊的轴颈、键槽
8，9	常用于几何精度要求一般，尺寸公差等级 IT9 至 IT11 的零件。8 级用于拖拉机发动机分配轴轴径，与 9 级精度以下齿轮相配的轴，水泵叶轮，离心泵体，棉花精梳机前后磙子，键槽等。9 级用于内燃机汽缸套配合面，自行车中轴

在确定几何公差值（公差等级）时，还应注意下列情况。

① 协调几何公差值与尺寸公差值之间的关系，在同一要素上给出的形状公差值应小于位置公差值。例如，要求平行的两个平面，其平面度公差值应小于平行度公差值。圆柱形零件的形状公差（轴线直线度除外）一般应小于其尺寸公差值，平行度公差值应小于其相应的距离公差值，所以，几何公差值与相应要素的尺寸公差值，一般原则是

$$t_{形状} < t_{位置} < T_{尺寸}$$

② 形状公差与表面粗糙度的关系。一般精度时，表面粗糙度参数值（*Ra*、*Ry*）占形状公差（平面度、直线度）的 1/5～1/4。高精度时，表面粗糙度参数值（*Ra*、*Ry*）占形状公差（平面、圆柱）的 1/2～1。

③ 对于下列情况，考虑到加工的难易程度和除主参数外其他因素的影响，在满足功能要求的情况下，可适当降低 1～2 级选用：a.孔相对于轴；b.细长的孔或轴；c.距离较大的孔或轴；d.宽度较大（一般大于 1/2 长度）的零件表面；e.线对线、线对面相对于面对面的平行度、垂直度。

④ 凡有关标准已对几何公差作出规定的，如与滚动轴承相配合的轴和壳体孔的圆柱度公差、机床导轨的直线度公差等，都应按相应的标准确定。

2.5.3　公差原则的确定

独立原则是处理几何公差与尺寸公差关系的基本原则，主要应用在以下几种场合。

① 尺寸精度和几何精度要求都较严，并须分别满足要求。例如，齿轮箱体上的孔，为保证与轴承的配合和齿轮的正确啮合，要分别保证孔的尺寸精度和孔心线的平行度要求。

② 尺寸精度与几何精度要求相差较大。例如，印刷机的滚筒、轧钢机的轧辊等零件，尺寸精度要求低，圆柱度要求高；平板的尺寸精度要求低，平面度要求高，应分别满足要求。

③ 为保证运动精度、密封性等特殊要求，单独提出与尺寸精度无关的几何公差要求。例如，机床导轨为保证运动精度，提出直线度要求，与尺寸精度无关；汽缸套内孔与活塞配合，为了内、外圆柱面均匀接触，并有良好的密封性能，在保证尺寸精度的同时，还要单独保证很高的圆度、圆柱度要求。

④ 零件上的未注几何公差一律遵循独立原则。运用独立原则时，须用通用计量器具分别检测零件的尺寸和几何误差，检测较不方便。包容要求主要用于须保证配合性质，特别是要求精密配合的场合，用最大实体边界来控制零件的尺寸和几何误差的综合结果，以保证配合要求的最小间隙或最大过盈。

例如，ϕ30H7Ⓔ的孔与ϕ30h6Ⓔ的轴配合可保证最小间隙为零。

选用包容要求时，可用光滑极限量规来检测实际尺寸和体外作用尺寸（详见第3章），检测方便。最大实体要求主要用于保证可装配性的场合。例如，用于穿过螺栓通孔的位置度公差。选用最大实体要求时，其实际尺寸用两点法测量，体外作用尺寸用功能量规（即位置量规）进行检验，其检测方法简单易行。

最小实体要求主要用于需要保证零件的强度和最小壁厚等场合。选用最小实体要求时，因其体内作用尺寸不可能用量规检测，一般采用测量壁厚或要素间的实际距离等近似方法。

可逆要求与最大（或最小）实体要求联用，能充分利用公差带，扩大了被测要素实际尺寸的范围，使实际尺寸超过了最大（或最小）实体尺寸，而体外（或体内）作用尺寸未超过最大（或最小）实体实效边界的废品变为合格品，提高了经济效益。在不影响使用要求的情况下可以选用。最大、最小实体要求适用于中心要素。公差原则的特点如表2.12所示。

表2.12　几种常见公差原则的特点

公差原则（要求）		特殊标注符号	遵守边界	几何误差检测方法	备注
独立原则		无	—	用通用计量器具检测	适用于任何要素
相关要求	包容要求	Ⓔ	最大实体边界	用光滑极限量规的通规	只适用于单一要素
	最大实体要求	Ⓜ	最大实体实效边界	用功能量规	只适用于中心要素
	最小实体要求	Ⓛ	最大实体实效边界	用通用量仪测量最小壁厚或最大距离等加以间接控制	只适用于中心要素
	可逆要求	Ⓡ	最大实体实效边界或最小实体实效边界	用功能量规	与最大实体要求或最小实体要求联合作用

2.5.4 基准的选择

选择位置公差项目基准时应考虑以下几个方面。

① 遵守基准统一原则，即设计基准、定位基准、检测基准和装配基准应尽量统一，这样可减少基准不重合而产生的误差，并可简化夹具、量具的设计和制造。尤其对于大型零件，便于实现在机测量。例如，对机床主轴，应以该轴安装时与支承件（轴承）配合轴颈的公共轴线作为基准。

② 应选择尺寸精度和形状精度高、尺寸较大、刚度较大的要素作为基准。当采用多基准体系时，应选择最重要或最大的平面作为第一基准。

③ 选用的基准应正确标明并注出代号。对具有对称形状、装配时无法区分正反形体时，可采用任选基准。

2.5.5 未注几何公差的规定

为了简化图样，对一般机床加工就能保证的几何精度，就不必在图样上注出几何公差。图样上没有标注几何公差的要素，其几何精度应按下列规定执行。

① 直线度、平面度、垂直度、对称度和圆跳动的未注公差分别规定了 H、K、L 3 个公差等级，其中 H 级精度最高，L 级精度最低。

② 圆度的未注公差值等于直径的公差值，但不能超过圆跳动的未注公差值。

③ 圆柱度误差由圆度、素线直线度和相对素线间的平行度误差等 3 部分组成，每一项误差均由各自的注出公差或未注公差控制，因此，圆柱度的未注公差未作规定。

④ 平行度的未注公差值等于平行要素间距离的尺寸公差，或者等于该要素的平面度或直线度未注公差值（取两者中的较大者）。

⑤ 同轴度未注公差值等于径向圆跳动的未注公差值。

未注几何公差的数值如表 2.13 所示。我国国家标准规定的几何公差注出公差值与等效采用相应国际标准的几何公差的未注公差值具有完全不同的体系，两者的理论基础是完全不同的，因此无可比性。其他项目均由各要素的注出或未注几何公差、线性尺寸公差或角度公差控制。

表 2.13 几种公差的未注公差值

<table>
<tr><th rowspan="3">基本长度范围</th><th colspan="12">公差等级</th></tr>
<tr><th colspan="3">直线度、平面度</th><th colspan="3">垂直度</th><th colspan="3">对称度</th><th colspan="3">圆跳动</th></tr>
<tr><th>H</th><th>L</th><th>K</th><th>H</th><th>L</th><th>K</th><th>H</th><th>L</th><th>K</th><th>H</th><th>L</th><th>K</th></tr>
<tr><td>≤10</td><td>0.02</td><td>0.05</td><td>0.1</td><td rowspan="3">0.2</td><td rowspan="3">0.4</td><td rowspan="3">0.6</td><td rowspan="6">0.5</td><td rowspan="4">0.6</td><td rowspan="3">0.6</td><td rowspan="6">0.1</td><td rowspan="6">0.2</td><td rowspan="6">0.5</td></tr>
<tr><td>＞10～30</td><td>0.05</td><td>0.1</td><td>0.2</td></tr>
<tr><td>＞30～100</td><td>0.1</td><td>0.2</td><td>0.4</td></tr>
<tr><td>＞100～300</td><td>0.2</td><td>0.4</td><td>0.8</td><td>0.3</td><td>0.6</td><td>1</td><td>1</td></tr>
<tr><td>＞300～1000</td><td>0.3</td><td>0.6</td><td>1.2</td><td>0.4</td><td>0.8</td><td>1.5</td><td>0.8</td><td>1.5</td></tr>
<tr><td>＞1000～3000</td><td>0.4</td><td>0.6</td><td>1.6</td><td>0.5</td><td>1</td><td>2</td><td>1</td><td>2</td></tr>
</table>

未注几何公差值由设计者自行选定，并在技术文件中予以明确。采用标准规定的未注几何公差等级，可在图样上标题栏附近注出标准号和公差等级的代号，例如，未注几何公差按 GB/T1184–K 选定。

2.5.6 几何公差选用标注举例

图 2.91 所示为减速器的输出轴，根据对该轴的功能要求，给出了有关几何公差。

① 两个Φ55j6 轴颈与 P0 级滚动轴承内圈配合，为了保证配合性质，故采用包容要求；按《滚动轴承与轴和外壳孔的配合》（GB/T275—1993）规定，与 P0 级轴承配合的轴颈，为保证轴承套圈的几何精度，在遵守包容要求的情况下进一步提出圆柱度公差为 0.005 mm 的要求；这两个轴颈安装上滚动轴承后，将分别与减速箱体的两孔配合，须限制两轴颈的同轴度误差，以免影响轴承外圈和箱体孔的配合，故又提出了两轴颈径向圆跳动公差 0.025 mm（相当于 7 级）。

② Φ62 处左、右两轴肩为齿轮、轴承的定位面，应与轴线垂直，参考 GB/T275—1993 的规定，提出两轴肩相对于基准轴线 A—B 的端面圆跳动公差为 0.015 mm。

③ Φ56r6 和Φ45m6 分别与齿轮和带轮配合，为保证配合性质，也采用包容要求；为保证齿轮的正确啮合，对Φ56r6 圆柱还提出了对基准 A—B 的径向圆跳动公差为 0.025 mm（参考表 2.8）。

④ 键槽对称度常用 7～9 级，此处选 8 级，查表 2.6 为 0.02 mm。

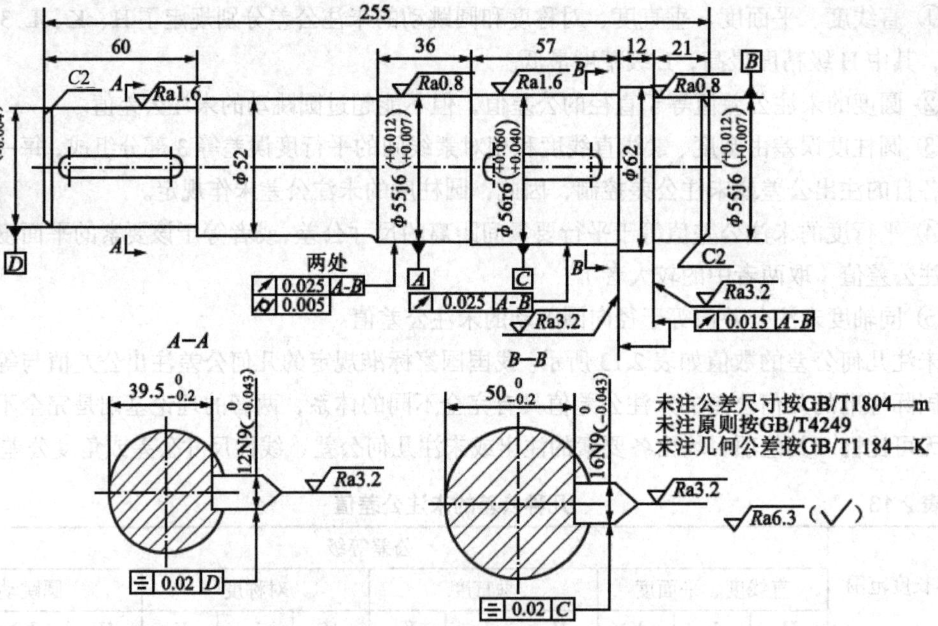

图 2.91　几何公差选用标注举例

小结

几何公差研究的对象是零件的几何要素，包括实际要素和理想要素、被测要素和基准要素等。几何公差带是限制被测实际要素变动的区域，有大小、形状、方向和位置四个要素。各种形状公差带的方向和位置是浮动的，用于限制被测要素的形状误差；各种定向公差带的方向是固定的，位置是浮动的，用于限制被测要素的形状和方向误差；定位公差带的形状、方向和位置都是固定的，用于限制被测要素的形状、方向和位置误差。因此，在选用几何公差值时应满足 $t_{形状} < t_{定向} < t_{定位}$。

被测要素的尺寸公差与其几何公差之间的关系采用公差原则和公差要求来确定和处理，有独立原则和相关要求。后者包括包容要求、最大实体要求及可逆要求、最小实体要求及可逆要求等。各种公差要求所控制的边界不同，应用场合也不同，分别用来保证零件的功能要求、配合性质要求、可装配性要求和强度要求等。设计时，应根据零件的使用要求合理选择。

习题

1. 比较测同一被测要素时，下列公差项目间的区别和联系。

（1）圆度公差与圆柱度公差。

（2）圆度公差与径向圆跳动公差。

（3）同轴度公差与径向圆跳动公差。

（4）直线度公差与平面度公差。

（5）平面度公差与平行度公差。

（6）平面度公差与端面全跳动公差。

2. 哪些形位公差的公差值前应该加注“Φ”？

3. 形位公差带由哪几个要素组成？形状公差带、轮廓公差带、定向公差带、定位公差带、跳动公差带的特点各是什么？

4. 国家标准规定了哪些公差原则或要求？它们主要用在什么场合？

5. 国家标准规定了哪些形位误差检测原则？

6. 判断题

（1）平面度公差带与端面全跳动公差带的形状是相同的。(　　)

（2）直线度公差带一定是距离为公差值 t 的两平行平面之间的区域。(　　)

（3）圆度公差带和径向圆跳动公差带形状是不同的。(　　)

（4）形状公差带的方向和位置都是浮动的。(　　)

（5）形位公差按最大实体原则与尺寸公差相关时，则要求实际被测要素遵守最大实体边界。(　　)

（6）位置度公差带的位置可以是固定的，也可以是浮动的。(　　)

（7）最大实体要求和最小实体要求都只能用于中心要素。(　　)

（8）公差等级的选用应在保证使用要求的条件下，尽量选取较低的公差等级。(　　)

7. 选择题

（1）径向全跳动公差带的形状与________的公差带形状相同。

A. 同轴度　　B. 圆度　　C. 同轴度　　D. 轴线的位置

（2）若某平面对基准轴线的端面全跳动为 0.04 mm，则它对同一基准轴线的端面圆跳动一定________。

A. 小于 0.04 mm　　B. 不大于 0.04 mm

C. 等于 0.04 mm　　D. 不小于 0.04 mm

（3）最大实体尺寸是指________。

A. 孔和轴的最大极限尺寸

B. 孔和轴的最小极限尺寸

C. 孔的最小极限尺寸和轴的最大极限尺寸

D. 孔的最大极限尺寸和轴的最小极限尺寸

（4）设某轴的尺寸为 $\Phi 25_{-0.05}^{\ 0}$，其轴线直线度公差为 $\Phi 0.05$，则其最小实体实效尺寸为________。

A. 25.05 mm　　B. 24.95 mm　　C. 24.90 mm　　D. 24.80 mm

8. 设某轴的尺寸为 $\Phi 25_{\ 0}^{-0.05}$，其轴线直线度公差为 $\Phi 0.05$。求其最大实体实效尺寸。

9. 将下列各项形位公差要求标注在图 2.92 上。

（1）Φ160f6 圆柱表面对 Φ85K7 圆孔轴线的圆跳动公差为 0.03 mm。

（2）Φ150f6 圆柱表面对 Φ85K7 圆孔轴线的圆跳动公差为 0.02 mm。

（3）厚度为 20 的安装板左端面对 Φ150f6 圆柱面的垂直度公差为 0.03 mm。

（4）安装板右端面对 Φ160f6 圆柱面轴线的垂直度公差为 0.03 mm。

（5）Φ125H6 圆孔的轴线对Φ 85K7 圆孔轴线的同轴度公差为Φ0.05 mm。

（6）5×Φ21 孔对由与Φ 160f6 圆柱面轴线同轴，直径尺寸Φ210 确定并均匀分布的理想位置的位置度公差为Φ0.125 mm。

10. 试将下列各项几何公差要求标注在图 2.93 上。

（1）Φ100h8 圆柱面对Φ40H7 孔轴线的圆跳动公差为 0.018 mm。

（2）Φ40H7 孔遵守包容原则，圆柱度公差为 0.007 mm。

（3）左、右两凸台端面对Φ40H7 孔轴线的圆跳动公差均为 0.012 mm。

（4）轮毂键槽（中心平面）对Φ40H7 孔轴线的对称度公差为 0.02 mm。

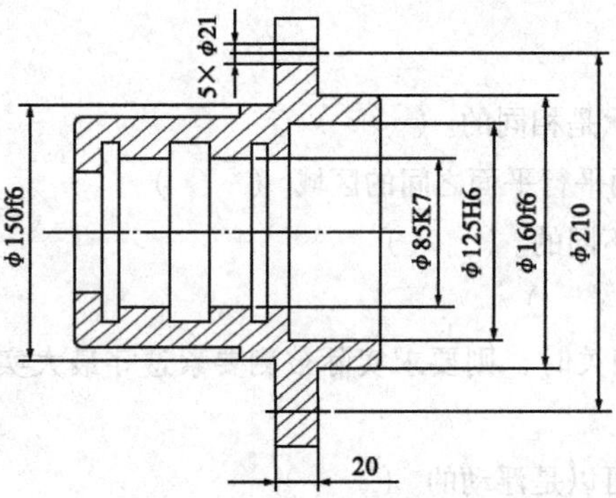

图 2.92　习题 9

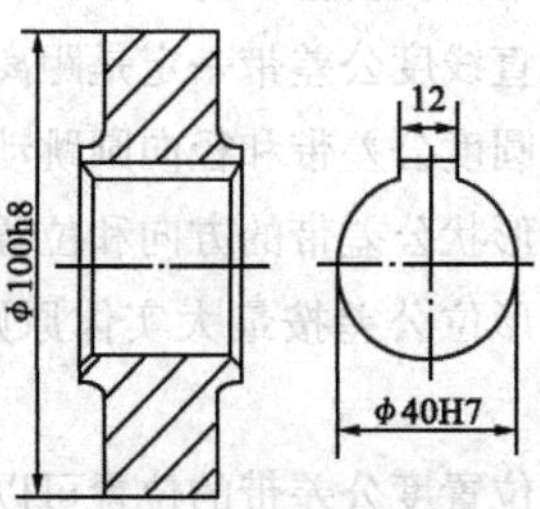

图 2.93　习题 10

11. 试将下列各项几何公差要求标注在图 2.94 上。

（1）2×Φd 轴线对其公共轴线的同轴度公差均为 0.02 mm。

（2）D 轴线对 2×Φd 公共轴线的垂直度公差为 0.01:100 mm。

（3）D 轴线对 2×Φd 公共轴线的对称度公差为 0.02 mm。

12. 改正图 2.95 中几何公差标注的错误（不改变几何公差项目符号）。

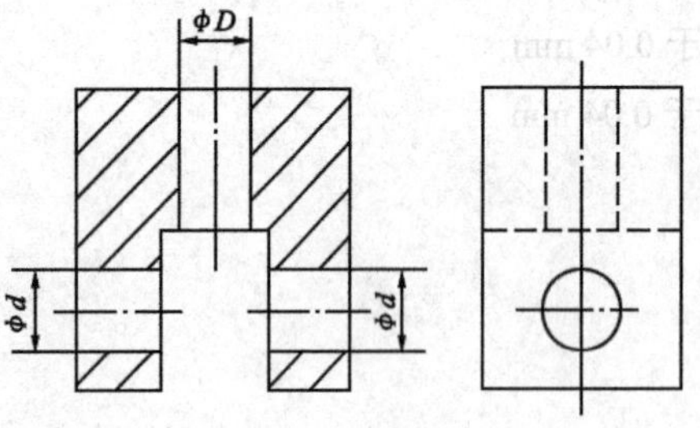

图 2.94　习题 11

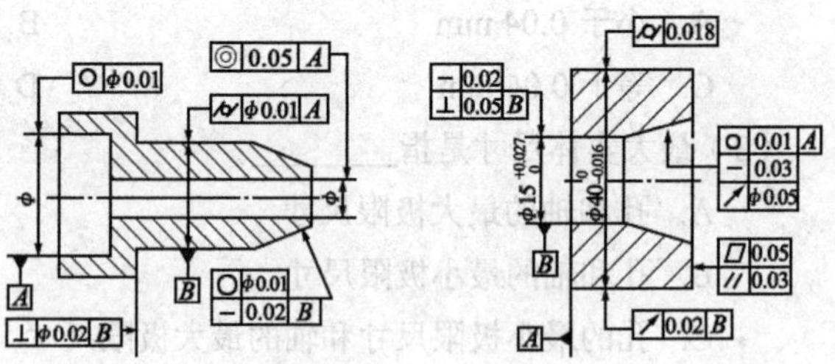

图 2.95　习题 12

第3章 测量技术基础

学习提示及要求

本章主要介绍量值传递系统、量块基本知识、测量用仪器和量具的基本计量参数，测量误差的特点及分类，测量误差的处理方法，测量结果的数据处理步骤，常用计量器具的选择方法。

要求会确定验收极限，掌握工作量规的设计方法，了解有关几何量测量技术方面的基本知识，了解光滑极限量规的作用、种类。

3.1 测量技术的基本知识

为了满足机械产品的功能要求，在正确合理地完成了可靠性、使用寿命、运动精度等方面的设计以后，还须进行加工和装配过程的制造工艺设计，即确定加工方法、加工设备、工艺参数、生产流程及检测手段。其中，特别重要的环节就是质量保证措施中的精度检测。

3.1.1 测量技术的概念、测量要素和检测

1. 测量技术的概念

检测就是确定产品是否满足设计要求的过程，即判断产品合格性的过程。检测的方法可以分为两类：定性检验和定量测试。定性检验的方法只能得到被检验对象合格与否的结论，而不能得到其具体的量值，因其检验效率高、检验成本低而在大批量生产中得到广泛应用。定量测试的方法是在对被检验对象进行测量后，得到其实际值并判断其是否合格的方法。

检测是测量与检验的总称。测量是指将被测量与作为测量单位的标准量进行比较，从而确定被测量的实验过程，而检验则是判断零件是否合格而不需要测出具体数值。

2. 测量的基本要素

若被测量为 x，计量单位为 E，测量值为 q，则测量可表示为 $q=x/E$。

由测量的定义可知，任何一个测量过程都必须有明确的被测对象和确定的测量单位，还要有与被测对象相适应的测量方法，而且测量结果还要达到所要求的测量精度。因此，一个完整的测量过程应包括如下 4 个要素。

（1）被测对象

我们研究的被测对象是几何量，即长度、角度、形状、位置、表面粗糙度以及螺纹、齿轮等零件的几何参数。

（2）测量单位

我国采用的法定计量单位有：长度的计量单位为米（m），角度的计量单位为弧度（rad）和度（°）、分（′）、秒（″）。在机械零件制造中，常用的长度计量单位是毫米（mm）；在几何量精密测量中，常用的长度计量单位是微米（μm）；在超精密测量中，常用的长度计量单位是纳米（nm），常用的角度计量单位是弧度、微弧度（μrad）和度、分、秒。$1\mu rad = 10^{-6} rad$，$1° = 0.0174533 rad$。

（3）测量方法

是指测量时所采用的测量原理、测量器具和测量条件的总和。测量方法是根据一定的测量原理，在实施测量过程中对测量原理的运用及其实际操作。

广义地说，测量方法可以理解为测量原理、测量器具（计量器具）和测量条件（环境和操作者）的总和。在实施测量过程中，应该根据被测对象的特点（如材料硬度、外形尺寸、生产批量、制造精度、测量目的等）和被测参数的定义来拟定测量方案、选择测量器具和规定测量条件，合理地获得可靠的测量结果。

（4）测量精度

是指测量结果与被测量真值的一致程度。精密测量要将误差控制在允许的范围内，以保证测量精度。不考虑测量精度而得到的测量结果是没有任何意义的。

真值是指当某量能被完善地确定并能排除所有测量上的缺陷时，通过测量所得到的量值。由于测量会受到许多因素的影响，其过程总是不完善的，即任何测量都不可能没有误差。对于每一个测量值都应给出相应的测量误差范围，为此，除了合理地选择测量器具和测量方法外，还应正确估计测量误差的性质和大小，以便保证测量结果具有较高的置信度。

检验是指通过确定被测几何量是否在规定的极限范围内，从而判断零件是否合格的过程。

检验并不能得出具体的量值，例如，用光滑极限量规检验零件等。检验是与测量相近似的一个概念，但它的含义比测量更广一些。例如，表面锈蚀的检验、金属内部缺陷的检查等，在这些情况下，就不能用测量的概念。

对测量技术的基本要求是：合理地选用计量器具与测量方法，保证一定的测量精度，具有较高的测量效率以及较低的测量成本，通过测量分析零件的加工工艺，积极采取预防措施，避免废品的产生。

3. 计量仪器分类

（1）量具类

量具类是通用的有刻度的或无刻度的一系列单值和多值的量块和量具等，例如长度量块、角度量块、线纹尺、游标卡尺、千分尺等。

（2）量规类

量规类是没有刻度且专用的计量器具。可用以检验零件要素实际尺寸和形位误差的综合结果。使用量规检验不能得到工件的具体实际尺寸和形位误差值，而只能确定被检验工件是否合格。例如，使用光滑极限量规检验孔、轴，只能判定孔、轴的合格与否，不能得到孔、轴的实际尺寸。

（3）计量仪器

计量仪器（简称量仪）是能将被测几何量的量值转换成可直接观测的示值或等效信息的一类计量器具。计量仪器按原始信号转换的原理可分为以下几种。

① 机械量仪

机械量仪是指用机械方法实现原始信号转换的量仪，一般都具有机械测微机构。这种量仪结构简单、性能稳定、使用方便，例如指示表、杠杆比较仪等。

② 光学量仪

光学量仪是指用光学方法实现原始信号转换的量仪，一般都具有光学放大（测微）机构。这种量仪精度高、性能稳定。例如光学比较仪、工具显微镜、干涉仪等。

③ 电动量仪

电动量仪是指能将原始信号转换为电量信号的量仪，一般都具有放大、滤波等电路。这种量仪精度高、测量信号经模/数（A/D）转换后，易与计算机接口，实现测量和数据处理的自动化，例如电感比较仪、电动轮廓仪、圆度仪等。

④ 气动量仪

气动量仪是以压缩空气为介质，通过气动系统流量或压力的变化来实现原始信号转换的量仪。这种量仪结构简单、测量精度和效率都高、操作方便，但示值范围小，例如水柱式气动量仪、浮标式气动量仪等。

（4）计量装置

计量装置是指为确定被测几何量量值所必需的计量器具和辅助设备的总体。它能够测量同一工件上较多的几何量和形状比较复杂的工件，有助于实现检测自动化或半自动化，例如齿轮综合精度检查仪、发动机缸体孔的几何精度综合测量仪等。

4. 计量器具的基本技术性能指针

计量器具的基本技术性能指针是合理选择和使用计量器具的重要依据。下面以机械式测微仪（见图 3.1）为例介绍一些常用的计量技术性能指针。

（1）刻度间距

是指计量器具的标尺或分度盘上相邻两刻线中心之间的距离或圆弧长度。考虑人眼观察的方便，一般应取刻度间距为 1～2.5 mm。

（2）分度值

是指计量器具的标尺或分度盘上每一刻度间距所代表的量值。一般长度计量器具的分度值有 0.1 mm、0.05 mm、0.02 mm、0.01 mm、0.005 mm、0.002 mm、0.001 mm 等几种。一般来说，分度值越小，计量器具的精度就越高。

（3）分辨力

是指计量器具所能显示的最末一位数所代表的量值。由于在一些量仪（如数字式量仪）中，其读数采用非标尺或非分度盘显示，因此，就不能使用分度值这一概念，而将其称作分辨力。国产 JC19 型数显式万能工具显微镜的分辨力为 0.5 m。

（4）示值范围

是指计量器具所能显示或指示的被测几何量起始值到终止值的范围。例如，机械式测微仪的示值范围为±100 m（见图 3.1 中的 B）。

（5）测量范围

是指计量器具在允许的误差限度内所能测出的被测几何量量值的下限值到上限值的范围。一般测量范围上限值与下限值之差称为量程。立式光学比较仪的测量范围为 0～180 mm，也可以说立式光学比较仪的量程为 180 mm。

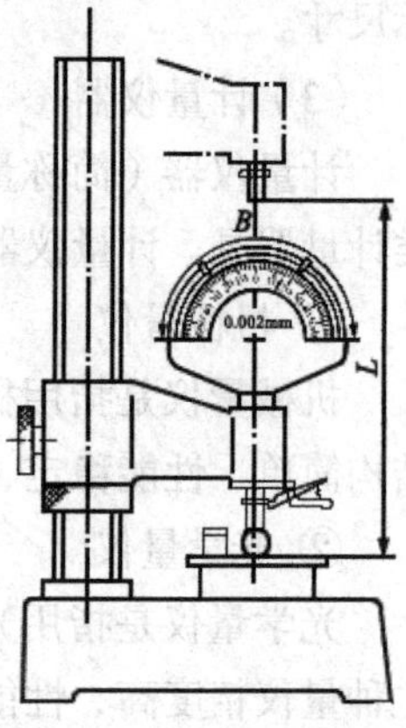

图 3.1　机械式测微比较仪

（6）灵敏度

是指计量器具对被测几何量微小变化的回应变化能力。若被测几何量的变化为 Δx，该几何量引起计量器具的响应变化能力为 ΔL，则灵敏度为

$$S = \Delta L/\Delta x \qquad (3\text{-}1)$$

当上式中分子和分母为同种量时，灵敏度也称为放大比或放大倍数。对于具有等分刻度的标尺或分度盘的量仪，放大倍数 K 等于刻度间距 a 与分度值 i 之比，即 $K = a/i$。

一般来说，分度值越小，计量器具的灵敏度就越高。

（7）示值误差

是指计量器具上的示值与被测几何量的真值的代数差。一般来说，示值误差越小，计量器具的精度就越高。

（8）修正值

是指为了消除或减少系统误差，用代数法加到测量结果上的数值。其大小与示值误差的绝对值相等，而符号相反。例如，示值误差为−0.004 mm，则修正值为+0.004 mm。

（9）测量重复性

是指在相同的测量条件下，对同一被测几何量进行多次测量时，各测量结果之间的一致性。通常以测量重复性误差的极限值（正、负偏差）来表示。

（10）不确定度

是指由于测量误差的存在而对被测几何量量值不能肯定的程度。它直接反映测量结果的置信度。

5. 测量方法分类

在实际工作中，测量方法通常是指获得测量结果的具体方式，它可以按下面几种情况进行分类。

（1）按实测几何量是否就是被测几何量分类

① 直接测量。这是指被测几何量的量值直接由计量器具读出。例如，用游标卡尺、千分尺测量轴径的大小。

② 间接测量。这是指欲测量的几何量的量值由实测几何量的量值按一定的函数关系式运算后获得。例如，采用“弓高弦长法”间接测量圆弧样板的半径 R，只要测得弓高 h 和弦长 b 的量值，然后按公式进行计算即可得到 R 的量值。

直接测量过程简单，其测量精度只与这一测量过程有关，而间接测量的精度不仅取决于实测几何量的测量精度，还与所依据的计算公式和计算的精度有关。一般来说，直接测量的精度比间接测量的精度高。因此，应尽量采用直接测量，对于受条件所限无法进行直接测量的场合采用间接测量。

（2）按示值是否就是被测几何量的量值分类

① 绝对测量。这是计量器具的示值，也就是被测几何量的量值。例如，用游标卡尺、千分尺测量轴径的大小。

② 相对测量。相对测量又称比较测量，是计量器具的示值，只是被测几何量相对于标准量（已知）的偏差，被测几何量的量值等于已知标准量与该偏差值（示值）的代数和。用立式光学比较仪测量轴径，测量时先用量块调整示值零位，该比较仪指示出的示值为被测轴径相对于量块尺寸的偏差。一般来说，相对测量的精度比绝对测量的精度高。

（3）按测量时被测表面与计量器具的测头是否接触分类

① 接触测量是指在测量过程中，计量器具的测头与被测表面接触，即有测量力存在。例如，用立式光学比较仪测量轴径。

② 非接触测量是指在测量过程中，计量器具的测头不与被测表面接触，即无测量力存在。例如，用光切显微镜测量表面粗糙度，用气动量仪测量孔径。

对于接触测量，测头和被测表面的接触会引起弹性变形，即产生测量误差，而非接触测量则无此影响，故易变形的软质表面或薄壁工件多用非接触测量。

（4）按工件上是否有多个被测几何量同时测量分类

① 单项测量是指对工件上的各个被测几何量分别进行测量。例如，用公法线千分尺测量齿轮的公法线长度变动，用跳动检查仪测量齿轮的齿圈径向跳动等。

② 综合测量是指对工件上几个相关几何量的综合效应同时测量得到综合指标，以判断综合结果是否合格。例如，用齿距仪测量齿轮的齿距累积误差，实际上反映的是齿轮的公法线长度变动和齿圈径向跳动两种误差的综合结果。

综合测量的效率比单项测量的效率高。一般来说，单项测量便于分析工艺指标。综合测量适用于只要求判断合格与否，而不需要得到具体的测得值的场合。

依据测头和被测表面之间是否处于相对运动状态，还可以分为动态测量和静态测量。动态测量是指在测量过程中，测头与被测表面处于相对运动状态。动态测量效率高，并能测出工件上几何参数连续变化时的情况。例如，用电动轮廓仪测量表面粗糙度是动态测量。此外，还有主动测量（也称在线测量），是指在加工工件的同时对被测几何量进行测量，其测量结果可直接用以控制加工过程，及时防止废品的产生。

3.1.2 长度基准和长度量值传递系统

1. 长度尺寸与传递系统

为了进行长度测量，必须建立统一、可靠的长度单位基准。我国颁布的法定计量单位以国际单位制的基本长度单位“米”为基本单位。在机械制造中，常用的测量单位有毫米（mm）和微米（μm），其关系为：

1 米（m）= 1000 毫米（mm）；1 毫米（mm）= 1000 微米（μm）

国际上统一使用的公制长度基准是在 1983 年第 17 届国际计量大会上通过的，以米作为长度基准。米的新定义：米是光在真空中在 1/299 792 458 秒的时间间隔内所行进的距离。

为了保证长度测量的精度，还需要建立准确的量值传递系统。鉴于激光稳频技术的发展，用激光波长作为长度基准具有很好的稳定性和复现性。我国采用碘吸收稳定的氦氖激光辐射作为波长标准来复现米。

在实际应用中，不能直接使用光波作为长度基准进行测量，而是采用各种测量器具进行测量。为了保证量值统一，必须把长度基准的量值准确地传递到生产中应用的计量器具和被测工件上。长度基准的量值传递系统如图 3.2 所示。

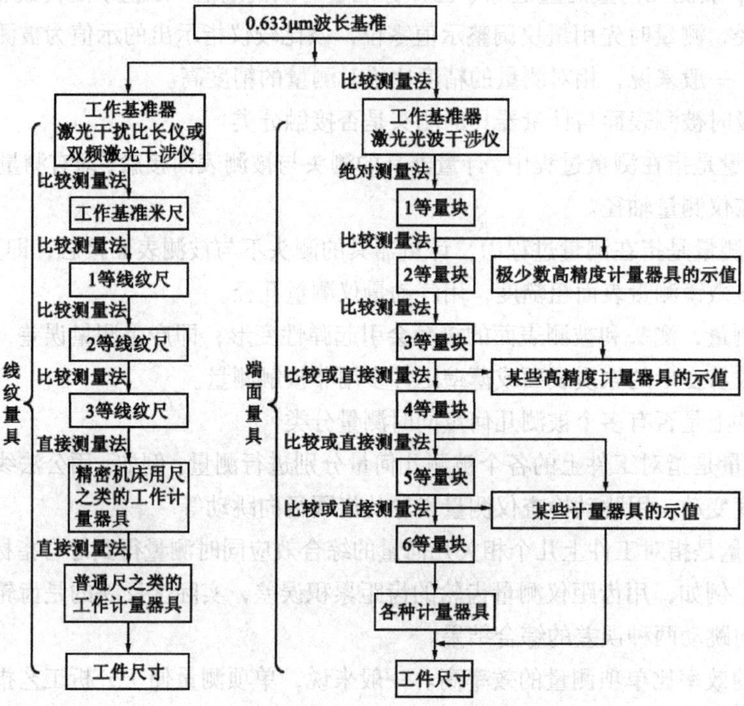

图 3.2　长度基准的量值传递系统

我国长度基准的量值传递系统如图 3.3 所示，从最高基准谱线向下传递，有两个平等的系统，即端面量具（量块）和刻线量具（线纹尺）系统。其中尤以量块传递系统应用最广。

2. 角度的量值传递

角度基准与长度基准有本质的区别。角度的自然基准是客观存在的，不需要建立，因为一个整圆所对应的圆心角是定值（2πrad 或 360°）。因此，将整圆任意等分得到的角度的实际大小，可以通过各角度相互比较，利用圆周角的封闭性求出，实现对角度基准的复现。为了检定和测量需要，仍然要建立角度度量的基准。在计量部门，为了方便，仍采用多面棱体（棱形块）作为角度量值的基准。

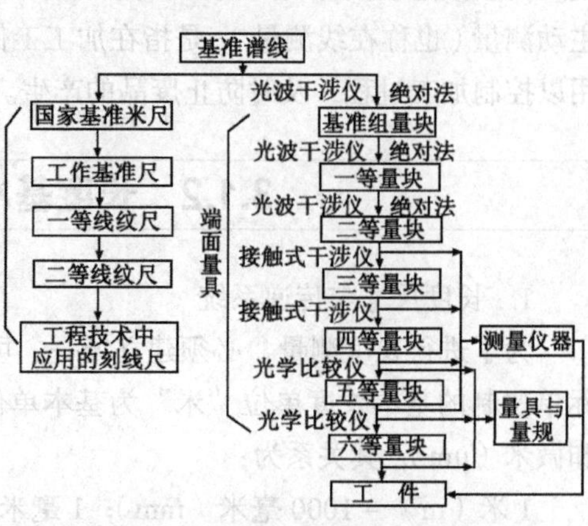

图 3.3　我国长度基准的量值传递系统

以多面棱体作角度基准的量值传递系统，如图 3.4（a）所示。多面棱体有 4 面、6 面、8 面、12 面、24 面、36 面及 72 面等，如图 3.4（b）所示。

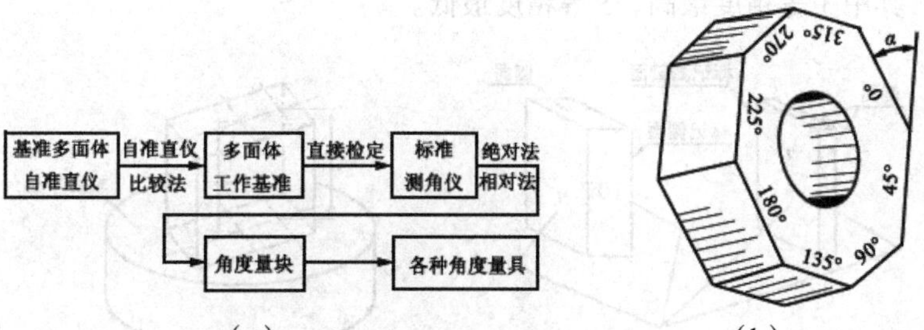

(a)　　(b)

图 3.4　多面棱体作角度基准的量值传递系统

机械制造中的角度标准一般是角度量块、测角仪或分度头等，如图 3.5 所示。

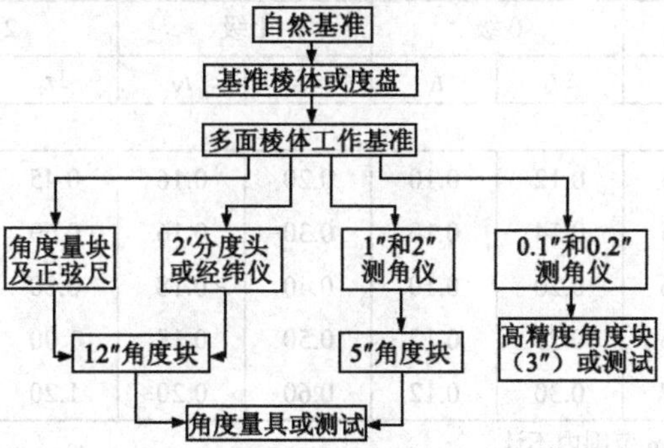

图 3.5　角度基准的量值传递系统

3.1.3　量块及其使用

1. 长度量块

量块（又名块规），是一种没有刻度的平面平行端面量具，在机械制造厂和各级计量部门中应用较广。它除了作为量值传递的媒介以外，还可用于计量器具、机床、夹具的调整以及工件的测量和检验等。

量块用特殊合金钢（常用铬锰钢）制成，其线膨胀系数小，性能稳定，不易变形且耐磨性好。量块的形状为长方形六面体，长方体的量块有两个平行的测量面，其余为非测量面。测量面极为光滑、平整，其表面粗糙度 *Ra* 值达 0.012 μm 以上。量块上测量面的中点和其另一测量面表面之间的垂直距离，称为量块的中心长度。量块上标出的尺寸称为量块的标称长度（或名义尺寸）。标称长度到 6 mm 的量块，其公称值刻印在测量面上；标称长度大于 6 mm 的量块，其公称长度值刻印在上测量面左侧较宽的一个非测量面上。如图 3.6（a）所示。量块上测量面与辅助体平晶表面间具有可研合性，以便组成所需尺寸的量块组。测量面上要求平面度很高而且非常光洁，两测量面之间具有精确的尺寸，如图 3.6（b）所示。

2. 量块的精度等级

为了满足各种不同的应用场合，国家标准对量块规定了若干精度等级。《量块》（GB6093—2001）对量块的制造精度规定了五级（见表 3.1），即 0 级、1 级、2 级、3 级和 *K* 级。其中 0 级精度最高，其他等级的精度依次降低，3 级最低，*K* 级为校准级；量块按检定精度分为 1～5

等（见表 3.2），其中 1 等精度最高，5 等精度最低。

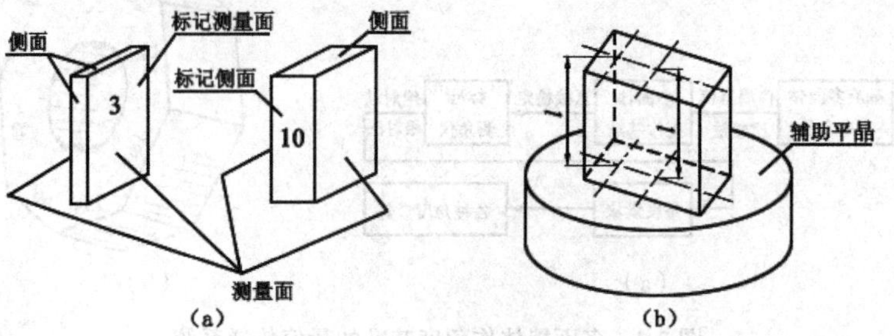

图 3.6 量块与平晶研合

表 3.1 各级量块的精度指标（摘自 GB/T 6093—2001）

标称长度 l_n/mm	K 级		0 级		1 级		2 级		3 级	
	$\pm t_e$	t_V	$\pm t_e$	t_V	$\pm t_e$	t_V	$\pm t_e$	t_V	$\pm t_e$	t_V
$l_n \leqslant 10$	0.2	0.05	0.12	0.10	0.20	0.16	0.45	0.30	1.0	0.50
$10 < l_n \leqslant 25$	0.3	0.05	0.14	0.10	0.30	0.16	0.60	0.30	1.2	0.50
$25 < l_n \leqslant 50$	0.4	0.06	0.20	0.10	0.40	0.18	0.80	0.30	1.6	0.55
$50 < l_n \leqslant 75$	0.5	0.06	0.25	0.12	0.50	0.18	1.00	0.35	2.0	0.55
$75 < l_n \leqslant 100$	0.6	0.07	0.30	0.12	0.60	0.20	1.20	0.35	2.5	0.60

注：距离测量面边缘 0.8 mm 范围内不计。

表 3.2 各等量块的精度指标（摘自 JJG 146—2003）

标称长度 l_n/mm	1 等		2 等		3 等		4 等		5 等	
	测量不确定度	长度变动量	测量不确定度	长度变动量	测量不确定度	长度变动量	测量不确定度	长度变动量	测量不确定度	长度变动量
	最大允许值/μm									
$l_n \leqslant 10$	0.022	0.05	0.06	0.10	0.11	0.16	0.22	0.30	0.6	0.5
$10 < l_n \leqslant 25$	0.025	0.05	0.07	0.10	0.12	0.16	0.25	0.30	0.6	0.5
$25 < l_n \leqslant 50$	0.030	0.06	0.08	0.10	0.15	0.18	0.30	0.30	0.8	0.55
$50 < l_n \leqslant 75$	0.035	0.06	0.09	0.12	0.18	0.18	0.35	0.35	0.9	0.55
$75 < l_n \leqslant 100$	0.040	0.07	0.10	0.12	0.20	0.20	0.40	0.35	1.0	0.6

注：1. 距离测量面边缘 0.8 mm 范围内不计。
2. 表内测量不确定度置信概率为 0.99。

“级”主要是根据量块长度极限偏差和量块长度变动量的允许值来划分的。按“等”使用时，必须以检定后的实际尺寸作为工作尺寸，该尺寸不包含制造误差，但包含了检定时的测量误差。就同一量块而言，检定时的测量误差要比制造误差小得多，所以量块按“等”使用时其精度比按“级”使用要高。例如，标称长度为 30 mm 的 0 级量块，其长度的极限偏差为±0.00020 mm，若按“级”使用，不管该量块的实际尺寸如何，均按 30 mm 计，则引起的测量误差为±0.00020 mm。但是，若该量块经检定后，确定为三等，其实际尺寸为 30.00012 mm，测量极限误差为±0.00015 mm。显然，按“等”使用，即按尺寸 30.00012 mm 使用的测量极限误差为±0.00015 mm，比按“级”使用测量精度高。量块按“级”使用时，以量块的标称长度作为工作尺寸。该尺寸包含了量块的制造误差，不需要加修正值，虽不如按“等”使用的测量精度高，但使用较方便。

量块的“级”和“等”从成批制造和单个检定两种不同的角度出发，是对其精度进行划分的两种形式。

3. 量块的使用

量块是定尺寸量具，一个量块只有一个尺寸。为了满足一定范围的不同要求，量块可以利用其测量面高精度所具有的粘合性（粘合性：测量层表面有一层极薄的油膜，在切向推合力的作用下，由于分子间吸引力，使两量块研合在一起的特性），将多个量块研合（粘合性）在一起，每个量块只有一个确定的工作尺寸，因此，为了满足一定尺寸范围内的不同测量尺寸的要求，量块可以组合使用。

量块是成套制成的，每套包括一定数量不同尺寸的量块。根据标准 GB6093—2001 规定，我国成套生产的量块共有 17 种套别，每套的块数分别为 91、83、46、12、10、8、6、5 等。表 3.3 所列为 83 块组和 91 块组一套的量块的尺寸系列。

表 3.3　　成套量块尺寸表（GB/T 6093—2001）

套别	总块数	级别	尺寸系列（mm）	间隔（mm）	块数
1	91	0.1	0.5		1
			1		1
			1.001, 1.002, …, 1.009	0.001	9
			1.01, 1.02, …, 1.49	0.01	49
			1.5, 1.6, …, 1.9	0.1	5
			2.0, 2.5, …, 9.5	0.5	16
			10, 20, …, 100	10	10
2	83	0, 1, 2	0.5		1
			1		1
			1.005		1
			1.01, 1.02, …, 1.49	0.01	49
			1.5, 1.6, …, 1.9	0.1	5
			2.0, 2.5, …, 9.5	0.5	16
			10, 20, …, 100	10	10
4	38	0, 1, 2	1		1
			1.005		1
			1.01, 1.02, …, 1.09	0.01	9
			1.1, 1.2, …, 1.9	0.1	9
			2.3, …, 9	1	8
			10, 20, …, 100	10	10

为了减少量块的组合误差，应尽量减少量块的组合块数，一般不超过 4 块。选用量块时，应从所需组合尺寸的最后一位数开始，每选一块至少应减去所需尺寸的一位尾数。这种方法也叫消尾法，即选一块量块应消去一位尾数。例如，从 83 块一套的量块中选取尺寸为 36.745 mm 的量块组，选取方法为：第一块量块尺寸：1.005，第二块量块尺寸：1.24，第三块量块尺寸：4.5，第四块量块尺寸：30.0。再如尺寸 46.725 mm，可以使用 83 块套的量块组合为：46.725 = 1.005+1.22+4.5+40。

量块使用的注意事项：

（1）量块必须在有效期内使用，否则应及时送专业部门检定。

（2）使用环境良好，防止各种腐蚀性物质及灰尘对测量面的损伤，影响其粘合性。

（3）分清量块的“级”与“等”，注意使用规则。

（4）所选量块应用航空汽油清洗、洁净软布擦干，待量块温度与环境温度相同后方可使用。

（5）轻拿、轻放量块，杜绝磕碰、跌落等情况的发生。

（6）不得用手直接接触量块，以免造成汗液对量块的腐蚀及手温对测量精确度的影响。

（7）使用完毕，应用航空汽油清洗所用量块，并擦干后涂上防锈脂存于干燥处。

3.2 测量误差及数据处理

在机械仪器仪表等制造工业中，计量测试始终是不可缺少的组成部分。由于在测量过程中各种原因的存在，不可避免地存在或大或小的测量误差，使测量结果的可靠性受到一定影响，为了评定测量数据的精确性或误差，认清误差的来源及其影响，需要对测量的误差进行分析和讨论。由此可以判定哪些因素是影响测量精确度的主要方面，从而在以后测量中，进一步改进测量方案，缩小测量观测值和真值之间的差值，提高测量的精确性。因此，明确测量误差的来源并对其进行正确的剔除，对测试结果具有极其重要的意义。

3.2.1 测量误差的概念

对于任何测量过程，由于计量器具和测量条件方面的限制，不可避免地会出现或大或小的测量误差。因此，每一个实际测得值，往往只是在一定程度上接近被测几何量的真值，这种实际测得值与被测几何量的真值称为测量误差。测量误差可以用绝对误差或相对误差来表示。测量误差有绝对误差、相对误差和极限误差。

1. 绝对误差

绝对误差是指被测几何量的测得值与其真值之差，即

$$\delta=|x-x_0| \tag{3-2}$$

式中：δ——绝对误差；

x——被测几何量的测得值；

x_0——被测几何量的真值。

按照此式，可以由测得值和测量误差来估计真值存在的范围。测量误差的绝对值越小，则被测几何量的测得值就越接近真值，就表明测量精度越高，反之，则表明测量精度越低。

对于大小不相同的被测几何量，用绝对误差表示测量精度不方便，所以需要用相对误差来表示或比较它们的测量精度。

2. 相对误差

测量的绝对误差与被测量的真值之比的绝对值称为相对误差，由于真值不知道，实践中常用测量结果代替。相对误差是一个无量纲的数据，常用百分数表示，即

$$f=\frac{|x-x_0|}{x_0}\times100\%=\frac{|\delta|}{x_0}\times100\%\approx\frac{|\delta|}{x}\times100\% \tag{3-3}$$

式中：f——相对误差。

例如，测得两个孔的直径大小分别为 25.43 mm 和 41.94 mm，其绝对误差分别为+0.02 mm 和+0.01 mm，则由式（3-3）计算得到其相对误差分别为

$$f_1=0.02/25.43=0.0786\%$$

$$f_2=0.01/41.94=0.0238\%$$

显然，后者的测量精度比前者高。

3. 测量误差的来源

由于测量误差的存在，测得值只能近似地反映被测几何量的真值。为减小测量误差，就须分析产生测量误差的原因，以便提高测量精度。在实际测量中，产生测量误差的因素很多，归纳起来主要有以下几个方面。

（1）计量器具的误差

计量器具的误差是计量器具本身的误差，包括计量器具的设计、制造和使用过程中的误差，这些误差的总和反映在示值误差和测量的重复性上。

设计计量器具时，为了简化结构而采用近似设计的方法会产生测量误差。例如，当设计的计量器具不符合阿贝原则时也会产生测量误差。

阿贝原则是指测量长度时，应使被测零件的尺寸线（简称被测线）和量仪中作为标准的刻度尺（简称标准线）重合或顺次排成一条直线。例如，千分尺的标准线（测微螺杆轴线）与工件被测线（被测直径）在同一条直线上，而游标卡尺作为标准长度的刻度尺与被测直径不在同一条直线上。如图 3.7 所示用游标卡尺测量轴径时，产生的测量误差为

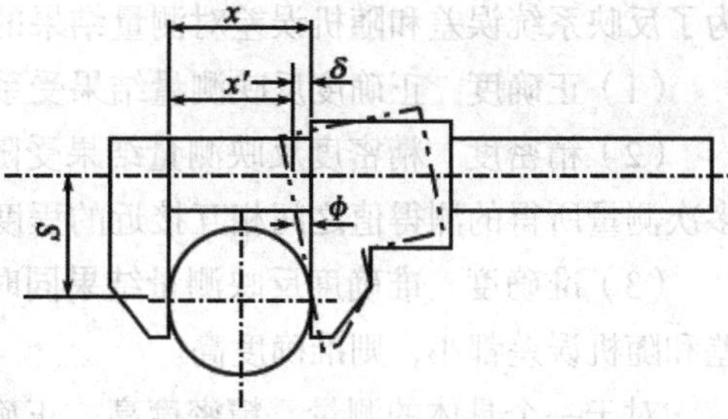

图 3.7 用游标卡尺测量轴径

$$\delta=x-x'=S\tan\phi\approx S\phi \tag{3-4}$$

设 S=30 mm，φ=1'≈0.0003 rad，由式（3-4）得

$$\delta=30\times0.0003\ \text{mm}=0.009\ \text{mm}=9\ \mu\text{m}$$

一般符合阿贝原则的测量引起的测量误差很小，可以略去不计。不符合阿贝原则的测量引起的测量误差较大，所以用千分尺测量轴径要比用游标卡尺测量轴径的测量误差更小，即测量精度更高。有关阿贝原则的详细内容可以参考计量仪器方面的书籍。计量器具零件的制造和装配误差也会产生测量误差。例如，标尺的刻线距离不准确、指示表的分度盘与指针回转轴的安装有偏心等皆会产生测量误差。计量器具在使用过程中零件的变形等会产生测量误差。此外，相对测量时使用的标准量（如长度量块）的制造误差也会产生测量误差。

（2）方法误差

方法误差是指测量方法的不完善（包括计算公式不准确，测量方法选择不当，工件安装、定位不准确等）引起的误差，它会产生测量误差。例如，在接触测量中，由于测头测量力的影响，使被测零件和测量装置产生变形而产生测量误差。

（3）环境误差

环境误差是指测量时环境条件（温度、湿度、气压、照明、振动、电磁场等）不符合标准的测量条件所引起的误差，它会产生测量误差。例如，环境温度的影响：在测量长度时，规定的环境条件标准温度为20℃，但是在实际测量时被测零件和计量器具的温度对标准温度均会产生或大或小的偏差，而被测零件和计量器具的材料不同时它们的线膨胀系数也不相同，这将产生一定的测量误差δ，其大小可按式（3-5）进行计算。

$$\delta = x[\alpha_1(t_1 - 20℃) - \alpha_2(t_2 - 20℃)] \tag{3-5}$$

式中：x——被测长度；

α_1、α_2——被测零件、计量器具的线膨胀系数；

t_1、t_2——测量时被测零件、计量器具的温度（℃）。

（4）人员误差　人员误差是测量人员人为的差错，例如，测量瞄准不准确、读数或估读错误等，都会产生人为的测量误差。

3.2.2　测量精度

测量精度是指被测几何量的测得值与其真值的接近程度。它和测量误差是从两个不同角度说明同一概念的术语。测量误差越大，则测量精度就越低；测量误差越小，则测量精度就越高。为了反映系统误差和随机误差对测量结果的不同影响，测量精度可分为以下几种。

（1）正确度　正确度反映测量结果受系统误差的影响程度。系统误差小，则正确度高。

（2）精密度　精密度反映测量结果受随机误差的影响程度。它是指在一定测量条件下连续多次测量所得的测得值之间相互接近的程度。随机误差小，则精密度高。

（3）准确度　准确度反映测量结果同时受系统误差和随机误差的综合影响程度。若系统误差和随机误差都小，则准确度高。

对于一个具体的测量，精密度高，正确度不一定高；正确度高，精密度也不一定高；精密度和正确度都高的测量，准确度就高；精密度和正确度当中有一个不高，准确度就不高。图3.8所示为正确度与精密度的几种情况。

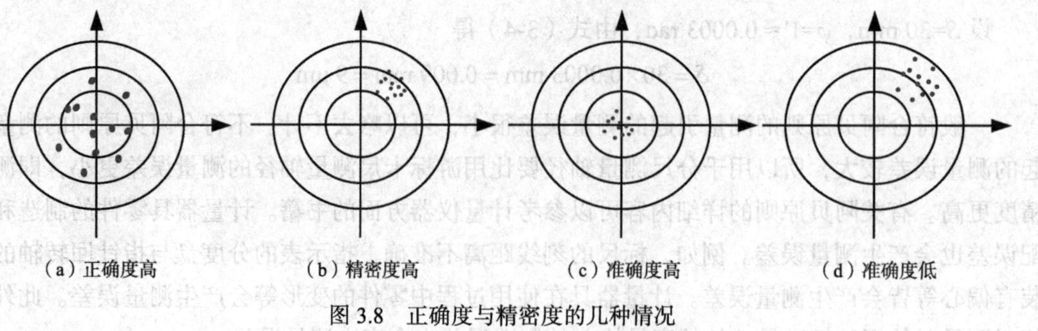

（a）正确度高　（b）精密度高　（c）准确度高　（d）准确度低

图3.8　正确度与精密度的几种情况

3.2.3　测量误差的分类及数据处理

1. 测量误差的分类

测量误差按特点和性质，可分为系统误差、随机误差和粗大误差三类。

（1）系统误差

系统误差是指在一定测量条件下，多次测取同一量值时，绝对值和符号均保持不变的测量误差，或者绝对值和符号按某一规律变化的测量误差。前者称为定值系统误差，后者称为变值系统误差。例如，在比较仪上用相对法测量零件尺寸时，调整量仪所用量块的误差就会引起定值系统误差；量仪的分度盘与指针回转轴偏心所产生的示值误差会引起变值系统误差。

根据系统误差的性质和变化规律，系统误差可以用计算或实验对比的方法确定，用修正值（校正值）从测量结果中予以消除。但在某些情况下，系统误差由于变化规律比较复杂，不易确定，因而难以消除。

（2）随机误差

随机误差是指在一定测量条件下，多次测取同一量值时，绝对值和符号以不可预定的方式变化着的测量误差。随机误差主要是由测量过程中一些偶然性因素或不确定因素引起的。例如，量仪传动机构的间隙、摩擦、测量力的不稳定以及温度波动等引起的测量误差，都属于随机误差。

就某一次具体测量而言，随机误差的绝对值和符号无法预先知道。但对于连续多次重复测量来说，随机误差符合一定的概率统计规律，因此，可以应用概率论和数理统计的方法来对它进行处理。

系统误差和随机误差的划分并不是绝对的，它们在一定的条件下是可以相互转化的。例如，按一定基本尺寸制造的量块总是存在着制造误差，对某一具体量块来讲，可认为该制造误差是系统误差，但对一批量块而言，制造误差是变化的，可以认为它是随机误差。

在使用某一量块时，若没有检定该量块的尺寸偏差，而按量块标称尺寸使用，则制造误差属随机误差；若检定出该量块的尺寸偏差，按量块实际尺寸使用，则制造误差属系统误差。

掌握误差转化的特点，可根据需要将系统误差转化为随机误差，用概率论和数理统计的方法来减小该误差的影响；或将随机误差转化为系统误差，用修正的方法减小该误差的影响。

（3）粗大误差

粗大误差是指超出在一定测量条件下预计的测量误差，就是对测量结果产生明显歪曲的测量误差。含有粗大误差的测得值称为异常值，它的数值比较大。粗大误差的产生有主观和客观两方面的原因，主观原因如测量人员疏忽造成的读数误差，客观原因如外界突然振动引起的测量误差。由于粗大误差明显歪曲测量结果，因此，在处理测量数据时，应根据判别粗大误差的准则直接将其剔除。

2. 各类测量误差的数据处理

通过对某一被测几何量进行连续多次的重复测量，得到一系列的测量数据（测得值），即测量列，可以对该测量列进行数据处理，以消除或减小测量误差的影响，提高测量精度。

例如，在一定测量条件下，对一个工件某一部位用同一方法进行 150 次重复测量，测得 150 个不同读数（测量值）；然后将测得值分组，从 7.131 mm～7.141 mm 每间隔 0.001 mm 为一组，共分 11 组，每组的尺寸范围如表 3-4 左边第 1 列所示，每组出现的次数（频率）列于第 3 列。若零件总测量次数为 N，则可算出各组相对出现次数 n_i/N（频率），列于第 4 列。

表 3-4　　随机误差的分布规律及特性表

测量值范围	测量中值	出现次数 n_i	相对出现次数 n_i/N
7.130 5～7.131 5	x_i=7.132	n_i=1	0.007
7.130 5～7.132 5	x_i=7.133	n_i=3	0.020
7.132 5～7.133 5	x_i=7.134	n_i=8	0.054
7.133 5～7.134 5	x_i=7.135	n_i=18	0.120
7.134 5～7.135 5	x_i=7.136	n_i=28	0.187
7.135 5～7.136 5	x_i=7.137	n_i=34	0.227
7.136 5～7.137 5	x_i=7.138	n_i=29	0.193
7.137 5～7.138 5	x_i=7.139	n_i=17	0.113
7.138 5～7.139 5	x_i=7.140	n_i=9	0.060
7.139 5～7.140 5	x_i=7.141	n_i=2	0.013
7.140 5～7.141 5	x_i=7.131	n_i=1	0.007

以测得值 x_i 为横坐标，n_i/N（频率）为纵坐标，获得频率直方图，当 $N\to\infty$，$\Delta x\to 0$，可得正态分布曲线，如图 3.9 所示。

（1）测量列中随机误差的处理

随机误差不可能被修正或消除，但可应用概率论与数理统计的方法，估计出随机误差的大小和规律，并设法减小其影响。

① 随机误差的特性及分布规律

通过对大量的测试实验资料进行统计后发现，随机误差通常服从正态分布规律（随机误差还存在其他规律的分布，如等概率分布、三角分布、反正弦分布等），其正态分布曲线如图 3.9 所示（横坐标 δ 表示随机误差，纵坐标 y 表示随机误差的概率密度）。

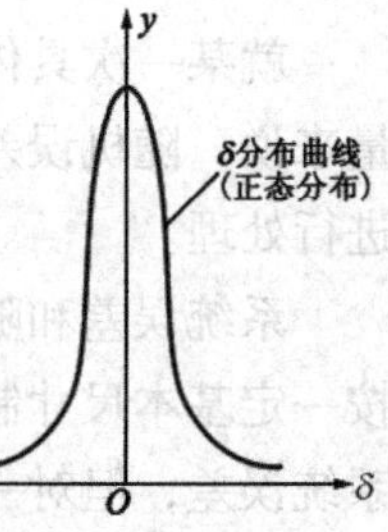

图 3.9　正态分布曲线

正态分布的随机误差具有下面 4 个基本特性：

单峰性：绝对值越小的随机误差出现的概率越大，反之则越小。

对称性：绝对值相等的正、负随机误差出现的概率相等。

有界性：在一定测量条件下，随机误差的绝对值不超过一定界限。

抵偿性：随着测量的次数增加，随机误差的算术平均值趋于零，即各次随机误差的代数和趋于零。这一特性是对称性的必然反映。

正态分布曲线的数学表达式为

$$y=\frac{1}{\sigma\sqrt{2\pi}}e^{-\left(\frac{\delta^2}{2\sigma^2}\right)} \tag{3-6}$$

式中：y——概率密度；

σ——标准偏差；

δ——随机误差；

e——自然对数的底。

② 随机误差的标准偏差 σ

从式（3-6）可以看出，概率密度 y 的大小与随机误差 δ、标准偏差 σ 有关。当 $\delta=0$ 时，概率密度最大，即 $y_{\max}=1/\sigma(2\pi)^{\frac{1}{2}}$，显然概率密度最大值 $y_{\max}$ 是随标准偏差 σ 变化的。如图 3.10

所示，标准偏差σ越小，分布曲线就越陡，随机误差的分布就越集中，表示测量精度越高，如图 3.10 中曲线 1；反之，标准偏差σ越大，分布曲线就越平坦，随机误差的分布就越分散，表示测量精度越低，如图 3.10 中曲线 2，图 3.10 中曲线 3 介于曲线 1 和 2 之间。

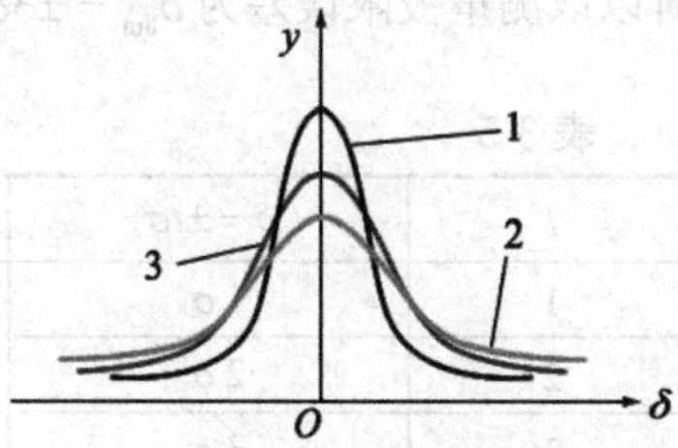

图 3.10　标准偏差对随机误差分布特性的影响

随机误差的标准偏差σ可用式（3-7）计算得出，即

$$\sigma=\left(\sum\delta^2/n\right)^{\frac{1}{2}} \tag{3-7}$$

式中：n——测量次数。

③ 随机误差的极限值$\delta_{\lim}$

由于随机误差具有有界性，因此，随机误差的大小不会超过一定的范围。随机误差的极限值就是测量极限误差。

由概率论的知识可知，正态分布曲线和横坐标轴之间所包含的面积等于所有随机误差出现的概率总和，若随机误差区间落在（$-\infty\sim+\infty$）区间，则有

$$P=\int_{-\infty}^{+\infty}y\mathrm{d}\delta=\int_{-\infty}^{+\infty}\frac{1}{\sigma\sqrt{2\pi}}\mathrm{e}^{-\frac{\delta^2}{2\sigma^2}}\mathrm{d}\delta=1$$

随机误差区间落在（$-\delta\sim+\delta$），则

$$P=\int_{-\delta}^{+\delta}y\mathrm{d}\delta=\int_{-\delta}^{+\delta}\frac{1}{\sigma\sqrt{2\pi}}\mathrm{e}^{-\frac{\delta^2}{2\sigma^2}}\mathrm{d}\delta\leqslant1$$

为化成标准正态分布，便于求出$P=\int_{-\delta}^{+\delta}y\mathrm{d}\delta$的积分值（概率值），其概率积分计算过程如下：

首先，设$t=\dfrac{\delta}{\sigma}$，$\mathrm{d}t=\dfrac{\mathrm{d}\delta}{\sigma}$

则有

$$\begin{aligned}P&=\int_{-\delta}^{+\delta}y\mathrm{d}\delta\\&=\int_{-\sigma t}^{+\sigma t}\frac{1}{\sqrt{2\pi}}\mathrm{e}-\frac{t^2}{2}\mathrm{d}t\\&=\frac{1}{\sqrt{2\pi}}\int_{-\sigma t}^{+\sigma t}\mathrm{e}^{-\frac{t^2}{2}}\mathrm{d}t\\&=\frac{1}{\sqrt{2\pi}}\int_{0}^{+\sigma t}\mathrm{e}^{-\frac{t^2}{2}}\mathrm{d}t\quad\text{（对称性）}\end{aligned}$$

再令

$$P=2\Phi(t)$$

则有

$$\Phi(t)=\frac{1}{\sqrt{2\pi}}\int_{0}^{+\sigma t}\mathrm{e}^{-\frac{t^2}{2}}\mathrm{d}t \tag{3-8}$$

这就是拉普拉斯函数（概率积分）。常用的$\Phi(t)$数值列在表 3-5 当中。选择不同的t值，就对应有不同的概率，测量结果的可信度也就不一样。随机误差在$\pm t\sigma$范围内出现的概率称为置信概率，t称为置信因子或置信系数。在几何量测量中，通常取置信因子t=3，则置信概率为

$P=2\Phi(t)=99.73\%$，即 δ 超出 $\pm3\sigma$ 的概率为 $100\%-99.73\%=0.27\%\approx1/370$。

在实际测量中，测量次数一般不会多于几十次。随机误差超出 $\pm3\sigma$ 的情况实际上很少出现，所以取测量极限误差为 $\delta_{\lim}=\pm3\sigma$。$\delta_{\lim}$ 也表示测量列中单次测量值的测量极限误差。

表 3-5　　4 个特殊 t 值对应的概率

t	$\delta=\pm t\sigma$	不超出$\lvert\delta\rvert$的概率 $p=2\Phi(t)$	超出$\lvert\delta\rvert$的概率 $\alpha=1-2\Phi(t)$
1	1σ	0.682 6	0.317 4
2	2σ	0.954 4	0.045 6
3	3σ	0.997 3	0.002 7
4	4σ	0.999 36	0.000 64

例如，某次测量的测得值为 30.002 mm，若已知标准偏差 $\sigma=0.000\,2$ mm，置信概率取 99.73%，则测量结果应为（30.002±0.000 6）mm。

④ 随机误差的处理步骤

由于被测几何量的真值未知，所以不能直接计算求得标准偏差 σ 的数值。在实际测量时，当测量次数 N 充分大时，随机误差的算术平均值趋于零，便可以用测量列中各个测得值的算术平均值代替真值，并估算出标准偏差，进而确定测量结果。

在假定测量列中不存在系统误差和粗大误差的前提下，可按下列步骤对随机误差进行处理。

a. 计算测量列中各个测得值的算术平均值：

设测量列的测得值为 x_1、x_2、x_3、$\cdots x_n$，则算术平均值为

$$\overline{x}=\frac{\sum_{i=1}^{N}x_i}{N} \tag{3-9}$$

b. 计算残余误差 V_i：　$$v_i=x_i-\overline{x} \tag{3-10}$$

残差的两个特性：

Ⅰ残差的代数和等于零：　$$\sum_{i=1}^{n}v_i=0 \tag{3-11}$$

Ⅱ残差的平方和为最小：　$$\sum_{i=1}^{n}v_i^2=\min \tag{3-12}$$

由此可见，用算术平均值作为测量结果是合理可靠的。

c. 计算标准偏差的估算值（即单次测量精度）σ：在实用中，常用贝塞尔（Bessel）公式计算标准偏差。

贝塞尔（Bessel）公式

$$\sigma=\sqrt{\frac{\sum_{i=1}^{N}v_i^2}{N-1}} \tag{3-13}$$

单次测量的极限误差：　$$\pm\delta_{\lim}=\pm3\sigma \tag{3-14}$$

若需要，可以写出单次测量结果表达式为：　$$x_{ei}=x_i\pm3\sigma \tag{3-15}$$

d. 计算测量列的算术平均值的标准偏差 $\sigma_{\overline{x}}$：

若在一定测量条件下，对同一被测几何量进行多组测量（每组皆测量 N 次），则对应每组 N 次测量都有一个算术平均值，各组的算术平均值不相同。不过，它们的分散程度要比单次测量值的分散程度小得多。描述它们的分散程度同样可以用标准偏差作为评定指标。根据误差理论，测量列算术平均值的标准偏差 $\sigma_{\bar{x}}$ 与测量列单次测量值的标准偏差 σ 存在如下关系，如图 3.11 所示。

$$\sigma_{\bar{x}} = \frac{\sigma}{\sqrt{N}} \tag{3-16}$$

显然，多次测量结果的精度比单次测量的精度高，即测量次数越多，测量精密度就越高。但图 3.11 中曲线也表明测量次数不是越多越好，一般取 $N>10$（15 次左右）为宜。

e. 计算测量列算术平均值的测量极限误差 $\delta_{\lim(\bar{x})}$：

$$\delta_{\lim(\bar{x})} = \pm 3\sigma_{\bar{x}} \tag{3-17}$$

f. 写出多次测量所得结果的表达式：

$$x_e = \bar{x} \pm 3\sigma_{\bar{x}} \tag{3-18}$$

并说明置信概率为 99.73%。

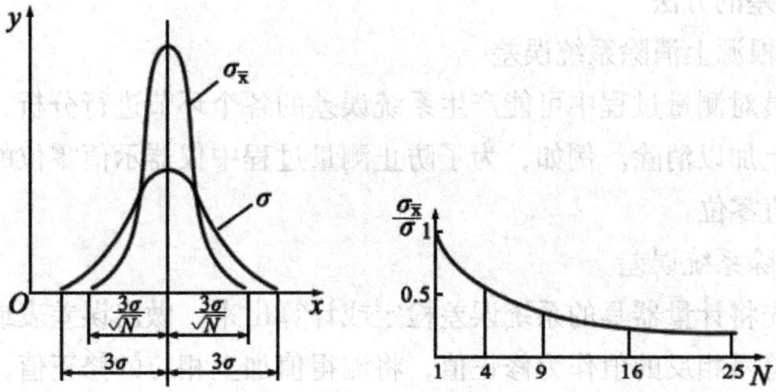

图 3.11　σ 与 $\sigma_{\bar{x}}$ 的关系

（2）测量列中系统误差的处理

在实际测量中，系统误差对测量结果的影响是不能忽视的，揭示系统误差出现的规律性，消除系统误差对测量结果的影响，是提高测量精度的有效措施。

① 发现系统误差的方法

在测量过程中产生系统误差的因素是复杂多样的，查明所有的系统误差是很困难的事情，同时也不可能完全消除系统误差的影响。

发现系统误差必须根据具体测量过程和计量器具进行全面而仔细的分析，但目前还没有能够找到可以发现各种系统误差的方法，下面只介绍适用于发现某些系统误差常用的两种方法。

a. 实验对比法

实验对比法就是通过改变产生系统误差的测量条件，进行不同测量条件下的测量来发现系统误差。这种方法适用于发现定值系统误差。例如，量块按标称尺寸使用时，在测量结果中，就存在着由于量块尺寸偏差而产生的大小和符号均不变的定值系统误差，重复测量也不能发现这一误差，只有用另一块更高等级的量块进行对比测量，才能发现它。

b. 残差观察法

残差观察法是指根据测量列的各个残差大小和符号的变化规律，直接由残差数据或残差曲线图形来判断有无系统误差。这种方法主要适用于发现大小和符号按一定规律变化的变值系统误差。根据测量先后顺序，将测量列的残差作图，如图 3.12 所示，观察残差的规律。

若残差大体正、负相间，又没有显著变化，就认为不存在变值系统误差，如图 3.12（a）所示。

若残差按近似的线性规律递增或递减，就可判断存在着线性系统误差，如图 3.12（b）所示。

若残差的大小和符号有规律地周期变化，就可判断存在着周期性系统误差，如图 3.12（c）所示。但是残差观察法对于测量次数不是足够多时，也有一定的难度。

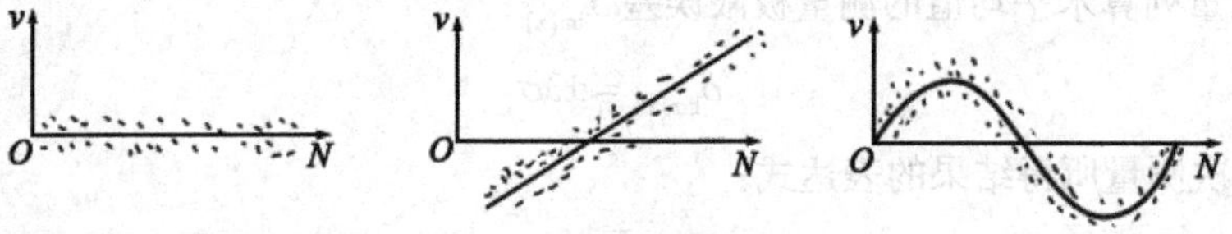

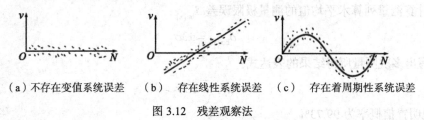

（a）不存在变值系统误差　（b）　存在线性系统误差　（c）　存在着周期性系统误差

图 3.12　残差观察法

② 消除系统误差的方法

a. 从产生误差根源上消除系统误差

这要求测量人员对测量过程中可能产生系统误差的各个环节进行分析，并在测量前就将系统误差从产生根源上加以消除。例如，为了防止测量过程中仪器示值零位的变动，测量开始和结束时都须检查示值零位。

b. 用修正法消除系统误差

这种方法是预先将计量器具的系统误差检定或计算出来，做出误差表或误差曲线，然后取与误差数值相同而符号相反的值作为修正值，将测得值加上相应的修正值，即可使测量结果不包含系统误差。

c. 用抵消法消除定值系统误差

这种方法要求在对称位置上分别测量一次，以使这两次测量中测得的数据出现的系统误差大小相等，符号相反，取这两次测量中数据的平均值作为测得值，即可消除定值系统误差。例如，在工具显微镜上测量螺纹螺距时，为了消除螺纹轴线与量仪工作台移动方向倾斜而引起的系统误差，可分别测取螺纹左、右牙面的螺距，然后取它们的平均值作为螺距测得值。

d. 用半周期法消除周期性系统误差

对周期性系统误差，可以每相隔半个周期进行一次测量，以相邻两次测量的平均值作为一个测得值，即可有效消除周期性系统误差。

消除和减小系统误差的关键是找出误差产生的根源和规律。实际上，系统误差不可能完全消除。一般来说，系统误差若能减小到使其影响相当于随机误差的程度，则可认为已被消除。

（3）测量列中粗大误差的处理

粗大误差的数值相当大，在测量中应尽可能避免。如果粗大误差已经产生，则应根据判断粗大误差的准则予以剔除，通常用拉依达准则来判断。

拉依达准则又称 3σ 准则。当测量列服从正态分布时，残差落在 $\pm3\sigma$ 外的概率很小，仅有

0.27%，即在连续 370 次测量中只有一次测量的残差会超出 $\pm3\sigma$，而实际上连续测量的次数绝不会超过 370 次，测量列中就不应该有超出 $\pm3\sigma$ 的残差。因此，当出现绝对值大于 3σ 的残差时，即 $|v_i| \geqslant 3\sigma$，则认为该残差对应的测得值含有粗大误差，应予以剔除。

注意：拉依达准则不适用于测量次数小于或等于 10 的情况。

（4）等精度测量列的数据处理

等精度测量是指在测量条件（包括测量仪、测量人员、测量方法及环境条件等）不变的情况下，对某一被测几何量进行的连续多次测量。虽然在此条件下得到的各个测得值不同，但影响各个测得值精度的因素和条件相同，故测量精度视为相等。相反，在测量过程中全部或部分因素和条件发生改变，则称为不等精度测量。在一般情况下，为了简化对测量数据的处理，大多采用等精度测量。

① 直接测量列的数据处理

为了从直接测量列中得到正确的测量结果，应按以下步骤进行数据处理。

a. 计算测量列的算术平均值和残差 $(\bar{x}, v_i)$，以判断测量列中是否存在系统误差。如果存在系统误差，则应采取措施加以消除。

b. 计算测量列单次测量值的标准偏差 σ，以判断是否存在粗大误差。若有粗大误差，则应剔除含粗大误差的测得值，并重新组成测量列，再重复上述计算，直到将所有含粗大误差的测得值都剔除干净为止。

c. 计算测量列的算术平均值的标准偏差和测量极限误差 $(\sigma_{\bar{x}}$和$\delta_{\lim\bar{x}})$。

d. 给出测量结果表达式　　$x_e = \bar{x} \pm \delta_{\lim(\bar{x})}$，并说明置信概率。

例 3.1　对某一轴径 x 等精度测量 15 次，按测量顺序将各测得值依次列于表 3-6 中，试求测量结果。

表 3-6　　数据处理计算表 1

测量序号	测得值 x_i/mm	残差 $v_i(v_i = x_i - \bar{x})$/μm	残差的平方 v_i^2/μm²
1	34.959	+2	4
2	34.955	−2	4
3	34.958	+1	1
4	34.957	0	0
5	34.958	+1	1
6	34.956	−1	1
7	34.957	0	0
8	34.958	+1	1
9	34.955	−2	4
10	34.957	0	0
11	34.959	+2	4
12	34.955	−2	4
13	34.956	−1	1
14	34.957	0	0
15	34.958	+1	1
算术平均值 34.957		$\sum v_i = 0$	$\sum v_i^2 = 26$

解：1. 判断定值系统误差

假设计量器具已经检定，测量环境得到有效控制，可认为测量列中不存在定值系统误差。

2. 求测量列算术平均值

$$\bar{x} = \frac{\sum_{i=1}^{N} x_i}{N} = 34.975 \text{ mm}$$

3. 计算残差

各残差的数值经计算后列于表 3-6 中。按残差观察法，这些残差的符号大体正、负相间，没有周期性变化，因此，可以认为测量列中不存在变值系统误差。

4. 计算测量列单次测量值的标准偏差

$$\sigma = \sqrt{\frac{\sum_{i=1}^{N} {v_i}^2}{N-1}} \approx 1.3\ \mu\text{m}$$

5. 判断粗大误差

按拉依达准则，测量列中没有出现绝对值大于 $\delta_{\lim(x)} = \pm 3\sigma_{\bar{x}} = \pm 1.05\ \mu\text{m}$ 的残差，即测量列中不存在粗大误差。

6. 计算测量列算术平均值的标准偏差

$$\sigma_{\bar{x}} = \frac{\sigma}{\sqrt{N}} \approx 0.35\ \mu\text{m}$$

7. 计算测量列算术平均值的测量极限误差

$$\delta_{\lim(x)} = \pm 3\sigma_{\bar{x}} = \pm 1.05\ \mu\text{m}$$

8. 确定测量结果

$$x_e = \bar{x} \pm 3\sigma_{\bar{x}} = 34.975 \pm 0.0011 \text{ mm}$$

这时的置信概率为 99.73%。

例 3.2 对某一轴径等精度测量 10 次，测得值列于表 3-7 中，假设已消除了定值系统误差，求其测量结果。

表 3-7　　数据处理计算表 2

序号	测得值 x_i/mm	剩余误差 v_i/μm	剩余误差的平方 v_i^2/(μm)^2
1	29.999	+2	4
2	29.994	−3	9
3	29.998	+1	1
4	29.996	−1	1
5	29.997	0	0
6	29.998	+1	1
7	29.997	0	0
8	29.995	−2	4
9	29.999	+2	4
10	29.997	0	0
	$\bar{x} = \frac{1}{10}\sum_{i=1}^{10} x_i = 29.997$	$\sum_{i=1}^{10} v_i = 0$	$\sum_{i=1}^{10} v_i^2 = 24$

解：1. 判断定值系统误差

假设计量器具已经检定，测量环境得到有效控制，可认为测量列中不存在定值系统误差。

2. 求测量列算术平均值

$$\bar{x}=\frac{1}{10}\sum_{i=1}^{10}x_i=29.997\ \text{mm}$$

3. 计算残差

各残差的数值经计算后列于表 3-7 中。按残差观察法，这些残差的符号大体正、负相间，没有周期性变化，因此，可以认为测量列中不存在变值系统误差。

4. 计算测量列单次测量值的标准偏差

$$\sigma\approx\sqrt{\frac{\sum_{i=1}^{n}v_i^2}{n-1}}=\sqrt{\frac{\sum_{i=1}^{10}v_i^2}{10-1}}=\sqrt{\frac{24}{9}}\approx 1.63\ \mu\text{m}$$

5. 判断粗大误差

按拉依达准则，测量列中没有出现绝对值大于 $\delta_{\lim}=\pm3\sigma=\pm3\times1.63\ \mu\text{m}=\pm4.90\ \mu\text{m}$ 的残差，即测量列中不存在粗大误差。

6. 计算测量列算术平均值的标准偏差

$$\sigma_{\bar{x}}=\frac{\sigma}{\sqrt{n}}=\frac{1.63}{\sqrt{10}}\mu\text{m}\approx 0.52\mu\text{m}$$

7. 计算测量列算术平均值的测量极限误差

$$\delta_{\lim(\bar{x})}=\pm3\sigma_{\bar{x}}=\pm3\times0.52\ \mu\text{m}=\pm1.56\ \mu\text{m}$$

8. 确定测量结果

$$x_e=\bar{x}\pm3\sigma_{\bar{x}}=29.997\pm0.00156\ \text{mm}$$

这时的置信概率为 99.73%。

② 间接测量列的数据处理

在有些情况下，由于某些被测对象的特点，不能进行直接测量，这时需要采用间接测量。间接测量是指通过测量与被测几何量有一定关系的几何量，按照已知的函数关系式计算出被测几何量的量值。因此，间接测量的被测几何量是测量所得到的各个实测几何量的函数，而间接测量的误差则是各个实测几何量误差的函数，故称这种误差为函数误差。

a. 函数及其微分表达式

间接测量中，被测几何量通常是实测几何量的多元函数，它表示为

$$y=F\left(x_1,x_2,\ldots,x_m\right)\tag{3-19}$$

式中：y——欲测几何量（函数）；

x_i——实测的几何量。

函数的全微分表达式为

$$\text{d}y=\frac{\partial F}{\partial x_1}\text{d}x_1+\frac{\partial F}{\partial x_2}\text{d}x_2+\cdots+\frac{\partial F}{\partial x_m}\text{d}x_m\tag{3-20}$$

式中：$\text{d}y$——欲测的几何量（函数）的测量误差；

$\text{d}x_i$——实测的几何量的测量误差；

$\dfrac{\partial F}{\partial x_i}$——实测的几何量的测量误差传递系数。

2. 函数的系统误差计算式

由各实测几何量测得值的系统误差，可近似得到被测几何量（函数）的系统误差表达式为

$$\Delta y=\frac{\partial F}{\partial x_1}\Delta x_1+\frac{\partial F}{\partial x_2}\Delta x_2+\cdots+\frac{\partial F}{\partial x_m}\Delta x_m \tag{3-21}$$

式中：Δy——欲测几何量（函数）的系统误差；

Δx_i——实测的几何量的系统误差。

3. 函数的随机误差计算式

由于各实测几何量的测得值中存在着随机误差，因此，被测几何量（函数）也存在着随机误差。根据误差理论，函数的标准偏差σ_y与各个实测几何量的标准偏差 σ_{xi}的关系为

$$\sigma_y=\sqrt{\left(\frac{\partial F}{\partial x_1}\right)^2\sigma_{x_1}{}^2+\left(\frac{\partial F}{\partial x_2}\right)^2\sigma_{x_2}{}^2+\cdots+\left(\frac{\partial F}{\partial x_m}\right)^2\sigma_{x_m}{}^2} \tag{3-22}$$

式中：σ_y——欲测几何量（函数）的标准偏差；

σ_{xi}——实测的几何量的标准偏差。

同理，函数的测量极限误差公式为

$$\delta_{\lim(y)}=\pm\sqrt{\left(\frac{\partial F}{\partial x_1}\right)^2\delta_{\lim(x_1)}^2+\left(\frac{\partial F}{\partial x_2}\right)^2\sigma_{\lim(x_2)}^2+\cdots+\left(\frac{\partial F}{\partial x_m}\right)^2\sigma_{\lim(x_m)}^2} \tag{3-23}$$

式中：$\delta_{\lim}(y)$——欲测几何量（函数）的测量极限误差；

$\delta_{\lim}(x_i)$——实测的几何量的测量极限误差。

4. 间接测量列数据处理的步骤

① 找出函数表达式 $y=F(x_1,x_2,...,x_m)$。

② 求出欲测几何量（函数）值 y。

③ 计算函数的系统误差值Δy。

④ 计算函数的标准偏差值σ_y 和函数的测量极限误差值$\delta_{\lim(y)}$。

⑤ 给出欲测几何量（函数）的结果表达式：$y_e=(y-\Delta y)\pm\delta_{\lim(y)}$。

最后说明置信率为 99.73%。

3.3 工件尺寸的检测

为了使零件符合规定的精度要求，除了要保证加工零件所用的设备和工艺装备具有足够的精度和稳定性外，质量检验也是一个十分重要的问题。而质量检验的关键问题是确定合适的质量验收标准及正确选用测量器具。

我国参考 ISO 标准，制定了《光滑工件尺寸的检验》（GB 3177—1982，该标准于 1996 年

进行了修订，新的标准代号为 GB/T 3177—1997）和《光滑极限量规》（GB/T 1957—1981）两个国家标准。本章主要介绍这两个标准的主要内容。

3.3.1 概述

工件验收原则、安全裕度与验收极限介绍如下。

把不合格工件判为合格品为“误收”，而把合格工件判为废品为“误废”。因此，如果只根据测量结果是否超出图样给定的极限尺寸来判断其合格性，有可能会造成误收或误废。验收原则：应只接收位于规定的尺寸极限内的工件，即只允许误废而不允许误收。

为防止受测量误差的影响而使工件的实际尺寸超出两个极限尺寸范围,必须规定验收极限。国家标准通过安全裕度（A）来防止因测量不确定度的影响而造成工件“误差”和“误废”，即设置验收极限，以执行标准规定的“验收原则”。

安全裕度（A）即测量不确定度的允许值。它由被测工件的尺寸公差值确定，一般取工件尺寸公差值的 10%左右。

验收极限是检验工件尺寸时判断其合格与否的尺寸界限。标准中规定了两种验收极限。

①内缩方案：如图 3.13 所示。

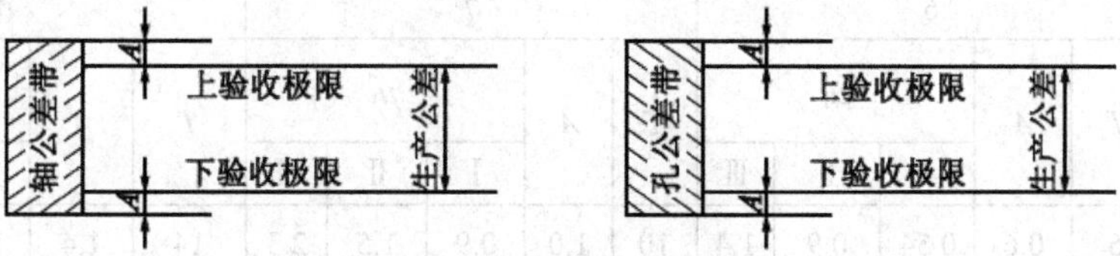

图 3.13　验收极限示意图

验收极限是从规定的最大实体尺寸和最小实体尺寸分别向公差带内移动一个安全裕度 A。

孔尺寸的验收极限：

上验收极限=最小实体尺寸−安全裕度（A）

下验收极限=最大实体尺寸+安全裕度（A）

轴尺寸的验收极限：

上验收极限=最大实体尺寸−安全裕度（A）

下验收极限=最小实体尺寸+安全裕度（A）

按内缩方案验收工件，并合理地选择内缩的安全裕度 A，将会没有或很少有误收，并能将误废量控制在所要求的范围内。

② 不内缩方案

验收极限等于规定的最大实体尺寸和最小实体尺寸，即安全裕度 A=0。此方案使误收和误废都有可能发生。表 3-8 列举了两种方案的比较。

表 3-8　确定验收极限的方案比较

确定验收极限的方案		验收极限	应用
内缩方案	将工件的验收极限从工件的极限尺寸向工件的公差带内缩一个安全裕度 A	上验收极限尺寸＝最大极限尺寸−A 下验收极限尺寸＝最小极限尺寸+A	主要用于采用包容要求的尺寸和公差等级较高的尺寸

续表

确定验收极限的方案		验收极限	应用
不内缩方案	安全裕度 $A=0$	上验收极限尺寸＝最大极限尺寸 下验收极限尺寸＝最小极限尺寸	主要用于非配合尺寸和一般公差尺寸

《光滑工件尺寸的检验》标准确定的验收原则是：所用验收方法应只接收位于规定的极限尺寸之内的工件，位于规定的极限尺寸之外的工件应拒收。为此，需要根据被测工件的精度高低和相应的极限尺寸，确定其安全裕度（A）和验收极限。

生产上，要按去掉安全裕度（A）的公差进行加工工件。一般称去掉安全裕度（A）的工件公差为生产公差，它小于工件公差。

安全裕度 A 值的确定，应综合考虑技术和经济两方面因素。A 值较大时，虽可用较低精度的测量器具进行检验，但减少了生产公差，故加工经济性较差；A 值较小时，加工经济性较好，但要使用精度高的测量器具，故测量器具成本高，所以也提高了生产成本。因此，A 值应按被检验工件的公差大小来确定，一般为工件公差的 1/10。国家标准 GB/T3177—1997 对 A 值有明确的规定，见表 3-9。

表 3-9　安全裕度（A）与计量器具的不确定度允许值（μ_1）　（单位：μm）

公差等级		6					7					8				
基本尺寸/mm		T	A	μ_1			T	A	μ_1			T	A	μ_1		
大于	至			Ⅰ	Ⅱ	Ⅲ			Ⅰ	Ⅱ	Ⅲ			Ⅰ	Ⅱ	Ⅲ
—	3	6	0.6	0.54	0.9	1.4	10	1.0	0.9	1.5	2.3	14	1.4	1.3	2.1	3.2
3	6	8	0.8	0.72	1.2	1.8	12	1.2	1.1	1.8	2.7	18	1.8	1.6	2.7	4.1
6	10	9	0.9	0.81	1.4	2.0	15	1.5	1.4	2.3	3.4	22	2.2	2.0	3.3	5.0
10	18	11	1.1	1.0	1.7	2.5	18	1.8	1.7	2.7	4.1	27	2.7	2.4	4.1	6.1
18	30	13	1.3	1.2	2.0	2.9	21	2.1	1.9	3.2	4.7	33	3.3	3.0	5.0	7.4
30	50	16	1.6	1.4	2.4	3.6	25	2.5	2.3	3.8	5.6	39	3.9	3.5	5.9	8.8
50	80	19	1.9	1.7	2.9	4.3	30	3.0	2.7	4.5	6.8	46	4.6	4.1	6.9	10
80	120	22	2.2	2.0	3.3	5.0	35	3.5	3.2	5.3	7.9	54	5.4	4.9	8.1	12
120	180	25	2.5	2.3	3.8	5.6	40	4.0	3.6	6.0	9.0	63	6.3	5.7	9.5	14
180	250	29	2.9	2.6	4.4	6.5	46	4.6	4.1	6.9	10	72	7.2	6.5	11	16
250	315	32	3.2	2.9	4.8	7.2	52	5.2	4.7	7.8	12	81	8.1	7.3	12	18
315	400	36	3.6	3.2	5.4	8.1	57	5.7	5.1	8.4	13	89	8.9	8.0	13	20
400	500	40	4.0	3.6	6.0	9.0	63	6.3	5.7	9.5	14	97	9.7	8.7	15	22
公差等级		9					10					11				
基本尺寸/mm		T	A	μ_1			T	A	μ_1			T	A	μ_1		
大于	至			Ⅰ	Ⅱ	Ⅲ			Ⅰ	Ⅱ	Ⅲ			Ⅰ	Ⅱ	Ⅲ
—	3	25	2.5	2.3	3.8	5.6	40	4	3.6	6.0	9.0	60	6.0	5.4	9.0	14
3	6	30	3.0	2.7	4.5	6.8	48	4.8	4.3	7.2	11	75	7.5	6.8	11	17

续表

公差等级		9					10					11				
基本尺寸/mm		T	A	μ_1			T	A	μ_1			T	A	μ_1		
大于	至			Ⅰ	Ⅱ	Ⅲ			Ⅰ	Ⅱ	Ⅲ			Ⅰ	Ⅱ	Ⅲ
6	10	36	3.6	3.3	5.4	8.1	58	5.8	5.2	8.7	13	90	9.0	8.1	14	20
10	18	43	4.3	3.9	6.5	9.7	70	7.0	6.3	11	16	110	11	10	17	25
18	30	52	5.2	4.7	7.8	12	84	8.4	7.6	13	19	130	13	12	20	29
30	50	62	6.2	5.6	9.3	14	100	10	9.0	15	23	160	16	14	24	36
50	80	74	7.4	6.7	11	17	120	12	11	18	27	190	19	17	29	43
80	120	87	8.7	7.8	13	20	140	14	13	21	32	220	22	20	33	50
120	180	100	10	9.0	15	23	160	16	15	24	36	250	25	23	38	56
180	250	115	12	10	17	26	185	18	17	28	42	290	29	26	44	65
250	315	130	13	12	19	29	210	21	19	32	47	320	32	29	48	72
315	400	140	14	13	21	32	230	23	21	35	52	360	36	32	54	81
400	500	155	16	14	23	35	250	25	23	38	56	400	40	36	60	90

公差等级		12				13				14				15			
基本尺寸/mm		T	A	μ_1		T	A	μ_1		T	A	μ_1		T	A	μ_1	
大于	至			Ⅰ	Ⅱ			Ⅰ	Ⅱ			Ⅰ	Ⅱ			Ⅰ	Ⅱ
—	3	100	10	9.0	15	140	14	13	21	250	25	23	38	400	40	36	60
3	6	120	12	11	18	180	18	16	27	300	30	27	45	480	48	43	72
6	10	150	15	14	23	220	22	20	33	360	36	32	54	580	58	52	87
10	18	180	18	16	27	270	27	24	41	430	43	39	65	700	70	63	110
18	30	210	21	19	32	330	33	30	50	520	52	47	78	840	84	76	130
30	50	250	25	23	38	390	39	35	59	620	62	56	93	1000	100	90	150
50	80	300	30	27	45	460	46	41	69	740	74	67	110	1200	120	110	180
80	120	350	35	32	53	540	54	49	81	870	87	78	130	1400	140	130	210
120	180	400	40	36	60	630	63	57	95	1000	100	90	150	1600	160	150	240
180	250	460	46	41	69	720	72	65	110	1150	115	100	170	1850	180	170	280
250	315	520	52	47	78	810	81	73	120	1300	130	120	190	2100	210	190	320
315	400	570	57	51	86	890	89	80	130	1400	140	130	210	2300	230	210	350
400	500	630	63	57	95	970	97	87	150	1500	150	140	230	2500	250	230	380

公差等级		16				17				18			
基本尺寸/mm		T	A	μ_1		T	A	μ_1		T	A	μ_1	
大于	至			Ⅰ	Ⅱ			Ⅰ	Ⅱ			Ⅰ	Ⅱ
—	3	600	60	54	90	1000	100	90	150	1400	140	125	210

续表

公差等级		16				17				18			
基本尺寸/mm		T	A	μ_1		T	A	μ_1		T	A	μ_1	
大于	至			Ⅰ	Ⅱ			Ⅰ	Ⅱ			Ⅰ	Ⅱ
3	6	750	75	68	110	1200	120	110	180	1800	180	160	270
6	10	900	90	81	140	1500	150	140	230	2200	220	200	330
10	18	1100	110	100	170	1800	180	160	270	2700	270	240	400
18	30	1300	130	120	200	2100	210	190	320	3300	330	300	490
30	50	1600	160	140	240	2500	250	220	380	3900	390	350	580
50	80	1900	190	170	290	3000	300	270	450	4600	460	410	690
80	120	2200	220	200	330	3500	350	320	530	5400	540	480	810
120	180	2500	250	230	380	4000	400	360	600	6300	630	570	940
180	250	2900	290	260	440	4600	460	410	690	7200	720	650	1080
250	315	3200	320	290	480	5200	520	470	780	8100	810	730	1210
315	400	3600	360	320	540	5700	570	510	860	8900	890	800	1330
400	500	4000	400	360	600	6300	630	570	950	9700	970	870	1450

3.3.2 测量器具的选择

选择测量器具时要综合考虑其技术指标和经济指标，以综合效果最佳为原则。主要考虑以下因素。

首先，根据被测工件的结构特点、外形及尺寸来选择测量器具，使所选择的测量器具的测量范围能满足被测工件的要求。

其次，根据被测工件的精度要求来选择测量器具。考虑到测量器具本身的误差会影响工件的测量精度，因此，所选择的测量器具允许的极限误差应当小。但测量器具的极限误差越小，成本也越高，对使用时的环境条件和操作者的要求也越高，所以在选择测量器具时，应综合考虑技术指标和经济指标。

具体选用时，可按国家标准《光滑工件尺寸的检验》（GB/T3177—1997）中规定的方法进行。对于国家标准没作规定的工件测量器具的选用，可按所选的测量器具的极限误差占被测工件尺寸公差的 1/10 ~ 1/3 进行，被测工件精度低时，取 1/10；工件精度高时，取 1/3，甚至 1/2。因为工件精度越高，对测量器具的精度要求也越高，如果高精度的测量器具制造困难，就只好以增大测量器具极限误差占被测工件公差的比例来满足测量要求。

用普通测量器具进行光滑工件尺寸检验，适用于车间用的测量器具（如游标卡尺、千分尺和分度值小于 0.000 5 mm 的比较仪）等，它主要包括两个内容：图样上注出的基本尺寸至 500 mm、公差等级为 6 级 ~ 18 级（IT6 ~ IT18）的有配合要求的光滑工件尺寸，按内缩方案确定验收极限。对非配合和一般公差的尺寸，按不内缩方案确定验收极限。

安全裕度 A 相当于测量中的不确定度。不确定度用以表征测量过程中各项误差综合影响而使测量结果分散的误差范围，它反映了由于测量误差的存在而对被测量不能肯定的程度，以 U 表示。U 是由测量器具的不确定度 μ_1 和由温度、压陷效应及工件形状误差等因素引起的不确定度 μ_2 组合成的，即 $U=\sqrt{\mu_1^2+\mu_2^2}$。μ_1 是表征测量器具的内在误差引起测量结果分散的一个误差范围，其中也包括调整时用的标准件的不确定度，例如，千分尺的校对棒和比较仪用的量块等。μ_1 的影响比较大，允许值约为 0.9A，μ_2 的影响比较小，允许值约为 0.45A。

向公差带内缩的安全裕度就是按测量不确定度而定的，即 $A=U$，这是因为

$$U=\sqrt{\mu_1^2+\mu_2^2}=\sqrt{0.9A^2+(0.45A)^2}\approx A$$

测量器具的不确定度 μ_1 是产生“误收”与“误废”的主要原因。在验收极限一定的情况下，测量器具的不确定度 μ_1 越大，则产生“误收”与“误废”的可能性也越大；反之，测量器具的不确定度 μ_1 越小，则产生“误收”与“误废”的可能性也越小。因此，根据测量器具的不确定度 μ_1 来正确地选择测量器具就非常重要。选择测量器具时，应保证所选用的测量器具的不确定度 μ_1' 等于或小于按工件公差确定地允许值 μ_1。表 3-10、表 3-11、表 3-12 列出了有关测量器具的不确定度。

目前，卡尺、千分尺是一般工厂在生产车间使用非常普遍的测量器具。然而，这两种量具精度低，只适用于测 IT9 与 IT10 的工件公差。为了提高卡尺、千分尺的测量精度，扩大其使用范围，可采用比较法测量。比较测量时，测量器具的不确定度 μ_1' 可降为原来的 40%（当使用形状与工件形状相同的标准器时）或 60%（当使用形状与工件形状不相同的标准器时），此时验收极限不变。

表 3-10　千分尺和游标卡尺的测量不确定度 μ_1'　（单位：mm）

<table>
<tr><th colspan="2" rowspan="2">工件尺寸范围/mm</th><th colspan="4">计量器具类型</th></tr>
<tr><th>分度值 0.01 mm 外径千分尺</th><th>分度值 0.01 mm 内径千分尺</th><th>分度值 0.02 mm 游标卡尺</th><th>分度值 0.01 mm 游标卡尺</th></tr>
<tr><th>大于</th><th>至</th><th colspan="4">测量不确定度 μ_1'</th></tr>
<tr><td>0</td><td>50</td><td>0.004</td><td rowspan="4">0.008</td><td rowspan="10">0.020</td><td rowspan="4">0.050</td></tr>
<tr><td>50</td><td>100</td><td>0.005</td></tr>
<tr><td>100</td><td>150</td><td>0.006</td></tr>
<tr><td>150</td><td>200</td><td>0.007</td></tr>
<tr><td>200</td><td>250</td><td>0.008</td><td rowspan="2">0.013</td><td rowspan="6">0.100</td></tr>
<tr><td>250</td><td>300</td><td>0.009</td></tr>
<tr><td>300</td><td>350</td><td>0.010</td><td rowspan="2">0.020</td></tr>
<tr><td>350</td><td>400</td><td>0.011</td></tr>
<tr><td>400</td><td>450</td><td>0.012</td><td rowspan="2">0.025</td></tr>
<tr><td>450</td><td>500</td><td>0.013</td></tr>
</table>

表 3-11　　指示表的测量的不确定度 μ_1'　　（单位：mm）

<table>
<tr><th colspan="2" rowspan="2">工作尺寸范围/mm</th><th colspan="4">计量器具类型</th></tr>
<tr><th>分度值为0.001的千分表（0 级在全程范围内）（1 级在 0.2 mm 内）分度值为0.002的千分表在1级范围内</th><th>分度值为 0.001、0.002、0.005 的千分表（1 级在全程范围内）分度值为 0.001 的百分表（0 级在任意 1 mm 内）</th><th>分度值为 0.01 的百分表（0 级在全程范围内）（1 级在任意 1 mm 内）</th><th>分度值为 0.01 的百分表（1 级在全程范围内）</th></tr>
<tr><th>大于</th><th>至</th><th colspan="4">测量不确定度 μ_1'</th></tr>
<tr><td></td><td>25</td><td rowspan="5">0.005</td><td rowspan="9">0.010</td><td rowspan="9">0.018</td><td rowspan="9">0.030</td></tr>
<tr><td>25</td><td>40</td></tr>
<tr><td>40</td><td>65</td></tr>
<tr><td>65</td><td>90</td></tr>
<tr><td>90</td><td>115</td></tr>
<tr><td>115</td><td>165</td><td rowspan="4">0.006</td></tr>
<tr><td>165</td><td>215</td></tr>
<tr><td>215</td><td>265</td></tr>
<tr><td>265</td><td>315</td></tr>
</table>

表 3-12　　比较仪的测量不确定度 μ_1'　　（单位：mm）

<table>
<tr><th colspan="2" rowspan="2">工作尺寸范围/mm</th><th colspan="4">计量器具类型</th></tr>
<tr><th>分度值为 0.0005（相当于放大倍数 2 000 倍）比较仪</th><th>分度值为 0.001（相当于放大倍数 1 000 倍）比较仪</th><th>分度值为 0.002（相当于放大倍数 400 倍）比较仪</th><th>分度值为 0.005（相当于放大倍数 250 倍）比较仪</th></tr>
<tr><th>大于</th><th>至</th><th colspan="4">测量不确定度 μ_1'</th></tr>
<tr><td></td><td>25</td><td>0.000 6</td><td rowspan="2">0.001 0</td><td>0.001 7</td><td rowspan="6">0.003 0</td></tr>
<tr><td>25</td><td>40</td><td>0.000 7</td><td rowspan="3">0.001 8</td></tr>
<tr><td>40</td><td>65</td><td rowspan="2">0.000 8</td><td rowspan="2">0.001 1</td></tr>
<tr><td>65</td><td>90</td></tr>
<tr><td>90</td><td>115</td><td>0.000 9</td><td>0.001 2</td><td rowspan="2">0.001 9</td></tr>
<tr><td>115</td><td>165</td><td>0.001 0</td><td>0.001 3</td></tr>
<tr><td>165</td><td>215</td><td>0.001 2</td><td>0.001 4</td><td>0.002 0</td><td rowspan="3">0.003 5</td></tr>
<tr><td>215</td><td>265</td><td>0.001 4</td><td>0.001 6</td><td>0.002 1</td></tr>
<tr><td>265</td><td>315</td><td>0.001 6</td><td>0.001 7</td><td>0.002 2</td></tr>
</table>

例 3.3　被测工件为一ϕ50f8 mm 的轴，试确定验收极限并选择合适的测量器具。

解：1. 确定工件的极限偏差。

$$es=-0.025，ei=-0.064$$

2. 确定安全裕度 A 和测量器具不确定度允许值 μ_1'。

该工件的公差为 0.039 mm，从表 3-9 查得 A=0.0039，μ_1'=0.0035。

3. 选择测量器具。按工件基本尺寸 50 mm，从表 3-12 查知，分度值为 0.005 mm 的比较仪

不确定度 μ_1' 为 0.003 0 mm，小于允许值 μ_1 = 0.003 5 mm，可满足使用要求。

4. 计算验收极限。

上验收极限=d_{max}−A=（50−0.025−0.003 9）mm=49.971 1 mm

下验收极限=d_{min}+A=（50−0.064+0.003 9）mm=49.939 9 mm

例 3.4 被测工件为一ϕ35e9 mm 的轴，试确定验收极限并选择合适的测量器具。

解：1. 确定工件的极限偏差。

$$es=-0.050,\ ei=-0.112$$

2. 确定安全裕度 A 和测量器具不确定度允许值 μ_1'。

该工件的公差为 0.062 mm，从表 3-9 查得 A=0.006 2，μ_1'=0.005 6。

3. 选择测量器具。按工件基本尺寸 35 mm，从表 3-12 查知，分度值为 0.01 mm 的外径千分尺的不确定度 μ_1' 为 0.004 mm，小于允许值 μ_1=0.005 6 mm，可满足使用要求。

4. 计算验收极限。

上验收极限=d_{max}−A=（35−0.050−0.006 2）mm=34.943 8 mm

下验收极限=d_{min}+A=（35−0.112+0.006 2）mm=34.894 2 mm

例 3.5 被测工件 $\phi 45f8_{-0.064}^{-0.025}$ mm，试确定验收极限并选择合适的测量器具。并分析该轴可否使用分度值为 0.01 mm 的外径千分尺进行比较法测量验收。

解：1. 确定验收极限。该轴精度要求为 IT8 级，采用包容要求，故验收极限按内缩方案确定。由表 3-9 确定安全裕度 A 和测量器具的不确定度允许值 μ_1'。

该工件的公差为 0.039 mm，从表 3-9 查得 A=0.003 9 mm，μ_1'=0.003 5 mm。其上、下验收极限为

上验收极限=d_{max}−A=（45−0.025−0.0039）mm= 44.971 1 mm

下验收极限=d_{min} +A =（45−0.064+0.0039）mm= 44.9399 mm

2. 选择测量器具。按工件基本尺寸 45 mm，从表 3-12 查得分度值为 0.005 mm 的比较仪不确定度 μ_1' 为 0.003 0 mm，小于允许值 μ_1 = 10.003 5 mm，故能满足使用要求。

当现有测量器具的不确定度 μ_1' 达不到小于或等于 Ⅰ 挡允许值 μ_1 时，可选用表 3-9 中的第 Ⅱ 挡 μ_1 值，重新选择测量器具，依次类推，第 Ⅱ 挡 μ_1 值满足不了要求时，可选用第 Ⅲ 挡 μ_1 值。

3. 当没有比较仪时，由表 3-10 选用分度值为 0.01 mm 的外径千分尺，其不确定度 μ_1' 为 0.004 mm，大于允许值 μ_1 = 10.003 5 mm，显然用分度值为 0.01 mm 的外径千分尺采用绝对测量法时，不能满足测量要求。

4. 用分度值为 0.01 mm 的外径千分尺进行比较测量时，使用 45 mm 量块作为标准器（标准器的形状与轴的形状不相同），千分尺的不确定度可降为原来的 60%，即减小到 0.004×60%=0.002 4 mm，小于允许值 μ_1 = 10.003 5 mm，所以用分度值为 0.01 mm 外径千分尺进行比较测量，是能满足测量精度的。

结论：该轴既可使用分度值为 0.005 mm 的比较仪进行比较法测量，还可使用分度值为 0.01 mm 的外径千分尺进行比较法测量，此时验收极限不变。

例 3.6 被测工件为 $\phi 50H12_{0}^{+0.250}$ mm（无配合要求），试确定验收极限并选择合适的测量器具。

解：1. 确定验收极限。该孔精度要求不高为 IT12 级，无配合要求，故验收极限按不内缩

方案确定。取安全裕度 A=0，其上、下验收极限为

上验收极限=D_{max}= 50.25 mm

下验收极限=D_{min}= 50 mm

2. 选择测量器具。按工件基本尺寸 50 mm，工件的公差为 0.25 mm，由表 3-9 确定测量器具的不确定度允许值 μ_1=0.023 mm。从表 3-10 查得分度值为 0.02 mm 的游标卡尺的不确定度 μ_1' 为 0.020 mm，小于允许值 μ_1= 0.023 mm，故能满足使用要求。

3.3.3 光滑极限量规

光滑圆柱体工件的检验可用通用测量器具，也可以用光滑极限量规。特别是大批量生产时，通常应用光滑极限量规检验工件。

1. 光滑极限量规作用与分类

光滑极限量规是一种没有刻线的专用测量器具。它不能测得工件实际尺寸的大小，而只能确定被测工件的尺寸是否在它的极限尺寸范围内，从而对工件作出合格性判断。

光滑极限量规的基本尺寸就是工件的基本尺寸，通常把检验孔径的光滑极限量规叫做塞规，把检验轴径的光滑极限量规称为环规或卡规。

不论塞规还是环规都包括两个量规：一个是按被测工件的最大实体尺寸制造的，称为通规，也叫通端；另一个是按被测工件的最小实体尺寸制造的，称为止规，也叫止端。检验时，塞规或环规都必须把通规和止规联合使用。例如，使用塞规检验工件孔时（见图 3.14），如果塞规的通规通过被检验孔，说明被测孔径大于孔的最小极限尺寸；塞规的止规塞不进被检验孔，说明被测孔径小于孔的最大极限尺寸。于是，知道被测孔径大于最小极限尺寸且小于最大极限尺寸，即孔的作用尺寸和实际尺寸在规定的极限范围内，因此被测孔是合格的。

同理，用卡规的通规和止规检验工件轴径时（见图 3.15），通规通过轴，止规通不过轴，说明被测轴径的作用尺寸和实际尺寸在规定的极限范围内，因此被测轴径是合格的。

由此可知，不论塞规还是卡规，如果通规通不过被测工件，或者止规通过了被测工件，即可确定被测工件是不合格的。

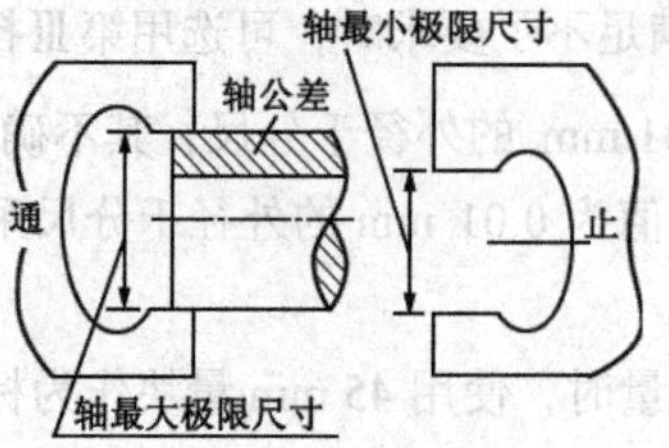

图 3.14 塞规

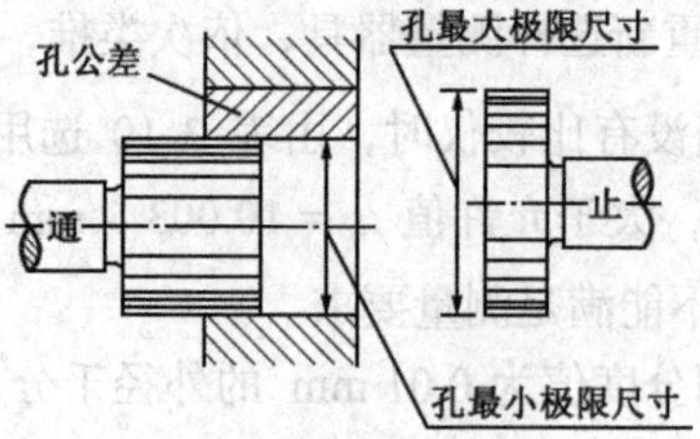

图 3.15 卡规

根据量规不同用途，分为工作量规、验收量规和校对量规三类。

（1）工作量规

工人在加工时用来检验工件的量规。一般用的通规是新制的或磨损较少的量规。工作量规的通规用代号“T”来表示，止规用代号“Z”来表示。

（2）验收量规

检验部门或用户代表验收工件时用的量规。一般情况下，检验人员用的通规为磨损较大但

未超过磨损极限的旧工作量规；用户代表用的是接近磨损极限尺寸的通规，这样由生产工人自检合格的产品，检验部门验收时也一定合格。

（3）校对量规

用以检验轴用工作量规的量规。它检查轴用工作量规在制造时是否符合制造公差，在使用中是否已达到磨损极限所用的量规。校对量规可分为三种。

① “校通—通”量规（代号为 *TT*） 检验轴用量规通规的校对量规。

② “校止—通”量规（代号为 *ZT*） 检验轴用量规止规的校对量规。

③ “校通—损”量规（代号为 *TS*） 检验轴用量规通规磨损极限的校对量规。

2. 光滑极限量规的设计原理

加工完的工件，其实际尺寸虽经检验合格，但由于形状误差的存在，也有可能不能装配、装配困难或即使偶然能装配，也达不到配合要求的情况。故用量规检验时，为了正确地评定被测工件是否合格，是否能装配，对于遵守包容原则的孔和轴，应按极限尺寸判断原则（即泰勒原则）验收。

泰勒原则是指工件的作用尺寸不超过最大实体尺寸（即孔的作用尺寸应大于或等于其最小极限尺寸；轴的作用尺寸应小于或等于其最大极限尺寸），工件任何位置的实际尺寸应不超过其最小实体尺寸（即孔任何位置的实际尺寸应小于或等于其最大极限尺寸；轴任何位置的实际尺寸应大于或等于其最小极限尺寸）。

作用尺寸由最大实体尺寸限制，就把形状误差限制在尺寸公差之内；另外，工件的实际尺寸由最小实体尺寸限制，才能保证工件合格并具有互换性，并能自由装配，即符合泰勒原则验收的工件是能保证使用要求的。

符合泰勒原则的光滑极限量规应达到如下要求。

通规用来控制工件的作用尺寸，它的测量面应具有与孔或轴相对应的完整表面，称为全角量规，其尺寸等于工件的最大实体尺寸，且长度应等于被测工件的配合长度。

止规用来控制工件的实际尺寸，它的测量面应为两点状的，称为不全角量规，两点间的尺寸应等于工件的最小实体尺寸。

若光滑极限量规的设计不符合泰勒原则，则对工件的检验可能造成错误判断。以图 3.16 为例，分析量规形状对检验结果的影响：被测工件孔为椭圆形，实际轮廓从 x 方向和 y 方向都已超出公差带，已属废品。但若用两点状通规检验，可能从 y 方向通过，若不作多次不同方向检验，则可能发现不了孔已从 x 方向超出公差带。同理，若用全角止规检验，则根本通不过孔，发现不了孔已从 y 方向超出公差带。这样，由于量规形状不正确，实际应用中的量规，由于制造和使用方面的原因，常常偏离泰勒原则。例如，为了用已标准化的量规，允许通规的长度小于工件的配合长度：对大尺寸的孔、轴用全角通规检验，既笨重又不便于使用，允许用不全角通规；对曲轴轴径由于无法使用全角的环规通过，允许用卡规代替。

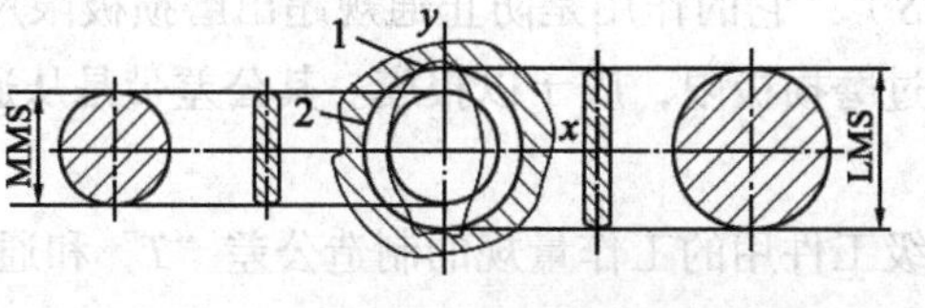

1—实际孔，2—孔公差带

图 3.16 塞规形状对检验结果的影响

对止规也不一定全是两点式接触，由于点接触容易磨损，一般常以小平面、圆柱面或球面代替点；检验小孔的止规，常用便于制造的全角塞规；同样，对刚性差的薄壁件，由于考虑受力变形，常用完全角的止规。

光滑极限量规的国家标准规定，使用偏离泰勒原则的量规时，应保证被检验的孔、轴的形状误差（尤其是轴线的直线度、圆度）不影响配合性质。

3. 光滑极限量规的公差

作为量具的光滑极限量规，本身亦相当于一个精密工件，制造时和普通工件一样，不可避免地会产生加工误差，同样需要规定制造公差。量规制造公差的大小不仅影响量规的制造难易程度，还会影响被测工件加工的难易程度以及对被测工件的误判。为确保产品质量，国家准标GB/T 1957—1998 规定量规公差带不得超越工件公差带。

通规由于经常通过被测工件会有较大的磨损，为了延长使用寿命，除规定了制造公差外还规定了磨损公差。磨损公差的大小，决定了量规的使用寿命。

止规不经常通过被测工件，故磨损较少，所以不规定磨损公差，只规定制造公差。图 3.17 所示为光滑极限量规国家标准规定的量规公差带。工作量规“通规”的制造公差带对称于 *Z* 值且在工件的公差带之内，其磨损极限与工件的最大实体尺寸重合。

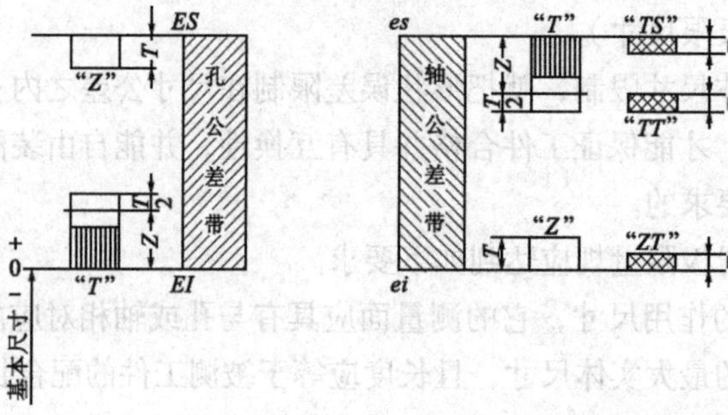

（a）孔用工作量规公差带　（b）轴用工作量规及其校对量规公差带

图 3.17　量规公差带图

工作量规“止规”的制造公差带从工件的最小实体尺寸起，向工件的公差带内分布。校对量规公差带的分布如下。

“校通—通”量规（*TT*）　它的作用是防止通规尺寸过小（制造时过小或自然时效时过小）。检验时应通过被校对的轴用通规。其公差带从通规的下偏差开始，向轴用通规的公差带内分布。

“校止—通”量规（*ZT*）　它的作用是防止止规尺寸过小（制造时过小或自然时效时过小）。检验时应通过被校对的轴用止规。其公差带从止规的下偏差开始，向轴用止规的公差带内分布。

“校通—损”量规（*TS*）　它的作用是防止通规超出磨损极限尺寸。检验时，若通过了，则说明所校对的量规已超过磨损极限，应予以报废。其公差带是从通规的磨损极限开始，向轴用通规的公差带内分布。

国家标准规定检验各级工件用的工作量规的制造公差“*T*”和通规公差带的位置要素“*Z*”值，列于表 3-13。表 3-13 中的“*T*”和“*Z*”的数值，是考虑量规的制造工艺水平和使用寿命等因素，按表 3-14 的规定确定的。

表 3-13　IT6～IT16 级工作量规制造公差“*T*”和通规公差带位置要素“*Z*”值（GB1957—1981）（单位：μm）

工作基本尺寸/mm	IT6		IT7		IT8		IT9		IT10		IT11		IT12		IT13		IT14		IT15		IT16	
	T	Z	T	Z	T	Z	T	Z	T	Z	T	Z	T	Z	T	Z	T	Z	T	Z	T	Z
~3	1	1	1.2	1.6	1.6	2	2	3	2.4	4	3	6	4	9	6	14	9	20	14	30	20	40
3~6	1.2	1.4	1.4	2	2	2.6	2.4	4	3	5	4	8	5	11	7	16	11	25	16	35	25	50
6~10	1.4	1.6	1.8	2.4	2.4	3.2	2.8	5	3.6	6	5	9	6	13	8	20	13	30	20	40	30	60
10~18	1.6	2	2	2.8	2.8	4	3.4	6	4	8	6	11	7	15	10	24	15	35	25	50	35	75
18~30	2	2.4	2.4	3.4	3.4	5	4	7	5	9	7	13	8	18	12	28	18	40	28	60	40	90
30~50	2.4	2.8	3	4	4	6	5	8	6	11	8	16	10	22	14	34	22	50	34	75	50	110
50~80	2.8	3.4	3.6	4.6	4.6	7	6	9	7	13	9	19	12	26	16	40	26	60	40	90	60	130
80~120	3.2	3.8	4.2	5.4	5.4	8	7	10	8	15	10	22	14	30	20	46	30	70	46	100	70	150
120~180	3.8	4.4	4.8	6	6	9	8	12	9	18	12	25	16	35	22	52	35	80	52	120	80	180
180~250	4.4	5	5.4	7	7	10	9	14	10	20	14	29	18	40	26	60	40	90	60	130	90	200
250~315	4.8	5.6	6	8	8	11	10	16	12	22	16	32	20	45	28	66	45	100	66	150	100	220
315~400	5.4	6.2	7	9	9	12	11	18	14	25	18	36	22	50	32	74	50	110	74	170	110	250
400~500	6	7	8	10	10	14	12	20	16	28	20	40	24	55	36	80	55	120	80	190	120	280

表 3-14 光滑极限量规的制造公差“T”值和通规公差带位置要素“Z”值与工件公差的比例关系

	IT6	IT7	IT8	IT9	IT10	IT11	IT12	IT13	IT14	IT15	IT16
		公比 1.25					公经 1.5				
	$T_0 = 15\%$IT6	$1.25T_0$	$1.6T_0$	$2T_0$	$2.5T_0$	$3.15T_0$	$4T_0$	$6T_0$	$9T_0$	$13T_0$	$20T_0$
		公比 1.40					公比 1.5				
	$Z_0 = 17.5\%$IT6	$1.4Z_0$	$2Z_0$	$2.8Z_0$	$4Z_0$	$5.6Z_0$	$8Z_0$	$12Z_0$	$18Z_0$	$27Z_0$	$40Z_0$

国家标准规定的工作量规的形状和位置误差，应在工作量规的尺寸公差范围内。工作量规的形位公差为量规制造公差的 50%。当量规的制造公差小于或等于 0.002 mm 时，其形位公差为 0.001 mm。

标准还规定校对量规的制造公差 Tp 为被校对的轴用工作量规的制造公差 T 的 50%，其形位公差应在校对量规的制造公差范围内。

根据上述可知，工作量规的公差带完全位于工件极限尺寸范围内，校对量规的公差带完全位于被校对量规的公差带内。从而保证了工件符合《公差与配合》国家标准的要求，但是相应地缩小了工件的制造公差，给生产加工带来了困难，并且还容易把一些合格品误判为废品。

4. 设计步骤及极限尺寸计算

（1）量规形式的选择

检验圆柱形工件的光滑极限量规的形式很多。合理地选择与使用，对正确判断检验结果影响很大。按照国家标准推荐，检验孔时，可用下列几种形式的量规（见图 3.18（a））：全角塞规、不全角塞规、片状塞规、球端杆规。

检验轴时，可用下列形式的量规（见图 3.18（b））：环规和卡规。

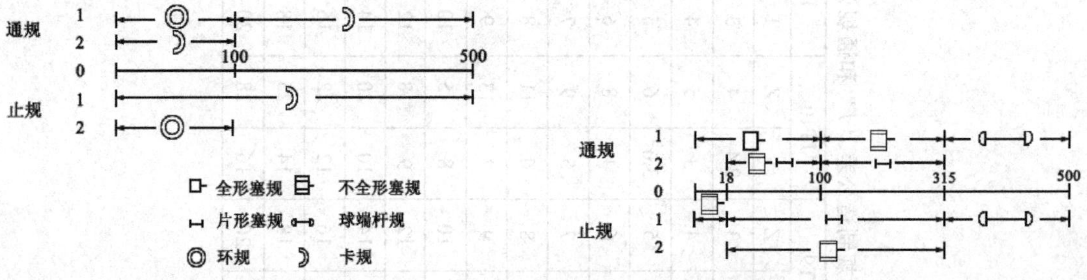

（a）测孔量规形式及应用尺寸范围　　（b）测轴量规形式及应用尺寸范围

图 3.18 国家标准推荐的量规形式及应用尺寸范围

上述各种形式的量规及应用尺寸范围，可供设计时参考。具体结构形式参看标准 GB/T6322—1986 及有关资料。

（2）量规极限尺寸的计算

光滑极限量规的尺寸及偏差计算步骤如下：

① 查出被测孔和轴的极限偏差。

② 由表 3-13 查出工作量规的制造公差 T 和位置要素 Z 值。

③ 确定工作量规的形状公差。

④ 确定校对量规的制造公差。

⑤ 计算在图样上标注的各种尺寸和偏差。

例 3.7 计算 $\phi \times 30$H8/f7 孔和轴用量规的极限偏差。

解：1. 由国家标准 GB/T1800—1998 查出孔与轴的上、下偏差为

$$\phi 30\text{H8 孔：} ES = +0.033 \text{ mm} \qquad EI = 0$$

ϕ30f7 轴：es=−0.020 mm　　ei=−0.041 mm

2. 由表 3-13 查得工作量规的制造公差 T 和位置要素 Z 值。

塞规：制造公差 T= 0.003 4 mm；位置要素 Z= 0.005 mm

卡规：制造公差 T= 0.002 4 mm；位置要素 Z = 0.003 4 mm

3. 确定工作量规的形状公差。

塞规：形状公差 $T/2$ = 0.001 7 mm

卡规：形状公差 $T/2$ = 0.001 2 mm

4. 确定校对量规的制造公差。

校对量规制造公差 $Tp = T/2$ = 0.001 2 mm

5. 计算在图样上标注的各种尺寸和偏差。

ϕ30H8 孔用塞规

通规：上偏差= $EI+Z+T/2$= 0+0.005+0.001 7 mm = +0.006 7 mm

下偏差 =$EI+Z-T/2$=0+0.005−0.001 7 mm= +0.003 3 mm

磨损极限尺寸=D_{min}=30 mm

止规：上偏差=ES = +0.033 mm

下偏差=$ES-T$=（0.033−0.003 4）mm=+0.029 6 mm

ϕ30f7 轴用卡规

通规：上偏差=$es-Z+T/2$=（−0.02−0.003 4+0.001 2）mm=−0.022 2 mm

下偏差= $es-Z-T/2$=（−0.02−0.003 4−0.001 2）mm=−0.024 6 mm

磨损极限尺寸= d_{max}=29.98 mm

止规：上偏差= $ei+T$=（−0.041+0.002 4）mm=−0.038 6 mm

下偏差=ei=−0.041 mm

轴用卡规的校对量规

“校通—通”

上偏差=$es-Z-T/2+Tp$=（−0.02−0.003 4−0.001 2+0.001 2）mm=−0.0234 mm

下偏差=$es-Z-T/2$=（−0.02−0.003 4−0.001 2）mm=−0.024 6 mm

“校通—损”

上偏差= es=−0.02 mm　　　下偏差= $es-Tp$=（−0.02−0.001 2）mm=−0.021 2 mm

“校止—通”

上偏差= $ei+Tp$=−0.041+0.001 2=−0.039 8 mm　　　下偏差= ei =−0.041 mm

ϕ30H8/f7 孔、轴用量规公差带如图 3.19 所示。

（3）量规的技术要求

量规测量面，可用渗碳钢、碳素工具钢、合金工具钢和硬质合金等材料制造，也可在测量面上镀铬或氮化处理。

量规测量面的硬度，直接影响量规的使用寿命。用上述几种钢材经淬火后的硬度一般为 HRC58～65。

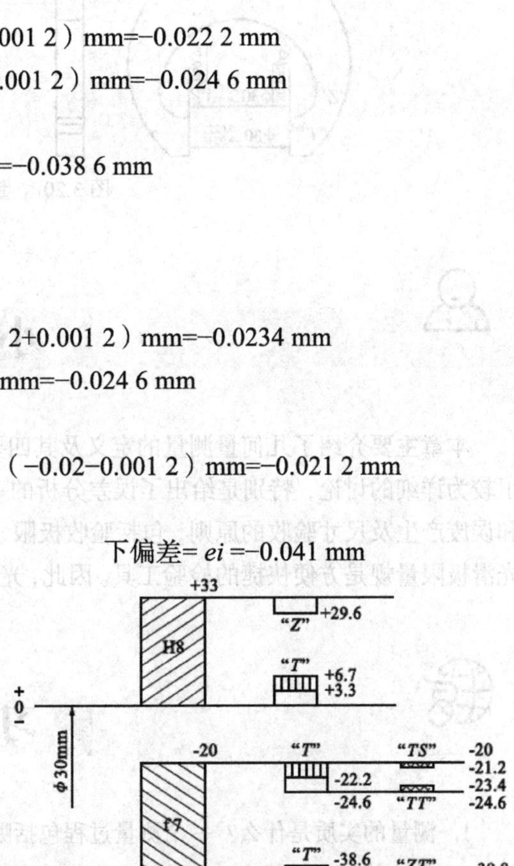

图 3.19　ϕ30H8/f7 孔、轴用量规公差带图

量规测量面的表面粗糙度参数值，取决于被检验工件的基本尺寸、公差等级和表面粗糙度参数值及量规的制造工艺水平。一般不低于光滑极限量规国家标准推荐的表面粗糙度参数值(见表 3-15)。

表 3-15　　　　量规测量面粗糙度参数值

工作量规	工件基本尺寸/mm		
	至 120	＞120～315	＞315～500
	表面粗糙度 *Ra*（小于）/μm		
IT6 级孔用量规	0.04	0.08	0.16
IT6～IT6 级轴用量规 IT7～IT9 级孔用量规	0.08	0.16	0.32
IT10～IT12 级孔、轴用量规	0.16	0.32	0.63
IT13～IT16 级孔、轴用量规	0.31	0.63	0.63

工作量规图样的标注如图 3.20 所示。

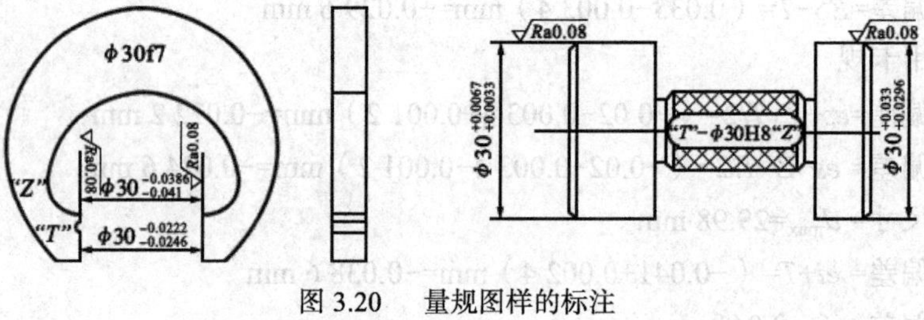

图 3.20　　量规图样的标注

小结

本章主要介绍了几何量测量的定义及其四要素的一般问题，并对几何量以外的三个要素进行了较为详细的讨论，特别是给出了误差分析的一般方法和测量数据处理的一般步骤。介绍了误收和误废产生及尺寸验收的原则，包括验收极限、安全裕度、量具选择等。对于验收大批量的工件，光滑极限量规是方便快捷的检验工具。因此，光滑极限量规的设计是一项与检验相关的重要工作。

习题

1. 测量的实质是什么？一个测量过程包括哪些要素？我国长度测量的基本单位及其定义如何？

2. 量块的作用是什么？其结构上有何特点？量块的“等”和“级”有何区别？并说明按“等”和“级”使用时，各自的测量精度如何？

3. 以光学比较仪为例说明计量器具有哪些基本计量参数（指标）。

4. 试说明分度值、分度间距和灵敏度三者有何区别。

5. 试举例说明测量范围与示值范围的区别。

6. 试说明绝对测量方法与相对测量方法、绝对误差与相对误差的区别。

7. 测量误差分哪几类？产生各类测量误差的主要因素有哪些？

8. 试说明系统误差、随机误差和粗大误差的特性和不同点。

9. 为什么要用多次重复测量的算术平均值表示测量结果？这样表示测量结果可减少哪一类测量误差对测量结果的影响？

10. 在立式光学计上对一轴类零件进行比较测量，共重复测量 12 次，测得值如下（单位为 mm）：20.015，20.013，20.016，20.012，20.015，20.014，20.017，20.018，20.014，20.016，20.014，20.015。试求出该零件的测量结果。

11. 若用一块 4 等量块在立式光学计上对一轴类零件进行比较测量，共重复测量 12 次，测得值如下（单位为 mm）：20.015，20.013，20.016，20.012，20.015，20.014，20.017，20.018，20.014，20.016，20.014，20.015。在已知量块的中心长度实际偏差为+0.2 μm，其长度的测量不确定度的允许值为±0.25 μm 的情况下，不考虑温度的影响，试确定该零件的测量结果。

12. 误收和误废是怎样造成的？

13. 光滑极限量规有何特点？如何用它检验工件是否合格？

14. 量规分几类？各有何用途？孔用工作量规为何没有校对量规？

15. 确定 ϕ18H7/p7 孔、轴用工作量规及校对量规的尺寸并画出量规的公差带图。

16. 有一配合 ϕ45H8/f7，试用泰勒原则分别写出孔、轴尺寸的合格条件。

第4章 表面粗糙度及其评定

学习提示及要求

机械零件的表面粗糙度对零件的使用性能有很大影响，也充分反映了机械产品的质量。为了保证机械产品的使用性能，应该正确选择表面粗糙度参数，并在零部件图上正确标注，同时选定合理的参数评定方法，进行检测。本章主要介绍表面粗糙度的基本概念及其对机械零件使用功能的影响、表面粗糙度的标注方法和意义。

要求了解表面粗糙度对机械零件使用性能的影响，掌握表面粗糙度的选用原则，重点理解表面粗糙度的评定参数及其标注方法，学会常用的检测方法。

4.1 表面粗糙度的评定参数及数值

表面粗糙度的概念在切削加工过程中，由于刀具和被加工表面间的相对运动轨迹（即刀痕）、刀具和被加工表面间的摩擦、切削过程中切屑分离时表层金属材料的塑性变形以及工艺系统的高频振动等原因，零件表面会出现许多间距较小、凹凸不平的微小的峰、谷。这种零件被加工表面上的微观几何形状误差称为表面粗糙度。

为了适应生产的发展，有利于国际技术交流及对外贸易，我国参照 ISO 标准，陆续发布了《产品几何技术规范表面结构轮廓法 表面结构的术语、定义及参数》(GB/T3 505—2 000)、《表面结构轮廓法表面粗糙度参数及其数值》(GB/T 1 031—2009)、《技术产品文件中表面结构的表示法》(GB/T131—2006) 等国家标准，取代原表面粗糙度国家标准 GB/T3 505—83、GB/T 1 031—83、GB/T131—1993。

4.1.1 表面粗糙度对机械性能的影响

表面粗糙度目前还没有划分这三种形状误差的统一标准，通常按波距或波距与波幅的比值来划分，如图 4.1 所示。波距 λ 小于 1 mm 的属于表面粗糙度，波距 λ 在 1～10 mm 的属于表面波度，波距 λ 大于 10 mm 的属于形状误差。波距 λ 与波幅 h 的比值小于 40 时属于表面粗糙度，比值在 40～1 000 时属于表面波度，比值大于 1 000 时属于形状误差。

表面粗糙度对零件使用性能的影响主要有以下几个方面。

（1）对零件运动表面摩擦和磨损的影响

表面的凹凸不平使两表面接触时实际接触面积减小，如图 4.2 所示，接触部分压力增加。滑动时，两面的凸峰相互搓削，产生了摩擦阻力，造成了表面磨损。表面越粗糙，接触面积越小；压力越大，接触变形越大；摩擦阻力越大，磨损也越快。

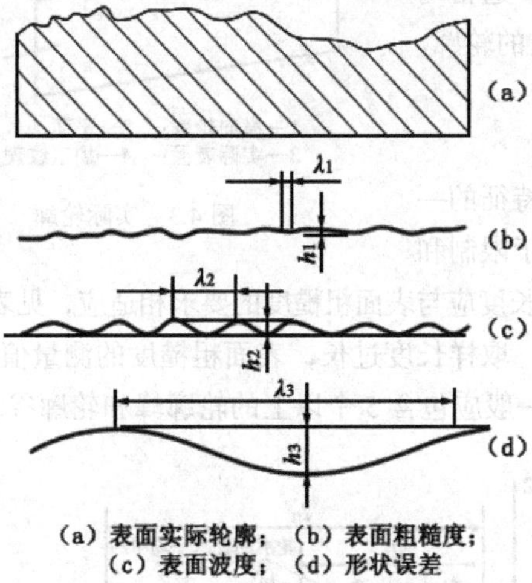

图 4.1　加工误差示意图

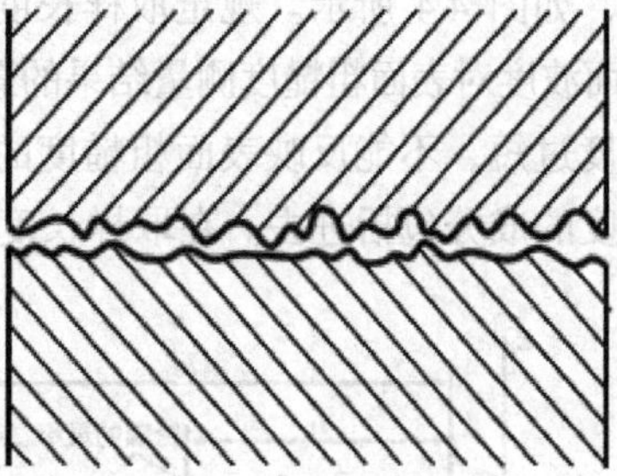

图 4.2　实际接触面

（2）对配合性质的稳定性和机器工作精度的影响

对于间隙配合，会因表面微观不平的峰尖在工作过程中很快磨掉而使间隙增大；对于过盈配合，表面轮廓的峰顶在装配时被挤平，使有效过盈减小，降低联接强度；对于过渡配合，表面粗糙度使配合变松。

（3）对疲劳强度的影响

承受疲劳载荷的零件，其破坏多半是因为应力集中产生了疲劳裂纹。表面微观不平的凹痕越深，其底部曲率半径越小，则应力集中越严重，零件疲劳损坏的可能性越大，疲劳强度就越低。

（4）对耐腐蚀性的影响

腐蚀介质在表面凹谷聚集，不易清除，产生金属腐蚀。表面越粗糙，凹谷越深，谷底越尖，零件抗腐蚀能力越差。

（5）对接触刚度的影响

表面越粗糙，表面间的实际接触面积就越小，单位面积受力就越大，这就会加剧峰顶处的局部塑性变形，使得接触刚性降低，影响机器的工作精度和抗震性。

此外，表面粗糙度对零件结合面的密封性能、表面反射能力和外观质量等都有影响。为保证产品质量，提高零件的使用寿命，降低生产成本，在设计零件时必须依据国家标准对其表面粗糙度提出合理的要求，即给出评定参数的允许值，并在生产中对给定参数进行检测。

4.1.2 基本术语

在测量和评定表面粗糙度时，要确定取样长度、评定长度、基准中线和评定参数。

1. 表面轮廓

表面轮廓是指平面与实际表面相交所得的轮廓。按照相截方向的不同，它又可分为横向表面轮廓和纵向表面轮廓。在评定或测量表面粗糙度时，除非特别指明，通常均指横向表面轮廓，即与加工纹理方向垂直的截面上的轮廓，如图 4.3 所示。

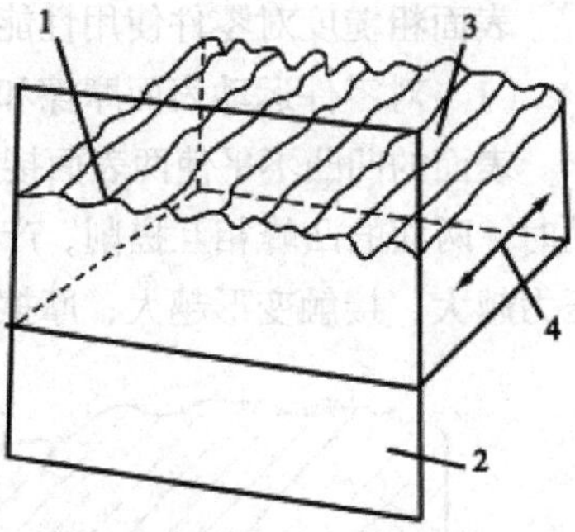

1—横向轮廓； 2—平面；
3—实际表面； 4—加工纹理方向

图 4.3 实际轮廓

2. 取样长度 l_r

取样长度是指用于判别被评定轮廓的不规则特征的一段长度，如图 4.4 所示。规定取样长度的目的在于限制和减弱表面波度对表面粗糙度测量结果的影响。取样长度应与表面粗糙度的要求相适应，见表 4.1。取样长度过短，不能反映表面粗糙度的实际情况；取样长度过长，表面粗糙度的测量值又会把表面波度的成分包括进去。在取样长度范围内，一般应包含 5 个以上的轮廓峰和轮廓谷。

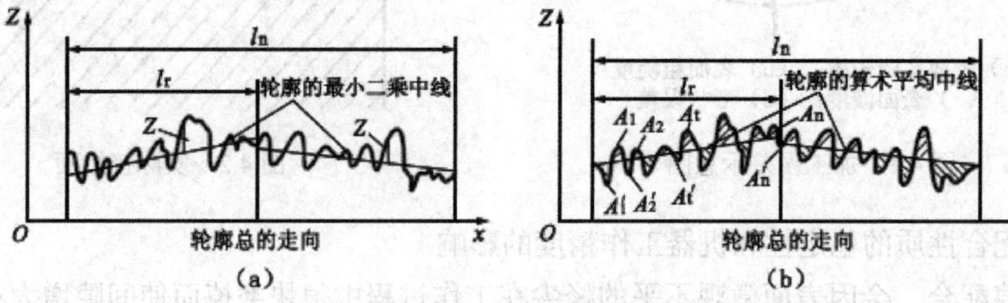

（a）最小二乘中线；（b）算术平均中线

图 4.4 取样长度、评定长度和轮廓中线

表 4.1 R_a、R_z 参数值与取样长度 l_r 和评定长度的对应关系（GB/T 1031—2009）

R_a（μm）	R_z、R_y（μm）	l_r（μm）	l_n（l_n=5l_r）（mm）
≥0.008～0.02	0.025～0.10	0.08	0.4
≥0.02～0.1	0.10～0.50	0.25	1.25
≥0.1～2.0	0.50～10.0	0.8	4.0
≥2.0～10.0	10.0～50.0	2.5	12.5
≥10.0～80.0	50.0～320	8.0	40.0

3. 评定长度 l_n

评定长度是指用于判别被评定轮廓表面粗糙度所必需的一段长度，如图 4.4 所示。由于零件各部分的表面粗糙度不一定均匀，为了充分合理地反映表面的特性，通常取几个取样长度（测量后的算术平均值作为测量结果）来评定表面粗糙度，一般 $l_n = l_r$。如被测表面均匀性较好，可选用小于 l_r 的评定长度；反之，可选用大于 l_r 的评定长度。

4. 基准中线

基准中线是指具有几何轮廓形状并划分轮廓的基准线，通常有以下两种。

（1）轮廓最小二乘中线

在取样长度范围内，实际被测轮廓在线的各点至一条假想线的距离的平方和为最小，即$\sum Y_i = \min$，这条假想线就是最小二乘中线，如图 4.4（a）所示。

（2）轮廓算术平均中线

在取样长度内，由一条假想线将实际轮廓分成上、下两部分，而且使上部分面积之和等于下部分面积之和，即$\sum_{i=1}^{N} Fi = \sum_{i=1}^{N} Fi'$。这条假想线就是轮廓算术平均中线，如图 4.4（b）所示。在轮廓图形上确定最小二乘中线的位置比较困难，在实际工作中可用算术平均中线代替最小二乘中线。通常轮廓算术平均中线可用目测估计来确定。

4.1.3 表面粗糙度的评定参数

为了满足表面不同功能的要求，表面粗糙度国家标准从表面微观几何形状的高度、间距和形状三个方面的特征，相应地规定了表面轮廓的高度参数、间距参数、曲线和相关参数。

1. 高度参数——主参数

（1）轮廓算术平均偏差 R_a

在取样长度内，粗糙度轮廓上各点纵坐标值 $Z(x)$绝对值的算术平均值如图 4.5 所示。

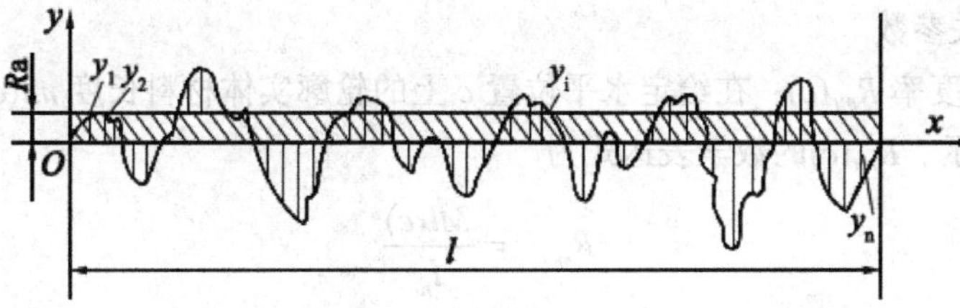

图 4.5　轮廓算术平均偏差

用下式表示为

$$R_a = \frac{1}{l}\int_0^l |y(x)| \mathrm{d}x$$

或近似为

$$R_a = \frac{1}{n}\sum_{i=1}^{n} | y_i |$$

轮廓算术平均偏差 R_a，意为平均偏距的绝对值，R_a越大，表面越粗糙。R_a较全面地反映表面粗糙度的高度特征，概念清楚，检测方便，为当前世界各国普遍采用。

（2）轮廓最大高度 R_z

在取样长度内，最大轮廓峰高 Z_p和最小轮廓谷深 Z_v之和的高度，用下式表示为

$$R_z = |Z_{P\max} + Z_{v\max}|$$

轮廓峰顶线和轮廓谷底线，分别指在取样长度 1 内，平行于中线并通过轮廓最高点和最低轮廓峰顶线和轮廓谷点的线，如图 4.6 所示。

轮廓最大高度 R_z，意为最大高度。R_z 虽只能说明在取样长度内轮廓上最突出的情况，但测量极为方便，对某些不允许出现较深加工痕迹的表面更具实用意义。在评定表面粗糙度时，可在上述两个参数中选取。标准推荐优先选用 R_a。

值得注意：在 GB/T3 505—1993 中，符号 R_z 表示“微观不平度十点高度”，用符号 R_y 表示“轮廓的最大高度”。

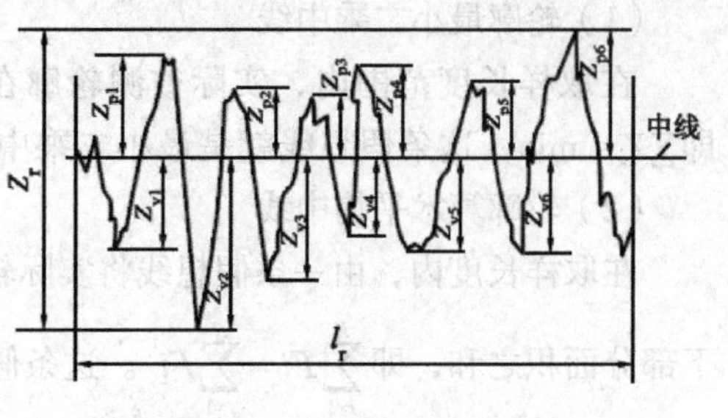

图 4.6 轮廓的最大高度

2. 间距参数

轮廓单元的平均宽度 R_{sm}：轮廓单元是轮廓峰与轮廓谷的组合，而 R_{sm} 是指在一个取样长度内轮廓单元宽度 X_{Si} 的平均值，如图 4.7 所示。R_{sm} 的数学表达式为

$$R_{sm}=\frac{1}{m}\sum_{i=1}^{m}X_{Si}$$

式中：m——轮廓单元个数；

X_{Si}——第 i 个轮廓单元宽度。

R_{sm} 是评定轮廓的间距参数，其值愈小，表示轮廓表面愈细密，密封性愈好。

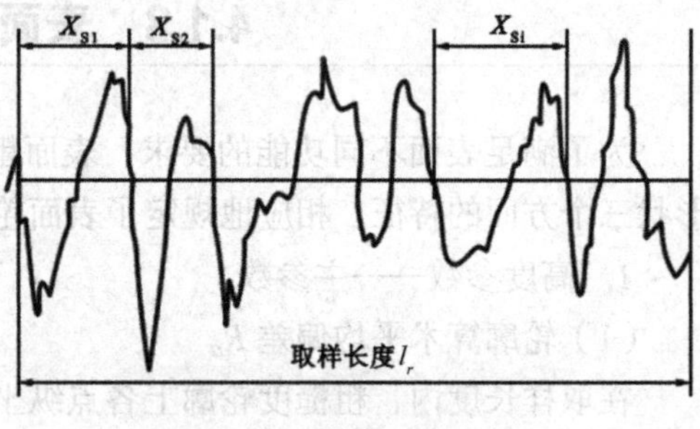

图 4.7 轮廓单元宽度

3. 曲线和相关参数

轮廓的支承长度率 $R_{mr}(c)$：在给定水平位置 c 上的轮廓实体材料长度 $ml(c)$与评定长度 l_n 的比率，如图 4.8 所示。$R_{mr}(c)$的数学表达式为

$$R_{mr(c)}=\frac{Ml(c)}{l_n}$$

$$Ml(c)=Ml_1+Ml_2+\cdots+Ml_n$$

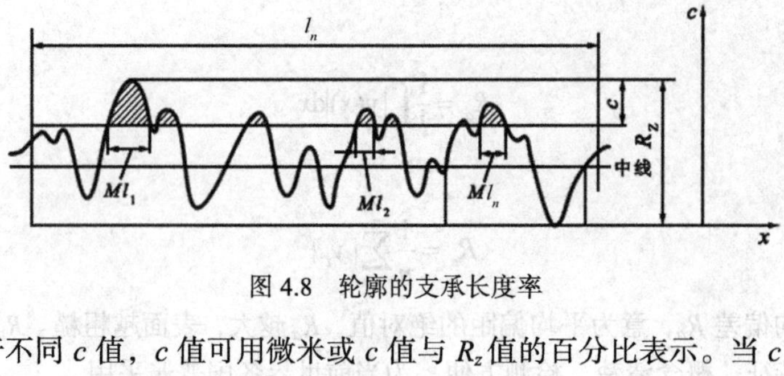

图 4.8 轮廓的支承长度率

$R_{mr}(c)$对应于不同 c 值，c 值可用微米或 c 值与 R_z 值的百分比表示。当 c 一定时，$R_{mr}(c)$值愈大，则支承能力和耐磨性愈好，如图 4.9 所示。

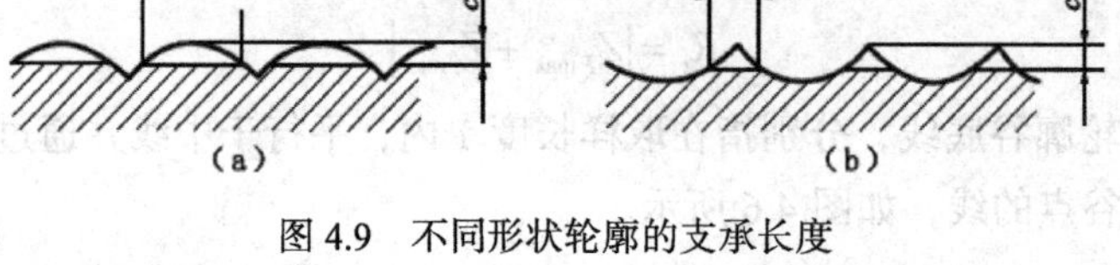

图 4.9 不同形状轮廓的支承长度

在规定表面粗糙度要求时，应给出表面粗糙度参数值和测定时的取样长度两项要求，必要时还应规定表面加工纹理、加工方法或其顺序、表面不同区域的粗糙度等附加要求。

表面粗糙度国家标准对表面粗糙度的评定参数值已经标准化，设计时应根据国家标准规定的参数值系列选取。国家标准 GB/T 1031—2009 对参数系列值的规定有基本系列和补充系列，要求优先选用基本系列，如表 4.2、表 4.3、表 4.4 和表 4.5 所示。

表 4.2　轮廓算术平均偏差 R_a 的数值（GB/T 1031—2009）　（单位：μm）

基本系列	0.012、0.025、0.05、0.1、0.2、0.4、0.8、1.6、3.2、6.3、12.5、25、50、100
补充系列	0.008、0.010、0.016、0.020、0.032、0.040、0.063、0.080、0.125、0.160、0.25、0.32、0.50、0.63、1.00、1.25、2.0、2.5、4.0、5.0、8.0、10.0、16.0、20、32、40、63、80

表 4.3　轮廓最大高度 R_z 的数值（GB/T 1031—2009）　（单元：μm）

基本系列	0.025、0.05、0.1、0.2、0.4、0.8、1.6、3.2、6.3、12.5、25、50、100、200、400、800、1 600
补充系列	0.032、0.040、0.063、0.080、0.125、0.160、0.025、0.050、0.63、1.00、1.25、2.0、2.5、4.0、5.0、8.0、10.0、16.0、20、32、40、63、80、125、160、250、320、500、630、1 000、1 250

表 4.4　轮廓单元的平均宽度 R_{sm} 的数值（GB/T 1 031—2009）　（单元：μm）

基本系列	0.006、0.0125、0.025、0.050、0.1、0.2、0.4、0.8、1.6、3.2、6.3、12.5

表 4.5　轮廓支承长度率 R_{mr} 的数值（GB/T 1031—2009）　（单元：μm）

R_{mr}	10	15	20	25	30	40	50	60	70	80	90

注意：选用轮廓支承长度率 $R_{mr}(c)$时，必须同时给出轮廓水平截距 c 值。c 值可用 μm 或与 R_z 的百分数表示，其系列如下：R_z 的 5%，10%，15%，20%，25%，30%，40%，50%，60%，70%，80%，90%。

4.2 表面粗糙度符号及标注

4.2.1 表面粗糙度符号

图样上给定的表面特征（符）号是对完成后表面的要求。GB/T131—2006 对表面结构（表面粗糙度和表面波纹度）符号及其标注作出了规定。

1. 表面粗糙度符号

表面粗糙度符号及其意义如表 4.6 所示。

表 4.6　　表面粗糙度的符号

符　号	意义及说明
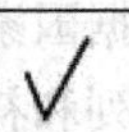	基本符号，表示表面可用任何方法获得（包括镀涂、表面处理、局部热处理等）。当不加注粗糙度参数值或有关说明时，仅适用于简化代号标注
	基本符号加一短划线，表示表面是用去除材料的方法获得。例如，车、钳、磨、钻、剪切、抛光、腐蚀、气割、电火花加工等
	基本符号加一小圆，表示表面是用不去除材料的方法获得。例如，铸、锻、冲压、热轧、冷轧、粉末冶金等 或者是用于保持原供应状况的表面（包括保持上道工序的状况）
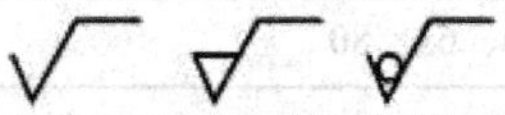	在上述三个符号的长边上均可加一横线，用于标注有关参数和说明
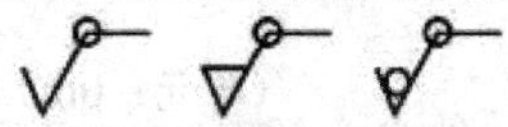	在上述三个符号上均可加一小圆，表示所有表面具有相同的表面粗糙度要求

2. 表面粗糙度完整图形符号的组成

为了明确表面粗糙度要求，除了标注表面粗糙度参数和数值外，必要时应标注补充要求，补充要求包括传输带、取样长度、加工工艺、表面纹理及方向、加工余量等。表面特征各项规定在完整图形符号中注写的位置，如图 4.10 所示，图中各符号表示的含义如下。

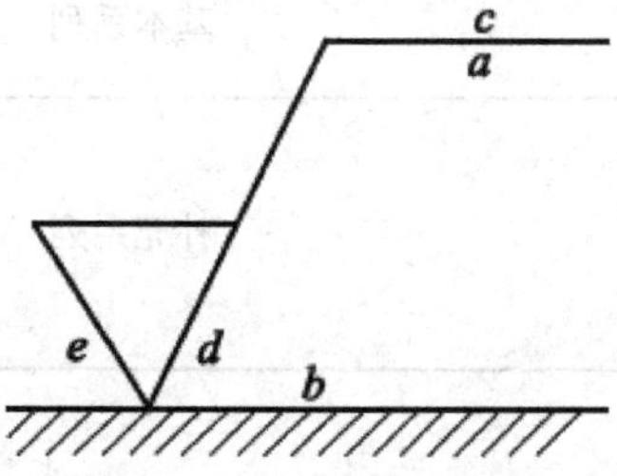

图 4.10　表面粗糙度参数的标注

（1）位置 *a*——注写表面结构的单一要求，标注表面结构参数代号、极限值和传输带或取样长度。为了避免误解，在参数代号和极限值间应插入空格。

传输带或取样长度后应有一斜线“/”，之后是表面结构参数代号，最后是数值。

示例 1：0.0025—0.8/R_z6.3（传输带标注）

示例 2：−0.8/R_z6.3（取样长度标注）

注：一般而言，表面结构定义在传输带中，传输带是两个定义的滤波器之间的波长范围（即评定时的波长范围），传输带被截止的短波和长波滤波器所限制，长滤波器的截止波长是取样长度。传输带标注时，短滤波器在前，长滤波器在后，并用“－”隔开。

（2）位置 *a* 和 *b*——注写两个或多个表面结构要求

在位置 *a* 注写第一个表面结构要求，方法同（1）；在位置 *b* 注写第二个表面结构要求。如果要注写第三个或更多个表面结构要求，图形符号应在垂直方向扩大，以空出足够的空间。

（3）位置 *c*—注写加工方法

注写加工方法、表面处理、涂层或其他加工工艺要求等，如车、磨、镀等。

（4）位置 d——注写表面纹理和方向

注写所要求的表面纹理和纹理方向，如“＝”平行、“⊥”垂直、“×”交叉等见表 4.7。

表 4.7　　加工纹理方向符号

符　号	说　明	示 意 图	符　号	说　明	示 意 图
＝	纹理平行于标注代号的视图的投影面	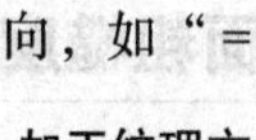	*C*	纹理呈近似同心圆	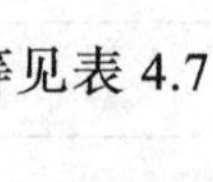

续表

符　号	说　明	示 意 图	符　号	说　明	示 意 图
⊥	纹理垂直于标注代号的视图的投影面		R	纹理呈近似放射形	
×	纹理呈两相交的方向				
M	纹理呈多方向		P	纹理无方向或呈凸起的细粒状	

（5）位置 *e*——注写加工余量

注写所要求的加工余量，以 mm 为单位给出数值。高度参数选 R_a 或 R_z，其代号不能省略。若评定长度内的取样长度个数等于默认值，则可省略标注。对其他附加要求，例如加工方法、加工纹理方向、加工余量等附加参数，可根据需要确定是否标注。表面粗糙度符号的书写比例和尺寸，如图 4.11 所示。

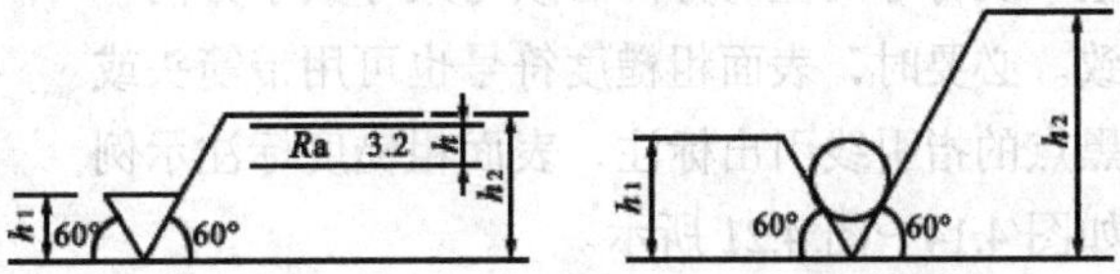

（a）　（b）

h=图样上的尺寸数字高度；h_1=1.4h；h_2=2h_1；
圆为正三角形的内切圆

图 4.11　表面粗糙度符号的书写比例

4.2.2　表面粗糙度在图样上的标注

当表面有粗糙度要求时，应标注其参数代号和相应数值，还应包括以下四项重要信息。

① 三种轮廓（*R*、*W*、*P*）中的一种：*R* 轮廓（粗糙度参数），*W* 轮廓（波纹度参数），*P* 轮廓（原始轮廓参数）。

② 轮廓特征。

③ 满足评定长度要求的取样长度的个数。

④ 要求的极限值。

如果评定长度内的取样长度个数不等于默认值，应在相应参数代号后标注其个数。例如 R_z，表示要求评定长度为 5 个取样长度。表面粗糙度要求中给定极限值的判断规则有两种：16%规则和最大规则。16%规则是表面粗糙度要求标注的默认规则；若采用最大规则，则参数代号中应加上"max"，如图 4.12 所示。在报告和合同的文本中用文字表达时：√‾用 APA 表示，√‾用 MRR 表示，√‾用 NMR 表示。

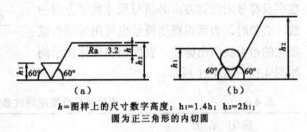

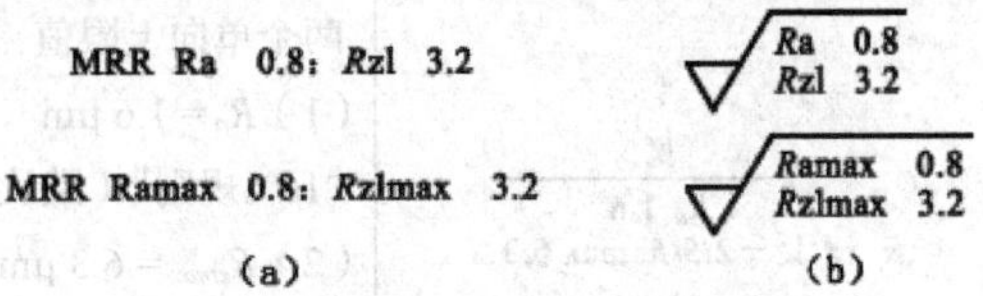

（a）在文本中；（b）在图样上

图 4.12　应用不同规则时参数的标注

16%规则和最大规则的意义是：当允许在表面粗糙度参数的所有实测值中超过规定值的个数少于总数的 16%时，应在图样上标注表面粗糙度参数的上限值或下限值；当要求在表面粗糙度参数的所有实测值中不得超过规定值时，应在图样上标注表面粗糙度参数的最大值或最小值。

在完整符号中表示双向极限时应标注极限代号，上极限在上方用U表示，下极限在下方用L表示，上、下极限值为16%规则或最大规则的极限值，如图4.13所示。如果同一参数具有双向极限要求，在不引起歧义的情况下，可以不加U、L。

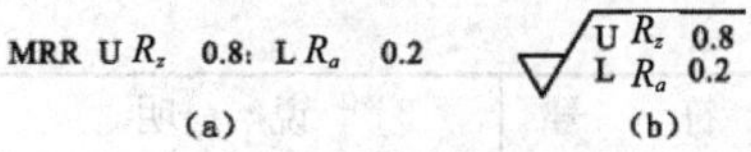

(a) 在文本中；(b) 在图样上

图4.13 双向极限的标注

表面粗糙度代号示例见表4.8和表4.9。表面粗糙度对每一个表面一般只标注一次，并尽可能注在相应的尺寸及其公差的同一视图上，除非另有说明，所标注的表面粗糙度要求是对完工零件表面的要求。表面粗糙度符号一般注在可见轮廓线、尺寸界线或其延长线上，符号的尖端必须从材料外指向并接触到被标注表面，数字及符号的注写方向必须与尺寸数字方向一致。必要时，表面粗糙度符号也可用带箭头或黑点的指引线引出标注，表面粗糙度标注示例如图4.14～图4.21所示。

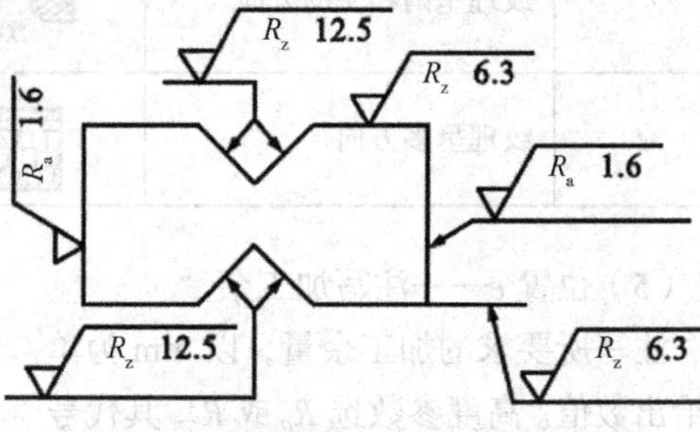

图4.14 表面粗糙度要求标注在轮廓线上或轮廓线的延长线上

表4.8 表面粗糙度高度特性参数标注示例

标注示例	含义
R_z 0.4	表示不允许去除材料，单向上限值，默认传输带，轮廓最大高度0.4 μm，评定长度为5个取样长度（默认），“16%规则”（默认）
R_z max 0.2	表示去除材料，单向上限值，轮廓最大高度的最大值为0.2 μm，评定长度为5个取样长度（默认），“最大规则”
U R_a max 3.2 L R_a 0.8	表示不允许去除材料，双向极限值，两极限值均使用默认传输带，上限值：算术平均偏差3.2 μm，默认评定长度，“最大规则”；下限值，算术平均偏差0.8 μm，评定长度为5个取样长度（默认），“16%规则”（默认）
L R_a 1.6	表示任意加工方法，默认传输带，单向下限值，算术平均偏差1.6 μm，评定长度为5个取样长度（默认），“16%规则”（默认）
0.008−0.8/R_a 3.2	表示去除材料，单向上限值，传输带0.008～0.8 mm，算术平均偏差3.2 μm，评定长度为5个取样长度（默认），“16%规则”（默认）
−0.8/R_a 33.2	表示去除材料，单向上限值，传输带根据GB/T 6062取，取样长度0.8 μm，算术平均偏差3.2 μm，评定长度包含3个取样长度，“16规则”（默认）
磨 R_a 1.6 ⊥ −2.5/$R_z$max 6.3	两个单向上限值： （1）R_a= 1.6 μm “16%规则”（默认）：默认传输带，默认评定长度； （2）R_{zmax}= 6.3 μm 最大规则：传输带−2.5 μm；默认评定长度； 表面纹理垂直于视图的投影面；加工方法为磨削
铣 0.008−4/R_a 50 C 0.008−4/R_a 6.3	双向极限值：上限值 R_a=50 μm，下限值 R_a=6.3 μm 两个传输带均为0.008～4 mm 默认的评定长度为5×4 mm=20 mm “16%规则”（默认）； 表面纹理呈近似同心圆，且圆心与表面中心相关；

续表

标注示例	含义
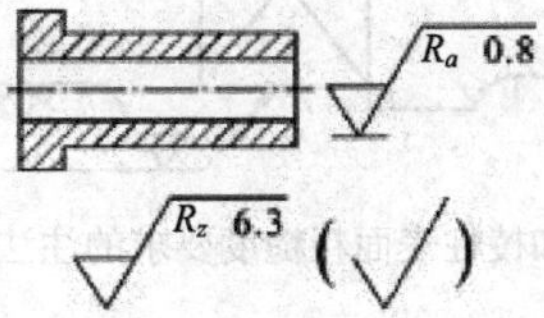	（1）除一个表面以外，所有表面的粗糙度为： ① 单向上限值； ② R_z=6.3 μm； ③ 16%规则（默认）； ④ 默认评定长度（5× λ_e）；表面纹理没有要求，去除材料的工艺。 （2）不同要求的表面粗糙度为： ① 单向上限值； ② R_a = 0.8 μm； ③ 16%规则（默认）； ④ 默认评定长度（5× λ_e）；表面纹理没有要求，去除材料的工艺（λ_e 表示取样长度）

表 4.9　带有补充注释的符号示例及含义

符号	含义
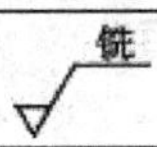	加工方法：铣削
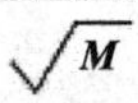	表面纹理：纹理呈多方向
	对投影图上封闭的轮廓线所表示的各表面有相同的表面粗糙度要求
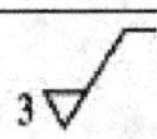	加工余量 3 mm

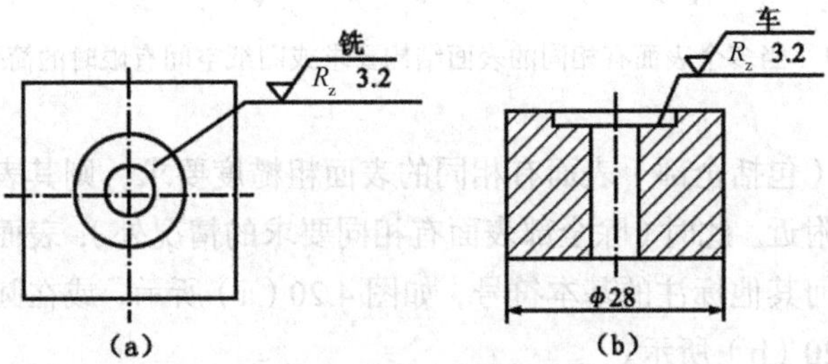

图 4.15　用指引线引出标注表面粗糙度要求

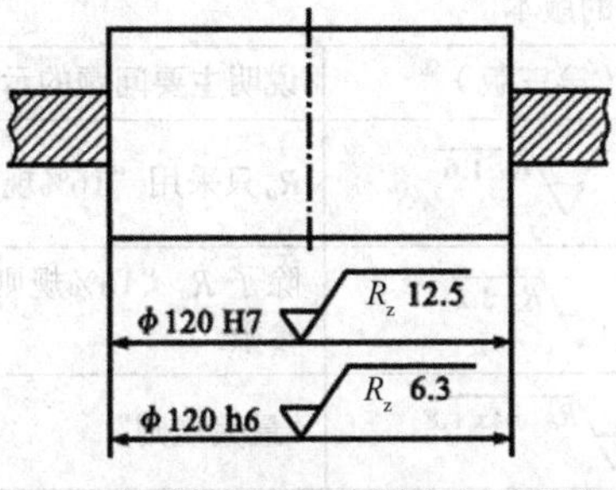

图 4.16　表面粗糙度要求标注在尺寸线上

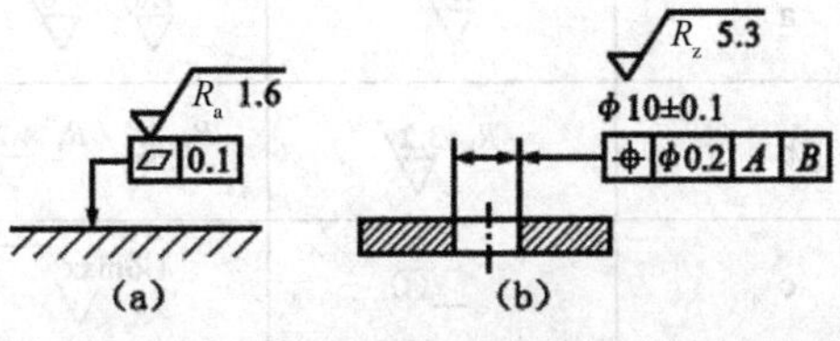

图 4.17　表面粗糙度要求标注在几何公差框格的上方

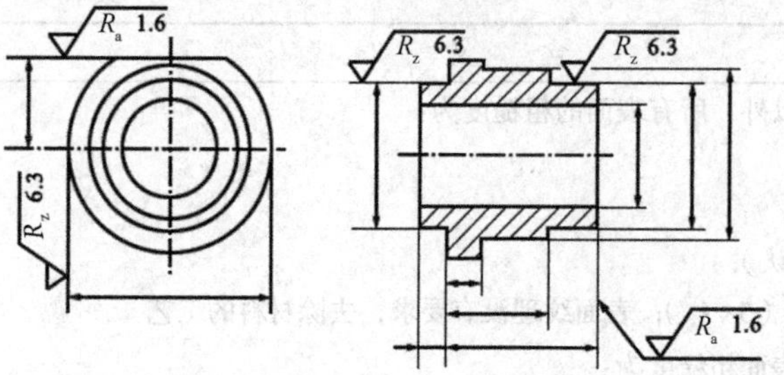

图 4.18　表面粗糙度要求标注在圆柱特征的延长线上或用带箭头的指引线引出标注

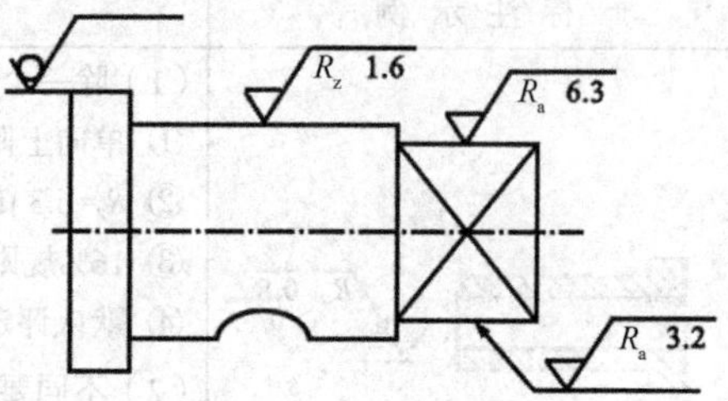

图 4.19　圆柱和棱柱表面粗糙度要求的注法

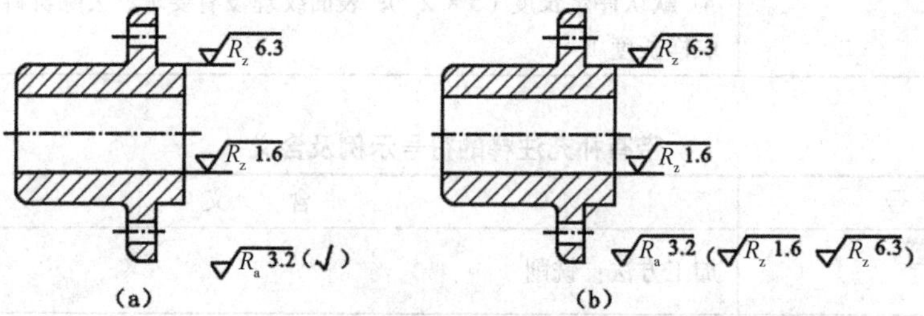

图 4.20　大多数表面有相同表面结构要求的简化标注

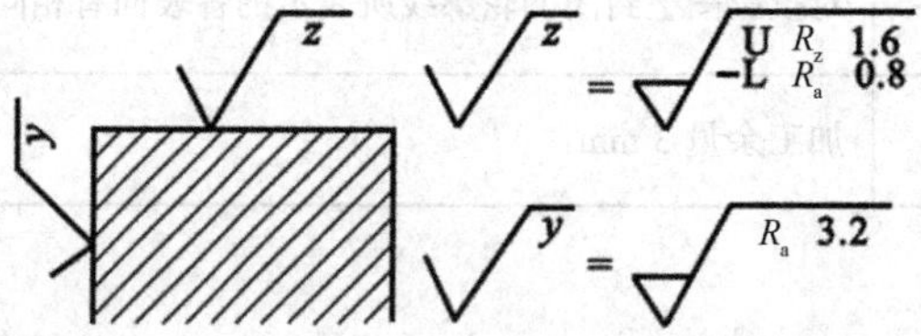

图 4.21　当多个表面有相同的表面结构要求或图纸空间有限时的简化标注

如果工件的多数（包括全部）表面有相同的表面粗糙度要求，则其表面粗糙度要求可统一标注在图样的标题栏附近。此时（除全部表面有相同要求的情况外），表面粗糙度的符号后面应在圆括号内给出无任何其他标注的基本符号，如图 4.20（a）所示，或在圆括号内给出不同的表面结构要求，如图 4.20（b）所示。

表 4.10　　表面结构要求的图形标注的演变

	GB/T 131 的版本			
	1983（第一版）①	1993（第二版）②	2006（第三版）③	说明主要问题的示例
a	1.6	1.6　1.6	R_a 1.6	R_a只采用“16%规则”
b	R_y 3.2	R_y 3.2　R_y 3.2	R_z 3.2	除了 R_a“16%规则”的参数
c	—④	1.6max	R_a max 1.8	“最大规则”
d	1.6/0.8	1.6/0.8	−0.8/R_a 1.6	R_a加取样长度

续表

	GB/T 131 的版本			
	1983（第一版）[①]	1993（第二版）[②]	2006（第三版）[③]	说明主要问题的示例
e	—④	—④	$\sqrt{\ }$ −0.025−0.8/R_a 1.6	传输带
f	R_y 3.2/0.8	R_y 3.2/0.8	$\sqrt{\ }$ −0.8/R_z 6.3	除 R_a 外其他参数及取样长度
g	R_y 1.6 6.3	R_y 1.6 6.3	$\sqrt{\ }$ R_a 1.6 R_z 6.3	R_a 及其他参数
h	—④	Ry3.2	$\sqrt{\ }$ R_a 3 6.3	评定长度中的取样长度个数如果不是 5
i	—④	—④	$\sqrt{\ }$ LR_a 1.6	不限值
k	3.2 1.6	3.2 1.6	$\sqrt{\ }$ UR_a 3.2 LR_a 1.6	上、下限值

注：① 既没有定义默认值也没有其他的细节，尤其是：

无默认评定长度；

无默认取样长度；

无“16%规则”或“最大规则”。

② 在 GB/T3 505—1983 和 GB/T10 610—1989 中定义的默认值和规则仅用于参数 R_a、R_y 和 R_z（十点高度），此外，GB/T131—1993 中存在着参数代号书写不一致问题、标准正文要求参数代号第二个字母标注为下标，但在所有的图表中，第二个字母都是小写，而当时所有的其他表面结构标准都使用下标。

③ 新的 R_z 为原 R_y 的定义，原 R_y 的符号不再使用。

④ 表示没有该项。

4.3 表面粗糙度参数值的选择

零件表面粗糙度选择是否恰当，不仅影响产品的使用性能，而且也直接关系到零件的加工工艺和制造成本。选择表面粗糙度的总原则是：首先满足使用性能要求，其次兼顾经济性，即在满足使用要求的前提下，尽量选用较大的表面粗糙度参数值。

4.3.1 表面粗糙度参数的选择

在选择表面粗糙度评定参数时，应能够充分合理地反映表面微观几何形状的真实情况。对大多数表面来说，给出高度特征评定参数即可反映被测表面粗糙度的特征。表面粗糙度参数应从高度特征参数 R_a 和 R_z 中选取。附加参数只在高度特征参数不能满足表面功能要求时，才附加选用。

轮廓算术平均偏差 R_a，是国家标准推荐优先选用的高度特征参数，是世界主要工业国家表面粗糙度标准广泛采用的最基本的评定参数。R_a 能反映表面微观几何形状特征及轮廓凸峰高度，且测量较方便，普通的轮廓仪就可测得 R_a 数值。它是一个表征零件表面耐磨性的参数，一般情况下，R_a 越小，则表面越光洁。GB/T1 031—1995 规定，在常用参数范围内（R_a 为 0.025～0.63 μm，R_z 为 0.1～25 μm）优先选用 R_a。

轮廓最大高度 R_z 规定了轮廓的变动范围，不涉及在最大峰高与最大谷深之间的轮廓变化状况，因此，在理论上就存在很大的离散性。但 R_z 测量很方便，因此，R_z 在各国标准中仍被广泛采用，尤其应用于被测表面面积很小或表面不允许出现较深的加工痕迹的零件表面。对于选用 R_a 的表面，为了控制表面的轮廓最大高度（如控制应力集中、疲劳强度），可以增选 R_z，即对于同一表面可同时选用 R_a 和 R_z。

轮廓单元的平均宽度 R_{sm} 是反映表面结构间距特性的表面粗糙度参数。当表面功能需要控制加工痕迹的疏密度时，可选用 R_{sm}。R_{sm} 主要影响表面的涂漆性能、冲击成型时抗裂纹性、抗震性、抗腐蚀性等。

轮廓支承长度率 R_{mr}（c）是反映表面结构形状特性的评定参数。形状特性参数是高度参数和间距参数的综合。R_{mr}（c）反映表面的耐磨性较为直观，且比较全面，同时也能反映表面的接触刚度和接合面的密封性等。因此，对于耐磨性、接触刚度及密封性等性能要求较高的重要零件表面，附加 R_{mr}（c）参数的要求是一种良好的措施。表面粗糙度评定参数值应根据国家标准优先选用基本系列。

4.3.2 表面粗糙度参数值的确定

由于表面粗糙度和零件的性能关系非常复杂，在实际工作中，很难全面而精确地按零件表面性能要求来准确地确定表面粗糙度参数值，因此，具体选用时多用模拟法来确定表面粗糙度的参数值。

按模拟法选择表面粗糙度参数值时，可先根据经验资料初步选定表面粗糙度参数值，然后再对比工作条件作适当调整。调整时主要考虑以下几点：

① 同一零件上，工作表面的粗糙度参数值应小于非工作表面的粗糙度参数值。

② 摩擦表面的粗糙度值应比非摩擦表面的粗糙度值小。对有相对运动的工件表面，运动速度愈高，其表面粗糙度值也应愈小。

③ 受循环载荷的表面和易引起应力集中的部位（如圆角、沟槽等）粗糙度参数要小。

④ 配合性质要求越稳定，表面粗糙度值应越小。配合性质相同时，尺寸愈小的结合面，表面粗糙度值也应越小。同一精度等级，小尺寸比大尺寸、轴比孔的表面粗糙度值要小。

⑤ 尺寸公差、形状公差和表面粗糙度是在设计图样上同时给出的基本要求，三者存在密切联系，故取值时应相互协调，一般应符合：尺寸公差 > 形状公差 > 表面粗糙度，表 4.11 列出了表面粗糙度与尺寸公差、形状公差的对应关系，供设计时参考。

表 4.11　　表面粗糙度参数值与尺寸公差、形状公差的关系

形状公差 t 占尺寸公差 T 的百分比 t/T（%）	表面粗糙度参数值占尺寸公差的百分比	
	R_a/T（%）	R_z/T（%）
约 60	≤5	≤20

续表

形状公差 t 占尺寸公差 T 的百分比 t/T（%）	表面粗糙度参数值占尺寸公差的百分比	
	R_a/T（%）	R_z/T（%）
约 40	≤2.5	≤10
约 25	≤1.2	≤5

⑥ 要求防腐蚀、密封性能好或外表美观等表面的粗糙度值应较小。

⑦ 考虑加工方法确定表面粗糙度。表面粗糙度与加工方法有密切的关系，在确定零件的表面粗糙度时，应考虑可能的加工方法。表 4.12、表 4.13 列出了表面粗糙度的表面特征、经济加工方法及应用举例，轴和孔表面粗糙度参数推荐值，供选取时参考。

表 4.12　表面粗糙度的表面特征、经济加工方法应用举例　（单位：μm）

表面微观特征		R_a	R_z	加工方法	应用举例
粗糙表面	可见刀痕	>20～40	>80～160	粗车、粗刨、粗铣、钻、毛锉、锯断	半成品粗加工过的表面，非配合的加工表面，如轴端面、倒角、钻孔、齿轮和带轮侧面、键槽底面、垫圈接触面等
	微见刀痕	>10～20	>40～80		
半光表面	微见加工痕迹	>5～10	>20～40	车、刨、铣、镗、钻、粗铰	轴上不安装轴承、齿轮处的非配合表面，紧固件的自由装配表面，轴和孔的退刀槽等
	微见加工痕迹	>2.5～5	>10～20	车、刨、铣、镗、磨、拉、粗刮、滚压	半精加工表面，箱体、支架、盖面、套筒等和其他零件结合而无配合要求的表面，需要发蓝的表面等
	看不清加工痕迹	>1.25～2.5	>6.3～10	车、刨、铣、镗、磨、拉、刮、压、铣齿	接近于精加工表面，箱体上安装轴承的镗孔表面，齿轮的工作面
光表面	可辨加工痕迹方向	>0.6～1.25	>3.2～6.3	车、镗、磨、拉、刮、精铰、磨齿、滚压	圆柱销、圆锥销、与滚动轴承配合的表面，卧式车床导轨面，内、外花键定心表面等
	微辨加工痕迹方向	>0.3～0.63	>1.6～3.2	精铰、精镗、磨、刮、滚压	要求配合性质稳定的配合表面，工作时受交变应力的重要零件，较高精度车床的导轨面
	不可辨加工痕迹方向	>0.1～0.32	>0.8～1.6	精磨、研磨、超精加工	精密机床主轴锥孔、顶尖圆锥面、发动机曲轴、凸轮轴工作表面、高精度齿轮齿面
极光表面	暗光泽面	>0.0～0.16	>0.4～0.8	精磨、研磨、普通抛光	精密机床主轴轴颈表面，一般量规工作表面，汽缸套内表面，活塞销表面等
	亮光泽面	>0.0～0.08	>0.2～0.4	超精磨、精抛光、镜面磨削	精密机床主轴轴颈表面，滚动轴承的滚珠，高压液压泵中柱塞和柱塞套配合表面
	镜状光泽面	>0.01～0.04	>0.05～0.2		
	镜面	≤0.01	≤0.05	镜面磨削、超精研	高精度量仪、量块的工作表面，光学仪器中的金属镜面

表 4.13　　表面粗糙度 R_a 的推荐选用值（μm）

应用场合			公称尺寸（mm）					
经常装拆零件的配合表面		公差等级	≤50		>50～120		>120～500	
			轴	孔	轴	孔	轴	孔
		IT5	≤0.2	≤0.4	≤0.4	≤0.8	≤0.4	≤0.8
		IT6	≤0.4	≤0.8	≤0.8	≤1.6	≤0.8	≤1.6
		IT7	≤0.8		≤1.6		≤1.6	
		IT8	≤0.8	≤1.6	≤1.6	≤3.2	≤1.6	≤3.2
过盈配合	压入装配	IT5	≤0.2	≤0.4	≤0.4	≤0.8	≤0.4	≤0.8
		IT6～IT7	≤0.4	≤0.8	≤0.8	≤1.6	≤1.6	≤1.6
		IT8	≤0.8	≤1.6	≤1.6	≤3.2	≤3.2	≤3.2
	热装	—	≤1.6	≤3.2	≤1.6	≤3.2	≤1.6	≤3.2
滑动轴承的配合表面		公差等级	轴			孔		
		IT6～IT9	≤0.8			≤1.6		
		IT10～IT12	≤1.6			≤3.2		
		液体湿摩擦条件	≤0.4			≤0.8		
圆锥结合的工作面			密封结合		对中结合		其他	
			≤0.4		≤1.6		≤6.3	
密封材料处的孔、轴表面		密封形式	速度（$m\cdot s^{-1}$）					
			<3		3～5		>5	
		橡胶圈密封	0.8～1.6（抛光）		0.4～0.8（抛光）		0.2～0.4（抛光）	
		毛毡密封	0.3～1.6（抛光）					
		迷宫式	3.2～6.3					
		涂油槽式	3.2～6.3					
精密定心零件的配合表面	IT5～IT8	径向跳动	2.5	4	6	10	16	25
		轴	≤0.05	≤0.1	≤0.1	≤0.2	≤0.4	≤0.8
		孔	≤0.1	≤0.2	≤0.2	≤0.4	≤0.8	≤1.6
V带和平带轮工作表面			带轮直径（mm）					
			<120		120～315		>315	
			1.6		3.2		6.3	
箱体分界面（减速箱）		类型	有垫片			无垫片		
		需要密封	3.2～6.3			0.8～1.6		
		不需要密封	6.3～12.5					

例 4.1　判断下列每对配合（或工件）使用性能相同时，哪一个表面粗糙度要求高？为什么？

（1）Φ50H7/f6 和 Φ50H7/h6　　（2）Φ30h7 和 Φ90h7

（3）Φ40H7/e6 和 Φ40H7/r6　　（4）Φ60g6 和 Φ60G6

解：（1）Φ50H7/h6 要求高些，因为它是零间隙配合，对表面粗糙度比小间隙配合 Φ50H7/f6 更敏感。

（2）Φ30h7 要求高些，因为 Φ90h7 尺寸较大，加工更困难，故应放松要求。

（3）Φ40H7/r6 要求高些，因为是过盈配合，为联接可靠、安全，应减少粗糙度，以避免装配时将微观不平的峰、谷挤平而减少实际过盈量。

（4）Φ60g6 要求高些，因为精度等级相同时，孔比轴难加工。

4.4 表面粗糙度的测量

测量表面粗糙度参数值时，若图样上无特别注明测量方向，则应在尺寸最大的方向上测量，通常就是在垂直于加工纹理方向的截面上测量。对无一定加工纹理方向的表面（如研磨、电火花等加工表面），应在几个不同的方向上测量，取最大值为测量结果。此外，应注意测量时不要把表面缺陷（如气孔、划痕等）包含进去。

表面粗糙度常用的检测方法有比较法、光切法、干涉法、针触法和印模法等。

1. 比较法

比较法是指将被测表面与已知高度特征参数值的粗糙度样板相比较，从而判断表面粗糙度的一种检测方法。比较时，可用肉眼观察或手动触摸，也可借助显微镜、放大镜等工具。所用粗糙度样板的材料、形状及加工方法应尽可能与被测表面一致。比较法简单易行，适于在车间使用。缺点是评定结果的可靠性很大程度上取决于检测人员的经验。比较法仅适用于评定表面粗糙度要求不高的工件。

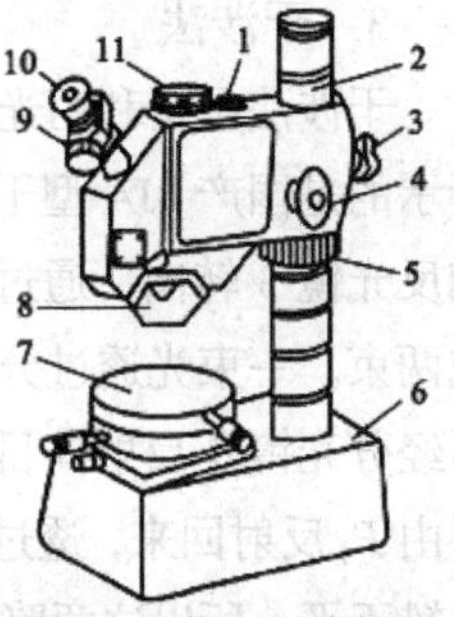

1—光源；2—立柱；3—锁紧螺钉；4—微调手轮；5—粗调手轮；6—底座；7—工作台；8—物镜组；9—测微鼓轮；10—目镜；11—照相机插座

图 4.22　双管显微镜

2. 光切法

光切法是指利用光切原理来测量表面粗糙度的一种方法。常用的测量仪器是光切显微镜，又称双管显微镜，如图 4.22 所示。

光切法的基本原理如图 4.23 所示。光切显微镜由两个镜管组成，右为投射照明管，左为观察管。两个镜管轴线成 45°。照明管中光源发出的光线经过聚光镜、光阑及物镜后，形成一束平行光带。这束平行光带以 45° 的倾角投射到被测表面。光带在粗糙不平的波峰 S_1 和波谷 S_2 处产生反射。S_1 和 S_2 经观察管的物镜后分别成像于分划板的 S_1' 和 S_2'。若被测表面微观不平度高度为 h，轮廓峰谷 S_1 与 S_2 在 45° 截面上的距离为 h_1，S_1' 与 S_2' 之间的距离 h_1' 是 h 经物镜后的放大像。若测得 h_1'，便可求出表面微观不平度高度 h，即：

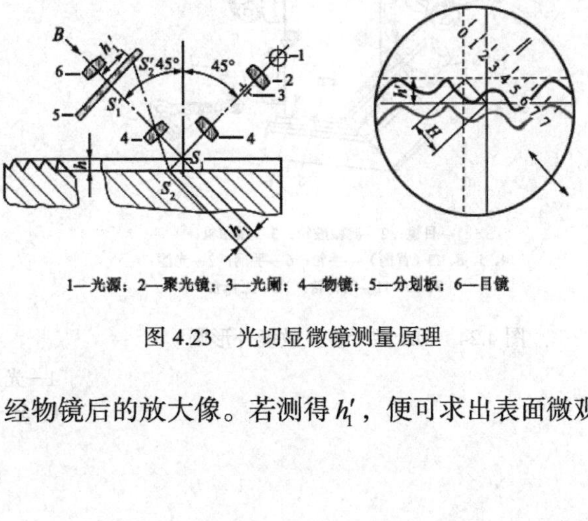

1—光源；2—聚光镜；3—光阑；4—物镜；5—分划板；6—目镜

图 4.23　光切显微镜测量原理

$$h = h_1 \cos 45^\circ = \frac{h_1}{K} \cos 45^\circ$$

式中：K——物镜的放大倍数。

测量时使目镜测微器中分划板上十字线的横线与波峰对准，记录下第一个读数，然后移动十字线，使十字线的横线对准峰谷，记录下第二个读数。由于分划板十字线与分划板移动方向成 45° 角，故两次读数的差值即为图中的 H，H 与 h' 的关系为

$$h_1' = H \cos 45^\circ$$

得

$$h = \frac{H}{K} \cos^2 45^\circ = \frac{H}{2K}$$

令

$$i = \frac{1}{2K}$$

则

$$h = iH$$

式中：i——使用不同放大倍数的物镜时鼓轮的分度值，由仪器的说明书给定。

光切显微镜适宜测量 R_z 值，测量范围一般为 5～60 μm，光切显微镜也可用于测量较规则表面（如车、铣、刨等）的 S 与 S_m，不适于测量粗糙度要求较高的表面及不规则表面（如磨、研磨等）的 S_m 值。对大零件内表面，可用印模法复制被测表面成模型，然后再用光切法测量出表面粗糙度。

3. 干涉法

干涉法是指利用光学干涉原理来测量表面粗糙度的一种方法。常用仪器是干涉显微镜。图 4.24 所示的是国产 6JA 型干涉显微镜外形图，其光学系统如图 4.25 所示。光源 1 发出的光线经聚光镜 2 和反光镜 3 转向，通过光阑 4、5，聚光镜 6 投射到分光镜 7 上，通过分光镜 7 的半透半反膜后分成两束。一束光透过分光镜 7，经补偿镜 8、物镜 9 射至被测表面 P_2，再由 P 反射经原光路返回，再经分光镜 7 反射向目镜 14。另一束光经分光镜 7 反射，经滤光片 17、物镜 10 射至参考镜 P_1，再由 P_1 反射回来，透过分光镜射向目镜 14。两束光在目镜 14 的焦平面上相遇叠加。由于被测表面粗糙不平，所以这两路光束相遇后形成与其相应的起伏不平的干涉条纹，如图 4.26 所示。

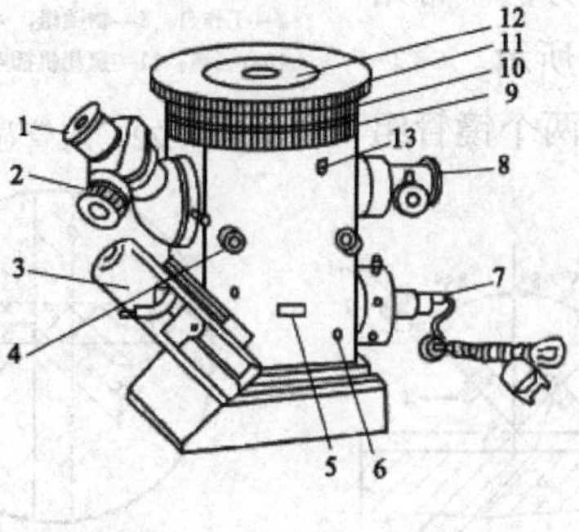

1—目镜；2—测微鼓轮；3—照相机；
4、5、8、13（背面）—手轮；6—手柄；7—光源；
9、10、11—滚花轮；12—工作台

图 4.24　6JA 型干涉显微镜外形圆

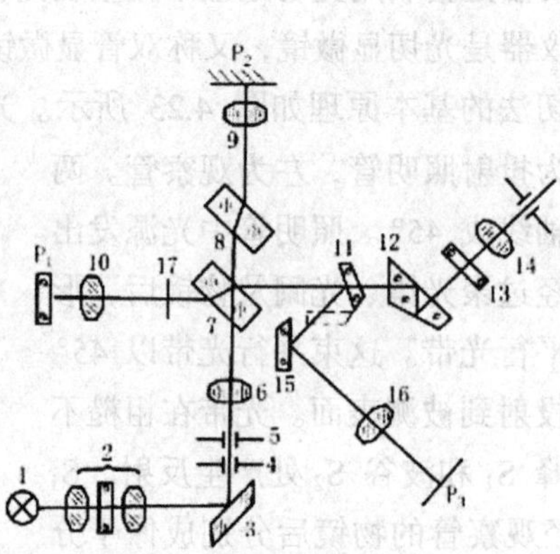

1—光源；2、6、13—聚光镜；3、11、15—反光镜；
4、5—光阑；7—分光镜；8—补偿镜；9、10、16—物镜；
12—折射镜；14—目镜；17—滤光片

图 4.25　6JA 型干涉显微镜光学系统图

利用测微目镜，测量干涉条纹的弯曲量（即其峰谷读数差）及两相邻条纹之间的距离（它相当于半波长），即可算出相应的峰、谷高度差 h，即

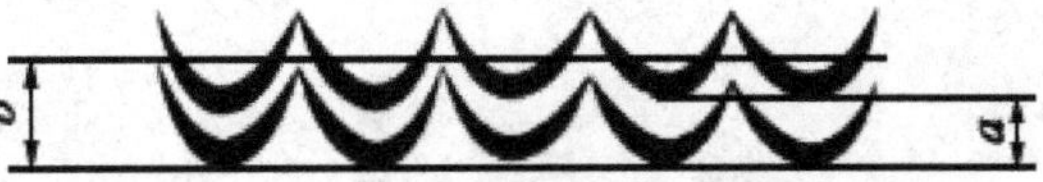

图 4.26　干涉条纹

$$h=\frac{a}{b}\frac{\lambda}{2}$$

式中：a——干涉条纹的弯曲量；

b——相邻干涉条纹的间距；

λ——光波波长。

干涉法主要用于测量表面粗糙度的 R_z 值，其测量范围通常为 0.025～0.8μm，干涉法不适于测量不规则表面（如磨、研磨等）的 S_m。

4．针触法

针触法是利用仪器的测针与被测表面相接触，并使测针沿被测表面轻轻滑动来测量表面粗糙度的一种方法，又称轮廓法。

电动轮廓仪就是用针触法测定表面粗糙度的常用仪器。国产 BCJ—2 型电动轮廓仪外形如图 4.27 所示，其测量的基本原理是：将被测工件 1 放在工作台 6 的定位块 7 上，调整工件（或驱动箱 4）的倾斜度，使工件被测表面平行于传感器 3 的滑行方向。调整传感器及触针 2 的高度，使触针与被测表面适当接触。启动电动机，使传感器带动触针在工件被测表面滑行。

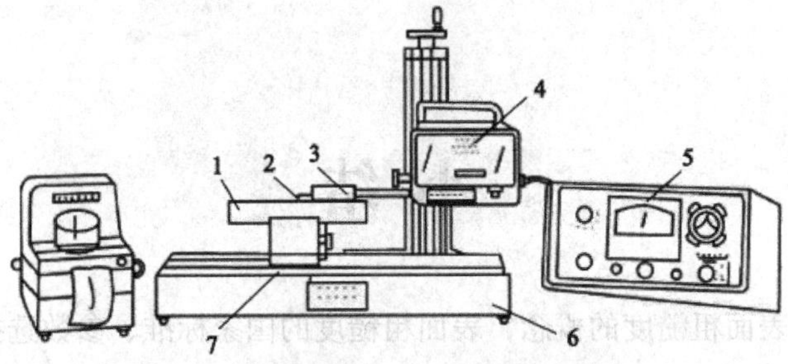

1—被测工件；2—触针；3—传感器；4—驱动箱；
5—指示表；6—工作台；7—定位块

图 4.27　BCJ—2 型电动轮廓仪

由于被测表面有微小的峰谷，使触针在滑行的同时还沿轮廓的垂直方向上下运动。触针的运动情况实际上反映了被测表面轮廓的情况。将触针运动的微小变化通过传感器转换成电信号，并经计算和处理，便可由指示表 5 直接显示出 R_a 的大小。用针触法测量表面粗糙度的最大优点是能够直接读出表面粗糙度 R_a 的数值，此外它还能测量平面、轴、孔和圆弧面等各种形状的表面粗糙度。但受触针接触测量的影响，针触法测量表面粗糙度的范围为 R_a=0.025～5μm。

5．印模法

印模法是指用塑性材料将被测表面印模下来，然后对印模表面进行测量。

常用的印模材料有川蜡、石蜡和低熔点合金等。这些材料的强度和硬度都不高，故一般不用针触法测量它。由于印模材料不可能填满谷底，且取下印模时往往使印模波峰削平，所以测得印模的 R_z 值比实际略有缩小，一般须根据实验修正。

印模法适用于大尺寸零件的内表面，测量范围为 R_z=0.8～330μm。

4.5 表面粗糙度旧国家标准简介

零件表面质量在旧国家标准 GB1 031—68 中用表面光洁度表示，例如▽5、▽7。数值愈大，表面愈光洁，表面粗糙度与表面光洁度的数值对照见表 4.14。

表 4.14　　表面粗糙度新旧国标对照（μm）

GB 1 031—68 的等级代号	R_a	R_z	GB 1031—68 的等级代号	R_a	R_z
∇1	>40～80	320	∇8	>0.32～0.63	3.2
∇2	>20～40	160	∇9	>0.16～0.32	1.6
∇3	>10～20	80	∇10	>0.08～0.16	0.8
∇4	>5～10	40	∇11	>0.04～0.08	0.4
∇5	>2.5～5	20	∇12	>0.02～0.08	0.2
∇6	>1.25～2.5	10	∇13	>0.01～0.02	0.1
∇7	>0.63～1.25	6.3	∇14	>0.01	0.05

小 结

本章主要介绍了表面粗糙度的概念，表面粗糙度的国家标准、参数选择及检测方法等。具体内容如下。

（1）表面粗糙度的概念

表面粗糙度是零件被加工表面上的微观几何形状误差，有别于形状误差和表面波纹度。

（2）表面粗糙度的国家标准

① 基本术语

实际轮廓、取样长度、评定长度、中线等。

② 评定参数

a. 高度特性参数：评定轮廓的算术平均偏差 R_a；轮廓的最大高度 R_z。表面粗糙度评定参数的值已经标准化。

b. 间距特性参数：轮廓单元的平均宽度 R_{sm}。

c. 形状特性参数：轮廓的支承长度率 $R_{mr}(c)$。

③ 表面粗糙度的标注

根据国家标准（GB/T131—2006）。

（3）表面粗糙度参数的选用原则是：满足使用性能，兼顾经济性。选用表面粗糙度数值常用模拟法。

（4）表面粗糙度的检测方法：比较法、光切法、干涉法、针描法。

习 题

1. 何谓表面粗糙度？表面粗糙度对零件的使用性能有哪些影响？

2. 为什么要规定取样长度和评定长度？它们之间有什么关系？

3. 评定表面粗糙度时，为什么要规定轮廓中线？

4. 表面粗糙度国家标准中规定了哪些评定参数？哪些是主参数？它们各有什么特点？

5. 选择表面粗糙度参数值所遵循的一般原则有哪些？

6. 在一般情况下，Φ40H7 和 Φ80H7 相比，Φ30H7/f6 和 Φ30H7/s6 相比，哪个应选较小的表面粗糙度值？

7. 试将下列表面粗糙度要求标注在图 4.28 上。

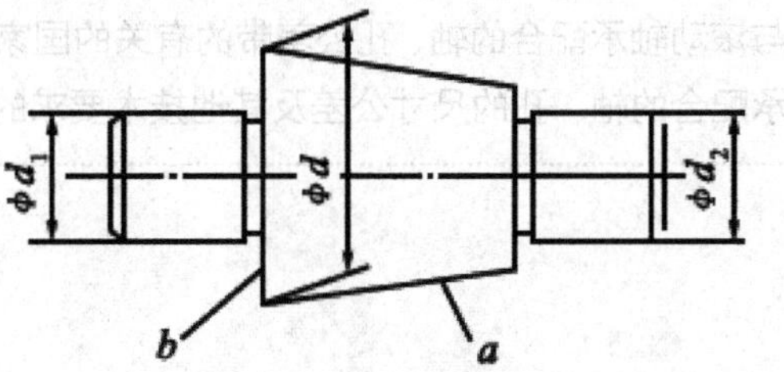

图 4.28 习题 7

（1）用去材料的方法获得表面 a 和 b，要求表面粗糙度参数 R_a 的上限值为 1.6 μm；

（2）用任何方法加工 Φd_1 和 Φd_2 圆柱面，要求表面粗糙度参数 R_z 的上限值为 6.3 μm，下限值为 3.2 μm；

（3）其余用去材料的方法获得各表面，要求 R_a 的最大值均为 12.5 μm。

第5章 滚动轴承的互换性

学习提示及要求

本章主要介绍滚动轴承的精度等级及其选用、滚动轴承内径、外径公差带及特点、国家标准对滚动轴承配合的轴、孔公差带的规定、滚动轴承的配合及其他技术要求的选用与标注等。

要求掌握与滚动轴承配合的轴、孔公差带的有关的国家标准规定；初步认识与滚动轴承配合的轴、孔的尺寸公差及其他技术要求的选用与标注。

5.1 概述

轴承是用来支承回转零件的。根据轴承中摩擦性质的不同，轴承分为滑动轴承和滚动轴承。由于滚动轴承的摩擦系数低，功率损耗小，起动阻力小，而且它已标准化，并由专业工厂大量制造及供应，对设计、使用、润滑、维护都很方便，因此应用较广。

滚动轴承由内圈、外圈、滚动体和保持架等四部分组成。内圈与轴径相配，外圈与轴承座孔配合，如图 5.1 所示。一般轴和内圈一起转动，外圈在轴承座孔中固定不动，也有外圈回转而内圈不动，或内、外圈同时回转的场合。当内、外圈相对转动时，滚动体即在内、外圈的滚道间滚动。常用的滚动体有：球、圆柱滚子、滚针、圆锥滚子、球面滚子、非对称球面滚子等几种。轴承内、外圈上的滚道，有限制滚动体侧向位移的作用。

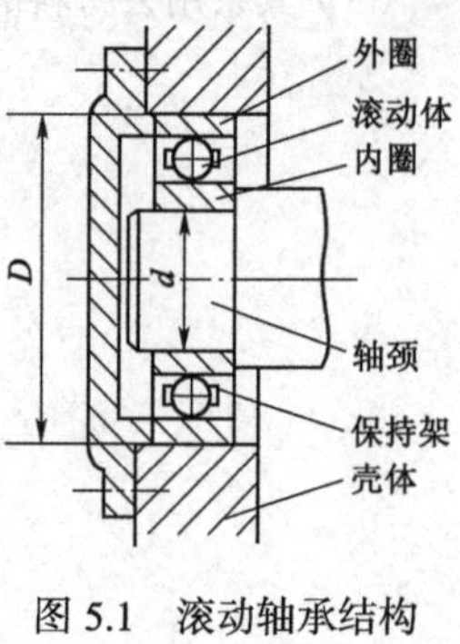

图 5.1　滚动轴承结构

保持架的主要作用是将滚动体均匀隔开。如果没有保持架，则相邻滚动体转动时，将会由于接触处产生较大的相对滑动速度而引起磨损。保持架有冲压的和实体的。冲压保持架一般用低碳钢板冲压制成，它与滚动体间有较大的间隙。实体保持架用铜合金、铝合金或塑料经切削加工制成，有较好的定心作用。

滚动体与滚道的接触方式有点接触和线接触。点接触的轴承摩擦系数低，重量轻，叫球轴承；线接触的轴承摩擦系数高，重量较大，叫滚子轴承。一般地，滚子轴承比球轴承的承载能力高，允许的极限转速较低。

轴承的内、外圈和滚动体，一般由轴承铬钢 GCr15 制造，热处理后硬度不低于 60HRC。滚动轴承由专门的轴承厂生产，为了实现轴承互换性的要求，我国制定了滚动轴承的公差标准，它规定了滚动轴承的尺寸精度、旋转精度、测量方法，以及与轴承相配的壳体孔和轴颈的尺寸精度、配合、形位公差和表面粗糙度。

5.2 滚动轴承精度等级及应用

5.2.1 滚动轴承的精度

在国家标准中，滚动轴承的精度是根据基本尺寸精度和旋转精度划分的。基本尺寸精度包括轴承外径、内径、宽度以及圆锥滚柱轴承的装配高度等尺寸的制造精度；旋转精度指轴承内外圈的滚道摆动、轴承内外圈两端的平行度、轴承外圈圆柱面对基准端面的垂直度等。

向心轴承的公差等级（圆锥滚子轴承除外）分为 0、6（6x）、5、4、2 级五级，其中 0 级精度最低，2 级精度最高；圆锥滚子轴承的公差等级分为 0、6x、5、4 级四级；推力轴承的公差等级分为 0、6、5、4 级四级。

5.2.2 滚动轴承各精度应用情况

0 级轴承称为普通级轴承，在机械制造业中应用最广，用于旋转精度要求不高、中等负荷、中等转速的一般机构中。例如，减速器的旋转机构，汽车、拖拉机的变速机构，普通电机、水泵、压缩机等旋转机构中应用较多。6 级轴承应用于旋转精度和转速要求较高的旋转机构中，例如，普通机床主轴的后轴承，精密机床变速机构的轴承通常采用 6 级精度。5、4 级轴承应用于旋转精度和转速要求高的旋转机构中，例如，普通机床主轴的前轴承采用 5 级精度，精密磨床和车床的主轴轴承采用 4 级精度。2 级轴承应用于旋转精度和转速要求特别高的旋转机构中，例如，高精度齿轮磨床的主轴轴承采用 2 级精度。

5.3 滚动轴承内、外径的公差带及其特点

5.3.1 滚动轴承内、外径的公差带

滚动轴承的内圈、外圈都是薄壁零件，在制造和保管过程中容易变形，但轴承装配后，这

种变形可得到矫正。因此，国家标准对轴承内、外径分别规定了两种尺寸公差及其尺寸变动量，用以控制配合性质和限制自由状态下的变形量。其一规定了内、外径尺寸的最大值和最小值的所允许的极限偏差（即单一内、外径偏差），目的是控制轴承内的变形程度；其二规定了内、外径实际量得尺寸的最大值和最小值的平均值极限偏差（即单一平面平均内、外径偏差），目的是保证轴承内径与轴、外径与壳体孔的尺寸配合精度。

滚动轴承是标准化部件，其内、外圈与轴颈和外壳孔配合的表面不能再加工。为了便于互换和大批量生产，国家标准将滚动轴承作为基准件，轴承的内圈与轴颈采用基孔制配合，轴承的外圈与壳体孔采用基轴制配合。但这种基孔制和基轴制与普通光滑圆柱体配合有所不同，这是由滚动轴承配合的特殊需要所决定的。

5.3.2　滚动轴承公差带的特点

1. 滚动轴承内圈内径公差带

滚动轴承内、外径尺寸公差带特点是采用单向制，在轴承与轴颈、外壳孔的配合中，起作用的是平均尺寸。对于各级轴承，单一平面平均内（外）径的公差带均为单向制，而且统一采用上偏差为零，下偏差为负值的布置方案，如图 5.2 所示。按此分布主要是考虑滚动轴承的特殊需要，因为在多数情况下，轴承内圈是随轴一起转动的，为防止内圈和轴颈因相对滑动而产生磨损，影响轴承的工作性能，要求滚动轴承内圈与轴颈的配合应具有一定的过盈。但由于内圈是薄壁零件，且使用一段时间后，轴承需要拆换，因此，过盈量不宜过大。

如果作为基准孔的轴承内圈还采用基本偏差为 H 的公差带，轴颈也选用光滑圆柱结合国家标准中的公差带，则在这种情况配合时，无论选择过渡配合（过盈量偏小）或过盈配合（过盈量偏大），都不能满足轴承工作的需要；若轴颈采用非标准的公差带，则又违反了标准化与互换性的原则。因此，国家标准规定轴承内圈的基准孔公差带位置位于以公称内径 d_m 为零线的下方，如图 5.2 所示。

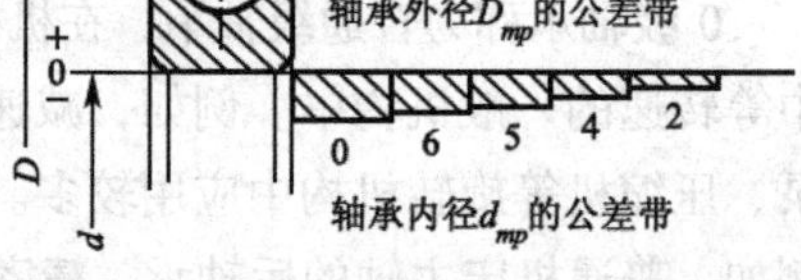

图 5.2　轴承内、外径公差带

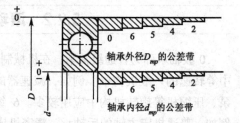

2. 滚动轴承外圈外径公差带

滚动轴承外圈与外壳孔之间一般不作相对运动，但考虑到工作时温度升高会使轴热胀而产生轴向移动，因此，两端轴承中有一端应是游动轴承，可使外圈与外壳孔的配合稍微松一点，这样可以补偿轴的热胀伸长量，不至于使轴变弯而被卡住，影响正常运转。因此，国家标准规定轴承外圈的公差带位置位于以公称外径 D_m 为零线的下方，如图 5.2 所示。

5.4 滚动轴承的配合及选择

5.4.1　轴颈和外壳孔的配合

由于轴承内径（基准孔）和外径（基准轴）的公差带在轴承制造时已确定，因此，轴承内圈和轴颈、外圈和壳体孔的配合面间的配合性质，主要由轴颈和外壳孔的公差带决定，即轴承配合的选择就是确定轴颈和外壳孔的公差带。国家标准 GB/T275—1993《滚动轴承与轴和外壳的配合》对与 0 级和 6(6x)级轴承配合的轴颈规定了 17 种公差带，外壳孔规定了 16 种公差带，如图 5.3 所示。

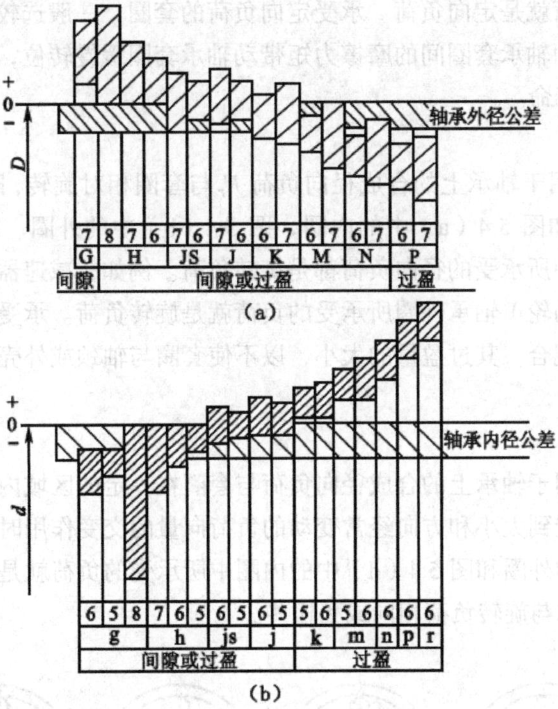

图 5.3　常用的滚动轴承配合公差带

5.4.2　滚动轴承配合的选择

滚动轴承的配合是指成套轴承的内孔与轴、外径与外壳孔的尺寸配合。正确选择轴承配合，对保证机器正常运转、提高轴承的使用寿命和充分利用轴承的承载能力关系很大。滚动轴承配合的选择主要是根据轴承套圈承受负荷的性质和大小，并结合轴承的类型、尺寸、工作条件、轴与壳体的材料和结构以及工作温度等因素综合考虑的。

1. 套圈是否旋转

当轴承的内圈或外圈工作时为旋转圈，应采用稍紧的配合，其过盈量的大小应使配合面在工作负荷下不发生“爬行”，因为一旦发生“爬行”，配合表面就要磨损，产生滑动，套圈转速越高，磨损越严重。轴承工作时，若其内圈或外圈为不旋转套圈，为了拆装和调整方便，宜选用较松的配合。由于不同的工作温升，将使轴颈或外壳孔在纵向产生不同的伸长量，因此，在选择配合时，以达到轴承沿轴向可以自由移动、消除支撑内部应力为原则。但是间隙过大就会降低整个部件的刚性，引起振动，加剧磨损。

2. 负荷类型

轴承转动时，根据作用于轴承的合成径向负荷对套圈相对旋转的情况，可将套圈承受的负荷分为定向负荷、旋转负荷和摆动负荷。

（1）定向负荷

定向负荷是指作用于轴承上的合成径向负荷 F_r 与套圈相对静止，即 F_r 由套圈的局部滚道承受，套圈承受的这种负荷称为定向负荷。如图 5.4（a）中的外圈和图 5.4（b）中的内圈所承受的径向负荷都是定向负荷。例如，减速器转轴两端轴承外圈、汽车与拖拉机前轮（从动轮）轴承内圈所承受的负荷就是定向负荷。承受定向负荷的套圈，一般选较松的过渡配合或较小的间隙配合，以便让滚动轴承套圈间的摩擦力矩带动轴承套圈缓慢转位，从而减少滚道的局部磨损，延长轴承的使用寿命。

（2）旋转负荷

旋转负荷是指作用于轴承上的合成径向负荷 F_r 与套圈相对旋转，即 F_r 依次地作用在套圈滚道的整个圆周上。如图 5.4（a）中的内圈、图 5.4（b）中的外圈、图 5.4（c）中的内圈和图 5.4（d）中的外圈中所承受的径向负荷都是旋转负荷。例如，减速器转轴两端轴承内圈、汽车与拖拉机前轮（从动轮）轴承外圈所承受的负荷就是旋转负荷。承受循环负荷的套圈应选过盈配合或较紧的过渡配合，其过盈量的大小，以不使套圈与轴颈或外壳孔的配合表面产生爬行现象为原则。

（3）摆动负荷

摆动负荷是指作用于轴承上的合成径向负荷与套圈在一定的区域内相对摆动，即在轴承套圈滚道的局部圆周上受到大小和方向经常变动的负荷向量的交变作用时，轴承套圈所承受的负荷。如图 5.4（c）中的外圈和图 5.4（d）中的内圈中所承受的负荷就是摆动负荷。承受摆动负荷的套圈，其配合要求与旋转负荷相同或稍松些。

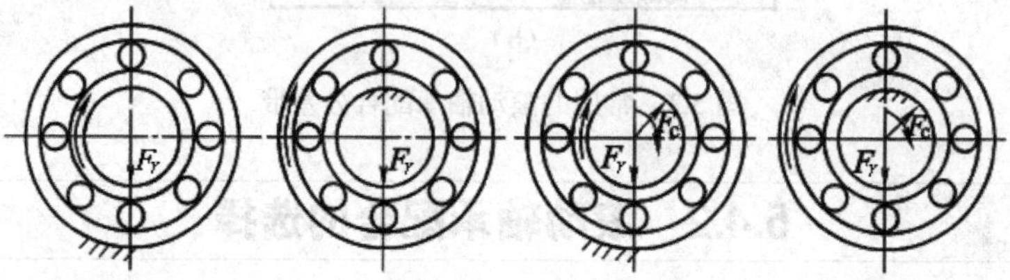

(a)	(b)	(c)	(d)
外圈：定向负荷	外圈：旋转负荷	外圈：摆动负荷	外圈：旋转负荷
内圈：旋转负荷	内圈：定向负荷	内圈：旋转负荷	内圈：摆动负荷

图 5.4　滚动轴承承受的负荷类型

3. 负荷大小

轴承套圈与轴颈和外壳配合的最小过盈量取决于负荷的大小。负荷的大小可用当量径向动负荷 P_r 与轴承的额定动负荷 C_r 的比值进行区分，当 $P_r/C_r \leqslant 0.07$ 时为轻负荷；当 $0.07<P_r/C_r \leqslant 0.15$ 时为正常负荷；$P_r/C_r>0.15$ 时为重负荷。承受冲击负荷或重负荷的套圈，容易产生变形，使配合面受力不均匀，引起配合松动，因此，重负荷应选择较紧的配合，即最小过盈量应越大。承受轻负荷的套圈，应选择较松的配合。

4. 其他因素

（1）工作温度

轴承工作时，由于摩擦发热和其他热源的影响，套圈的温度高于与其相配合零件的温度。内圈的热膨胀会引起它与轴颈的配合松动，而外圈的热膨胀则会引起它与外壳孔的配合变紧。

因此，轴承的工作温度通常应低于 100℃，当轴承的工作温度高于 100℃时，应对选用的配合适当修正（减小外圈与外壳孔的过盈，增加内圈与轴颈的过盈）。

（2）旋转精度和旋转速度

对于承受负荷较大且要求较高旋转精度的轴承，为了消除弹性变形和振动的影响，应避免采用有间隙的配合。而对一些精密机床的轻负荷轴承，为了避免轴的形状误差对轴承精度的影响，常采用有间隙的配合。一般认为轴承的旋转速度越高，配合应越紧。

（3）安装和拆卸轴承的条件

考虑轴承安装与拆卸方便，宜采用较松的配合，对重型机械用的大型和特大型轴承，这点尤为重要。如要求装拆方便而又需要紧配合时，可采用分离型轴承，或采用内圈带锥孔、带紧定套和退卸槽的轴承。另外，尺寸大的轴承比尺寸小的轴承、空心轴颈比实心轴颈、薄壁壳体比厚壁壳体、轻合金壳体比钢或铸铁壳体、整体式壳体比部分壳体所采用的轴承配合应适当选紧些。

总之，影响滚动轴承配合选用的因素很多，在选择配合时，必须各种因素综合考虑，并结合实际工作的模拟法，方可达到最佳的配合状态。

5.4.3 滚动轴承配合表面的其他技术要求

1. 轴颈及外壳孔的形状和位置公差

轴承的内、外圈是薄壁件，易变形，尤其超轻、特轻系列的轴承，其形状误差在装配后靠轴颈和外壳孔的正确形状可以得到矫正。为了保证轴承安装正确、传动平稳，通常对轴颈和外壳孔的表面提出圆柱度要求。为了保证轴承工作时有较高的旋转精度，应限制与套圈端面接触的轴肩及外壳孔肩的倾斜，特别是在高速旋转的场合，从而避免轴承装配后滚道位置不正，旋转不稳，因此，标准又规定了轴肩和外壳孔肩的端面圆跳动公差，见表 5.1。

表 5.1 轴颈及外壳孔的形位公差

基本尺寸/mm		圆柱度 t				端面圆跳动 t_1			
		轴颈		外壳孔		轴肩		外壳孔肩	
		轴承公差等级							
		0	6(6x)	0	6(6x)	0	6(6x)	0	6(6x)
超过	到	公差值/μm							
	6	2.5	1.5	4	2.5	5	3	8	5
6	10	2.5	1.5	4	2.5	6	4	10	6
10	18	3.0	2.0	5	3.0	8	5	12	8
18	30	4.0	2.5	6	4.0	10	6	15	10
30	50	4.0	2.5	7	4.0	12	8	20	12
50	80	5.0	3.0	8	5.0	15	10	25	15
80	120	6.0	4.0	10	6.0	15	10	25	15
120	180	8.0	5.0	12	8.0	20	12	30	20
180	250	10.0	7.0	14	10.0	20	12	30	20
250	315	12.0	8.0	116	12.0	25	15	40	25
315	400	13.0	9.0	18	13.0	25	15	40	25
400	500	15.0	10.0	20	15.0	25	15	40	25

2. 表面的粗糙度要求

轴肩和外壳孔肩的表面粗糙度会使有效过盈量减少，接触刚度下降，从而导致支承不良。为此，国家标准还规定了与轴承配合的轴颈和外壳孔的表面粗糙度要求，见表 5.2。

表 5.2　　　　　　　　　配合面的表面粗糙度

轴或外壳孔直径/mm		轴或外壳孔配合表面直径公差等级								
		IT7			IT6			IT5		
		表面粗糙度参数 R_a 及 R_2 值/μm								
大于	到	R_1	R_a		R_2	R_a		R_3	Ra	
			磨	车		磨	车		磨	车
	80	10	1.6	3.2	6.3	0.8	1.6	4	0.4	0.8
80	500	16	1.6	3.2	10	1.6	3.2	6.3	0.8	1.6
端面		25	3.2	6.3	25	3.2	6.3	10	1.6	3.2

例 5.1　有一直齿圆柱齿轮减速器，下图部分为小齿轮轴部分装配图，小齿轮轴要求较高的旋转精度，轴承尺寸为内径 50 mm，外径 110 mm，额定动负荷 C_r=3 2 000N，轴承承受的当量径向负荷 P_r=4 000N。试确定轴颈和外壳孔的公差带代号，画出公差带图，并确定孔、轴的形位公差值和表面粗糙度参数值，将它们分别标注在图纸上。

解：1. 按已知条件可算得 F_r=0.125C_r，属正常负荷。

2. 按减速器的工作状况可知，内圈为旋转负荷，外圈为定向负荷，内圈与轴的配合应紧，外圈与外壳孔的配合应较松。

3. 根据以上分析，选用轴颈公差带为 k6（基孔制配合），外壳孔公差带为 G7 或 H7，但由于轴的旋转精度要求较高，故选用更紧一些的配合，孔公差带为 J7（基轴制配合）较为合适。

4. 查出 0 级轴承内、外圈单一平面平均直径的上、下偏差，再由标准公差数值表和孔、轴基本偏差数值表得出其极限偏差数值。

5. 由公差带关系可知

内圈与轴颈配合的　$Y_{min} = -0.002$

$Y_{max} = -0.003$

外圈与外壳孔配合的　$X_{min} = -0.013$

$X_{max} = +0.037$

6. 选取形位公差值

圆柱度公差：轴颈为 0.004 mm，外壳孔为 0.010 mm

端面跳动公差：轴肩为 0.012 mm，外壳孔肩为 0.025 mm

7. 选取表面粗糙度值

轴颈表面 R_a≤0.8 μm，轴肩端面 R_a≤3.2 μm

外壳孔表面 R_a≤1.6 μm，轴肩端面 R_a≤3.2 μm

轴颈和外壳孔的公差带代号、公差带图如图 5.5 所示。

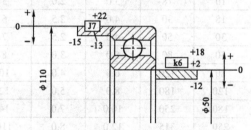

图 5.5　轴承与轴、孔配合的公差带图

8. 将选择的上述公差标注在图上

孔、轴的形位公差值和表面粗糙度参数值标注如图 5.6 所示。

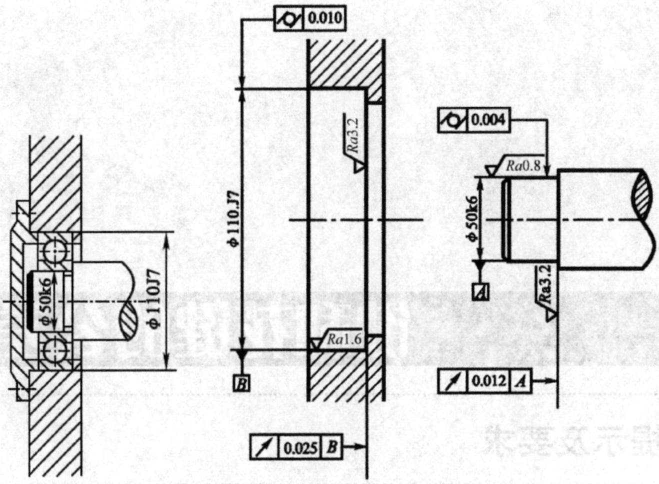

图 5.6　轴承与外壳孔和轴的配合、轴颈和外壳孔的公差标注

第6章 键和花键的公差与配合

学习提示及要求

键联结与花键联结用于轴与齿轮、链轮、皮带轮或联轴器之间，在机械传动中应用十分广泛，属于一种可拆卸联接，用以传递扭矩，有时也用于轴上传动件的导向。为了保证正常的机械传动，应该正确选择合适的标准键，并在零部件图上正确标注，同时对相关配合零件进行检测。

本章主要介绍了平键联接的公差与配合。要求能够根据轴颈和使用要求，选用平键联接的规格参数和联接类型，确定键槽尺寸公差、几何公差和表面粗糙度，并能够在图样上正确标注。还要求熟悉矩形花键联接采用小径定心的优点，掌握花键联接的公差与配合，能够根据标准规定选用花键联接的配合形式，确定配合精度和配合种类，熟悉花键副和内外花键在图样上的标注。

6.1 概述

键联接可以分为单键联接和花键联接，根据键联接的功能，在键使用上要遵循下列要求。

（1）键与键槽侧面应有足够的接触面积，以便承受载荷，保证键联接的可靠性和使用寿命；

（2）键嵌于键槽之中要牢固可靠，避免松动脱落，但还要便于拆装；

（3）对于导向键，键与键槽之间应有一定间隙，并且应保证相对运动和导向精度要求。

单键是一种标准零件，通常用来实现轴与零件之间的周向固定，以传递转矩，有的还能实现轴上零件的轴向固定或轴向滑动的导向。

单键联接可以分为平键联接、楔键联接和切向键联接。其中平键又可分成普通平键、导向平键和滑键；楔键又有普通楔键和钩头楔键之分。平键和半圆键在一般的机械联接中应用最为广泛。各类键使用的场合不同，键槽的加工工艺也不同，可根据键联接的结构特点、使用要求和工作条件来选择，键的尺寸则应符合标准规格和强度要求。国家标准有：GB1096～1099 各类普通平键、导向键及各类半圆键；GB1563～1566 各类楔键、切向键及薄型平键等。

6.2 平键联结的公差与配合

6.2.1 平键联结尺寸的公差与配合

平键联接的几何参数为主参数（b）。由于键联接的作用是传递扭矩和导向，都是通过键宽来实现的，所以键侧精度要求高。因此，配合的主要参数为键宽，精度要求较高。而键长 L、键高 h、轴槽深 t 和轮毂槽 t_1 为非配合尺寸，其精度要求较低。键联接的配合性质是以键与键槽宽的配合性质来确定的，例如，平键和半圆键的联接就是这样。图 6.1 所示为平键和键槽尺寸之间相互配合的示意图。

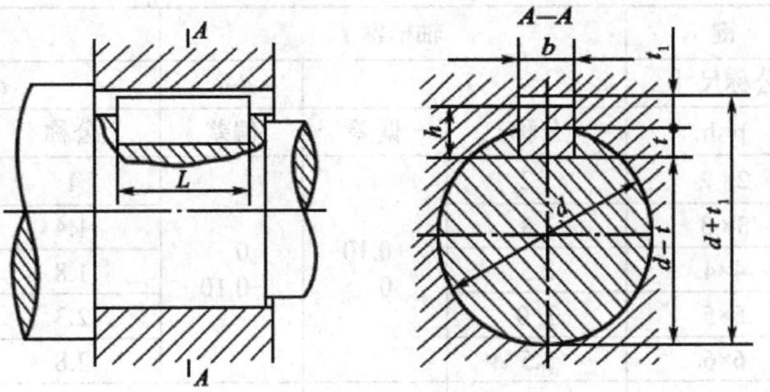

图 6.1　平键联接的几何参数

为保证键在轴槽上紧固，同时又便于拆装，轴槽和轮毂槽可以采用不同的公差带，国家标准 GB/T1095—2003《平键　键槽的剖面尺寸》对键宽规定了一种公差带 h9，键宽与键槽宽 b 的公差带如图 6.2 所示。对轴和轮毂槽宽各规定了三种公差带，从而构成三种不同性质的配合。根据不同的使用要求，键与键槽宽可以采用不同的联接，分为较松联接、一般联接和较紧联接，以满足各种用途的需要。

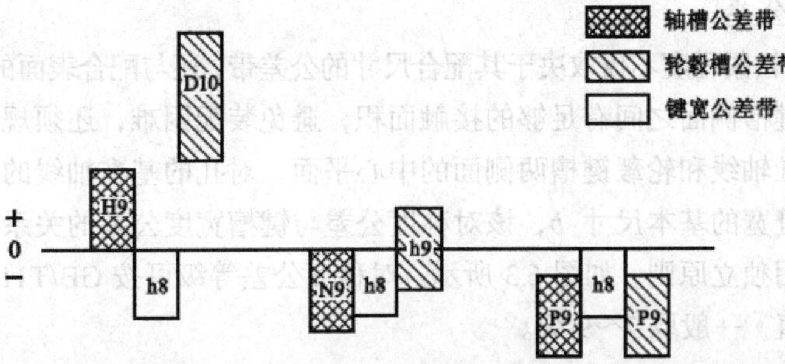

图 6.2　键配合的公差带图

具体公差带和各种联接的配合性质和应用见表 6.1。平键与键槽断面尺寸及键槽的公差与极限偏差见表 6.2。

表 6.1　　平键联结的三种配合及应用

配合种类	尺寸 b 的公差带			应　用
	键	轴槽	轮毂槽	
较松联结	H9	H9	D10	键在轴上及轮毂中均能滑动，主要用于导向平键，轮毂可在轴上移动
一般联结		N9	JS9	键在轴槽中和轮毂槽中均固定，用于载荷不大的场合
较紧联结		P9	P9	键在轴槽中和轮毂槽中均牢固地固定，比一般键联接配合更紧。用于载荷较大、有冲击和双向传递扭矩的场合

平键联接是由键、轴、轮毂三个零件组成的，通过键的侧面分别与轴槽、轮毂槽的侧面接触来传递运动和转矩，键的上表面和轮毂槽底面留有一定的间隙。平键联接的非配合尺寸中，轴槽深 t 和轮毂深 t_1 的公差带由国家标准 GB 1095—2003 规定，见表 6.2。键高 h 的公差带为 h11，键长 L 的公差带为 h14，轴槽长度的公差带为 H14。为了便于测量，在图样上对轴深 t 和轮毂深 t_1 分别标注尺寸“d-t”和“d+t”（d 为孔和轴的基本尺寸）。

表 6.2　平键的公称尺寸和槽深的尺寸及极限偏差（摘自 GB/T1096—2003）　　（单位：mm）

轴　颈	键	轴槽深 t			毂槽深 t_1		
基本尺寸 d	公称尺寸	t_1		d−t_1	t_2		d+t_2
	b×h	公称	偏差	偏差	公称	偏差	偏差
≤6～8	2×2	1.2	+0.10 0	0 −0.10	1	+0.10 0	+0.10 0
>8～10	3×3	1.8			1.4		
>10～12	4×4	2.5			1.8		
>12～17	5×5	3. 0			2.3		
>17～22	6×6	3.5			2.8		
>22～30	8×7	4.0	+0.20 0	0 −0.20	3.3	+0.20 0	+0.20 0
>30～38	10×8	5.0			3.3		
>38～44	12×8	5.0			3.3		
>44～50	14×9	5.5			3.8		
>50～58	16×10	6.0			4.3		

6.2.2　键和键槽的几何公差及表面粗糙度

1. 键槽的形位公差

键与键槽配合的松紧程度不仅取决于其配合尺寸的公差带，还与配合表面的形位误差有关。同时，为保证健侧与键槽侧面之间有足够的接触面积，避免装配困难，还须规定键槽两侧面的中心平面，对轴的基准轴线和轮毂键槽两侧面的中心平面，对孔的基准轴线的对称度公差。根据不同的功能要求和键宽的基本尺寸 b，该对称度公差与键槽宽度公差的关系以及与孔、轴尺寸公差的关系可以采用独立原则，如图 6.3 所示。对称度公差等级可按 GB/T1184—1996《形状和位置公差未注公差值》一般取 7～9 级。

当键长 L 与键宽 b 之比大于或等于 8 时，应对键宽 b 的两工作侧面在长度方向上规定平行度公差，其公差值应按《形状和位置公差》的规定选取。当 b≤6 时，平行度公差选 7 级；当

6<b<36 时，平行度公差选 6 级；当 b≥37 时，平行度公差选 5 级。

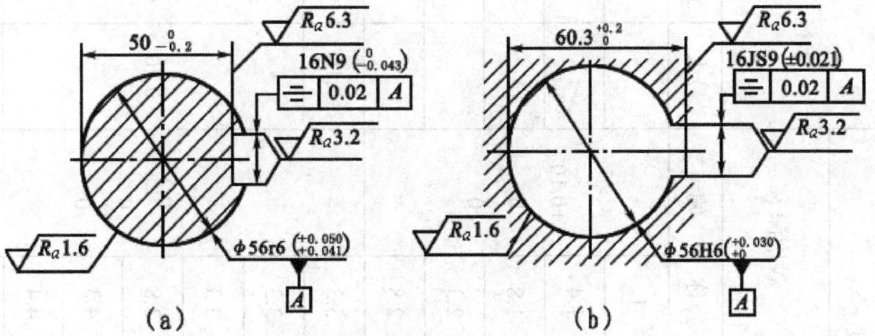

图 6.3　键槽尺寸与公差标注

表面粗糙度轴槽和轮毂槽两侧面的粗糙度参数 R_a 值推荐为 1.6～3.2 μm，底面的粗糙度参数 R_a 值为 6.3 μm。

2. 键槽的表面粗糙度

轴槽和轮毂槽两侧面的粗糙度参数 R_a 一般为 1.6～3.2 μm，槽底面的粗糙度参数 R_a 值一般为 12.5 μm。

6.2.3 键槽图样标注示例

轴槽的剖面尺寸、形位公差及表面粗糙度等在图样上的标注如图 6.4 所示。根据 GB/T1096—2003，查附表 6.3 得 16N9 ($_{-0.043}^{0}$)，查《形状和位置公差》相关表格得知对称度 8 级为 0.02。

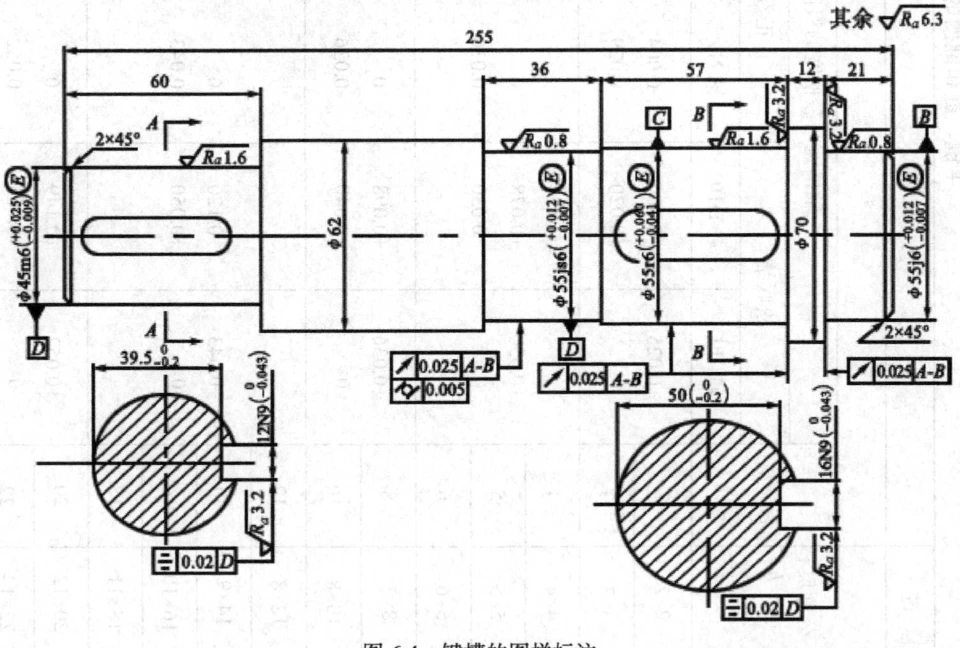

图 6.4　键槽的图样标注

平键联结的剖面尺寸均已标准化，在 GB/T1095—2003《平键：键和键槽的剖面尺寸》中作了规定，见表 6.3。

表 6.3　　平键、键和键槽的剖面尺寸及公差（摘自 GB/T1096—2003）　　（单位：mm）

轴	键	键槽											
公称直径 d	公称尺寸 $b \times h$	宽度 b						深度				半径 r	
		键宽 b	轴槽宽与毂槽宽的极限偏差					轴槽深 t_1		毂槽深 t_2			
			松联结		正常联结		紧密联结						
			轴 H9	毂 D10	轴 N9	毂 JS9	轴和毂 P9	公称	偏差	公称	偏差	最大	最小
≤6～8	2×2	2	+0.025 0	+0.060 +0.020	−0.004 −0.029	±0.012 5	−0.006 −0.031	1.2	+0.10 0	1	+0.10 0		
>8～10	3×3	3						1.8		1.4			
>10～12	4×4	4	+0.030 0	+0.078 +0.030	0 −0.030	±0.015	−0.012 −0.042	2.5		1.8			
>12～17	5×5	5						3.0		2.3			
>17～22	6×6	6						3.5		2.8			
>22～30	8×7	8	+0.036 0	+0.098 +0.040	0 −0.036	±0.018	−0.015 −0.051	4.0	+0.20 0	3.3	+0.20 0	0.16	0.25
>30～38	10×8	10						5.0		3.3		0.20	0.40
>38～44	12×8	12	+0.043 0	+0.120 +0.050	0 −0.043	±0.021 5	−0.018 −0.061	5.0		3.3			
>44～50	14×9	14						5.5		3.8			
>50～58	16×10	16						6.0		4.3			
>58～65	18×11	18						7.0		4.4			
>65～75	20×12	20	+0.052 0	+0.149 +0.065	0 −0.052	±0.026	−0.022 −0.074	7.5		4.9		0.40	0.60
>75～85	22×14	22						9.0		5.4			

6.3 花键联结的公差与配合

6.3.1 概 述

花键联结是由内花键（花键孔）和外花键（花键轴）两个零件组成的。与单键联接相比，其主要优点是导向性能好，定心精度高，承载能力强，在机械中应用广泛。花键联接可用作固定联接也可用作滑动联接。花键按其截面形状的不同，可分为矩形花键、渐开线花键、三角形花键等几种，其中矩形花键应用最广。

6.3.2 矩形花键的公差与配合

1. 矩形花键的主要尺寸

GB/T1144—2001 规定了矩形花键的基本尺寸为大径 D、小径 d、键宽和键槽宽 B，如图 6.5 所示。键数规定为偶数，有 6、8、10 三种，以便于加工和测量。按承载能力的大小，基本尺寸分为轻系列、中系列两种规格。同一小径的轻系列和中系列的键数相同，键宽（键槽宽）也相同，仅大径不相同。中系列的键高尺寸较大，承载能力强；轻系列的键高尺寸较小，承载能力较低。矩形花键的基本尺寸系列见表 6.4。

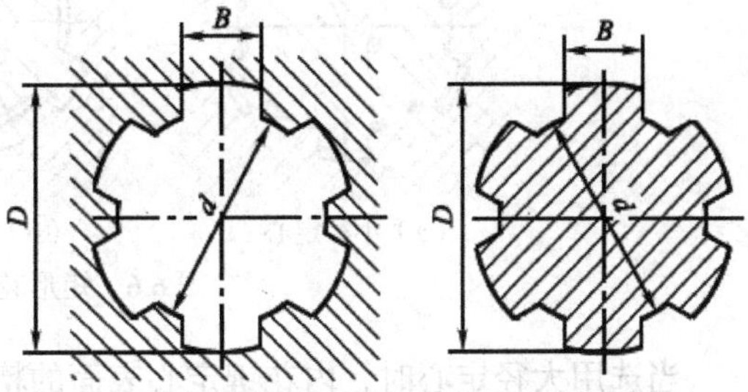

图 6.5 矩形花键的主要尺寸

表 6.4 矩形花键的基本尺寸系列（摘自 GB/T1144—2001） （单位：mm）

d	轻系列				中系列			
	标 记	N	D	B	标 记	N	D	B
23	6×23×26	6	26	6	6×23×28	6	28	6
26	6×26×30	6	30	6	6×26×32	6	32	6
28	6×28×32	6	32	7	6×28×34	6	34	7
32	8×32×36	8	36	6	8×32×38	8	38	6
36	8×36×40	8	40	7	8×36×42	8	42	7
42	8×42×46	8	46	8	8×42×48	8	48	8
46	8×46×50	8	50	9	8×46×54	8	54	9
52	6×52×58	8	58	10	8×52×60	8	60	10
56	8×56×62	8	62	10	8×56×65	8	65	10
62	8×62×67	8	68	12	8×62×72	8	72	12
72	10×72×78	10	78	12	10×72×82	10	82	12

2. 矩形花键联结的定心方式

花键联接主要保证内、外花键联结后具有较高的同轴度，并能传递扭矩。矩形花键联接的主要配合尺寸有大径 *D*、小径 *d* 和键（或槽）宽 *B*。

在矩形花键联接中，要保证三个配合面同时达到高精度的配合是很困难的，且也没有必要。因此，为了满足使用要求，同时便于加工，只要选择其中一个结合面作为主要配合面，对其按较高的精度制造，以保证配合性质和定心精度即可，该表面称为定心表面。非定心表面之间留有一定的间隙，以保证它们不接触。无论是否采用键宽定心，键和键槽侧面的宽度 *B* 都应具有足够的精度，因为它们要传递转距和导向。理论上每个结合面都可以作为定心表面，如图 6.6 所示，GB/T1144—2001 中规定矩形花键联结采用小径定心，如图 6.6（a）所示。这是因为现代工业对机械零件的质量要求不断提高，对花键联接的要求也不断提高，从加工工艺性看，内花键小径可以在内圆磨床上磨削，外花键小径可用成行形砂轮磨削，而且磨削可以满足更高的尺寸精度和更高的表面粗糙度要求。采用小径定心时，热处理后的变形可用内圆磨修复，可以看出，小径定心的定心精度高，定心稳定性好，而且使用寿命长，更有利于产品质量的提高。

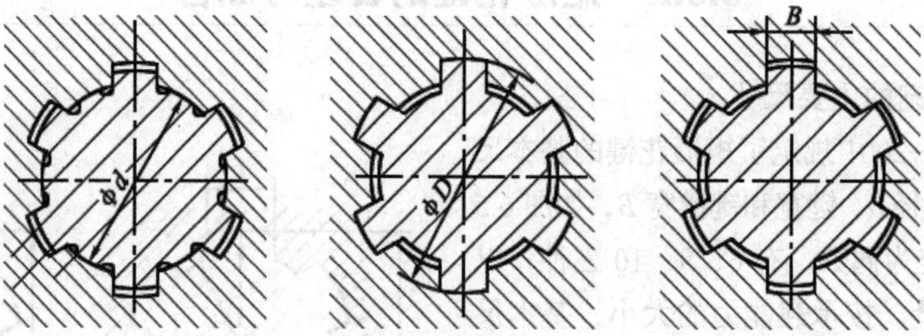

（a）小径定心　（b）大径定心　（c）键宽定心

图 6.6　矩形花键联结的定心方式

当选用大径定心时，内花键定心表面的精度依靠拉刀保证，而当花键定心表面硬度要求高时，例如 HRC40 以上，热处理后的变形难以用拉刀修正。当内花键定心表面的粗糙度要求较高时，例如，R_a<0.40 μm，用拉削工艺很难达到要求。在单件小批量生产或花键尺寸较大时，不使用拉削工艺，就很难满足大径定心要求。

3. 矩形花键的尺寸公差

内、外花键定心小径、非定心大径和键宽（键槽宽）的尺寸公差带分一般用和精密传动用两类。内、外花键的尺寸公差带见表 6.5。为减少专用刀具和量具的数量，花键联结采用基孔制配合。

表 6.5　矩形花键的尺寸公差带（摘自 GB/T1144—2001）

<table>
<tr><th colspan="4">内 花 健</th><th colspan="3">外 花 键</th><th rowspan="3">装 配 形 式</th></tr>
<tr><th rowspan="2">小径 d</th><th rowspan="2">大径 D</th><th colspan="2">键槽宽 B</th><th rowspan="2">小径 d</th><th rowspan="2">大径 D</th><th rowspan="2">键宽 B</th></tr>
<tr><th>拉削后不热处理</th><th>拉削后热处理</th></tr>
<tr><td colspan="8">一 般 用</td></tr>
<tr><td rowspan="3">H7</td><td rowspan="3">H10</td><td rowspan="3">H9</td><td rowspan="3">H11</td><td>f7</td><td rowspan="3">a11</td><td>d10</td><td>滑动</td></tr>
<tr><td>g7</td><td>f9</td><td>紧滑动</td></tr>
<tr><td>h7</td><td>h10</td><td>固定</td></tr>
</table>

续表

内花键				外花键			装配形式
小径 *d*	大径 *D*	键槽宽 *B*		小径 *d*	大径 *D*	键宽 *B*	
		拉削后不热处理	拉削后热处理				
精密传动用							
H5	H10	H7、H9		f5	a11	d8	滑动
				g5		f7	紧滑动
				h5		h8	固定
H6				f6		d8	滑动
				g6		f7	紧滑动
				h6		h8	固定

注：① 精密传动用的内花键，当需要控制键侧配合间隙时，槽宽可选用 H7，一般情况可选用 H9。
② 当内花键公差带为 H6 和 H7 时，允许与高一级的外花键配合。

从表 6.5 可以看出，对一般用的内花键槽宽规定了两种公差带，加工后不再热处理的，公差带为 H9；加工后需要进行热处理的，为修正热处理变形，公差带为 H11。对于精密传动用内花键，当联结要求键侧配合间隙较小时，槽宽公差带选用 H7，一般情况选用 H9。

定心直径 *d* 的公差带，在一般情况下，内、外花键取相同的公差等级，且比相应的大径 *D* 和键宽 *B* 的公差等级都高。但在有些情况下，内花键允许与高一级的外花键配合。例如，公差带为 H7 的内花键可以与公差带为 f6、g6、h6 的外花键配合，公差带为 H6 的内花键可以与公差带为 f5、g5、h5 的外花键配合。而大径只有一种配合 H10/a11。

4. 矩形花键公差与配合的选择

（1）矩形花键尺寸公差带的选择

传递扭矩大或定心精度要求高时，应选用精密传动用的尺寸公差带。否则，可选用一般用的尺寸公差带。

（2）矩形花键的配合形式及其选择

内、外花键的装配形式（即配合）分为滑动、紧滑动和固定三种。其中，滑动联接的间隙较大，紧滑动联接的间隙次之，固定联接的间隙最小。

当内、外花键联接只传递扭矩而无相对轴向移动时，应选用配合间隙最小的固定联接；当内、外花键联接不但要传递扭矩，还要有相对轴向移动时，应选用滑动或紧滑动联接；而当移动频繁，移动距离长时，则应选用配合间隙较大的滑动联接，以保证运动灵活，而且确保配合面间有足够的润滑油层。为保证定心精度要求、工作表面载荷分布均匀或减少反向运转所产生的空程及其冲击，对定心精度要求高、传递的扭矩大、运转中须经常反转等的联接，则应用配合间隙较小的紧滑动联接。表 6.6 列出了几种配合的应用情况，可供参考。

表 6.6　矩形花键配合应用

应用	固定联结		滑动联结	
	配合	特征及应用	配合	特征及应用
精密传动用	H5/h5	紧固程度较高，可传递大扭矩	h5/g5	滑动程度较低，定心精度高，传递扭矩大
	H6/h6	传递中等扭矩	H6/f6	滑动程度中等，定心精度较高，传递中等扭矩

续表

应用	固定联结		滑动联结	
	配合	特征及应用	配合	特征及应用
一般用	H7/h7	紧固程度较低，传递扭矩较小，可经常拆卸	H7/f7	移动频率高，移动长度大，定心精度要求不高

6.3.3 矩形花键的几何公差与表面粗糙度

1. 矩形花键的形位公差

内、外花键加工时，不可避免地会产生形位误差。为防止装配困难，并保证键和键槽侧面接触均匀，除用包容原则控制定心表面的形状误差外，还应控制花键（或花键槽）在圆周上分布的均匀性（即分度误差）。当花键较长时，还可根据产品性能要求进一步控制各个键或键槽侧面对定心表面轴线的平行度。

为保证花键（或花键槽）在圆周上分布的均匀性，应规定位置度公差，并采用相关要求。其在图样上的标注如图 6.7 所示，位置度的公差值见表 6.7。

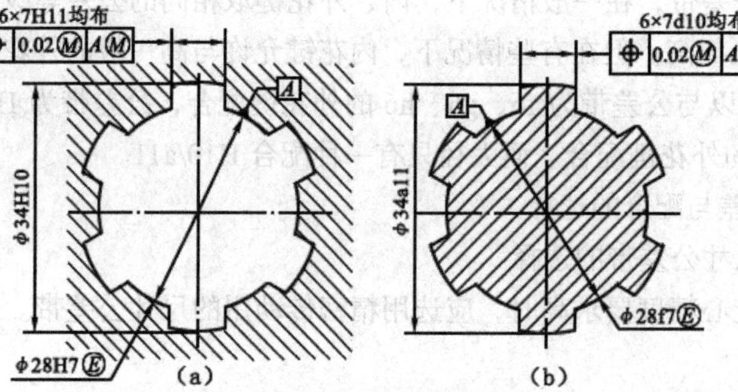

图 6.7　花健位置度公差的标注

表 6.7　　矩形花键的位置度公差（摘自 GB/T1144—2001）　　（单位：mm）

键槽宽或健宽 B			3	3.5～6	7～10	12～18
t_1	键槽宽		0.010	0.015	0.020	0.025
	键宽	滑动、固定	0.010	0.015	0.020	0025
		紧滑动	0.006	0.010	0.013	0.016

当单件、小批生产时，应规定键（键槽）两侧面的中心平面对定心表面轴线的对称度和花键等分公差。其在图样上的标注如图 6.8 所示，花键的对称度的公差值见表 6.8。

表 6.8　　矩形花键的对称度公差（摘自 GB/T1144—2001）　　（单位：mm）

键槽宽或键宽 *B*		3	3.5～6	7～10	12～18
t_2	一般用	0.010	0.015	0.020	0.025
	精密传动用	0.010	0.015	0.020	0.025

2. 矩形花键的表面粗糙度

矩形花键的表面粗糙度参数 R_a 的上限值推荐如下。

内花键：小径表面不大于 0.8 μm，键槽侧面不大于 3.2 μm，大径表面不大于 6.3 μm。

外花键：小径表面不大于 0.8 μm，键槽侧面不大于 0.8 μm，大径表面不大于 3.2 μm。

3. 矩形花键的标注

矩形花键的规格按下列顺序表示：键数 N× 小径 d× 大径 D× 键宽（键槽宽）B。

例如，矩形花键数 N 为 6，小径 d 的配合为 23H7/f7，大径 D 的配合为 28H10/a11，键宽 B 的配合为 12H11/d10 的标记如下：

花键规格　$N\times d\times D\times B$，即 $6\times 23\times 28\times 6$

花键副　$6\times 23\frac{H7}{f7}\times 28\frac{H10}{a11}\times 6\frac{H11}{d10}$　（GB/T1144—2001）

内花键　6×23H7×28H10×6H11　（GB/T1144—2001）

外花键　6×23f7×28a11×6d10　（GB/T1144—2001）

6.3.4 矩形花键的图样标注

矩形花键的图样标注如图 6.8 所示。

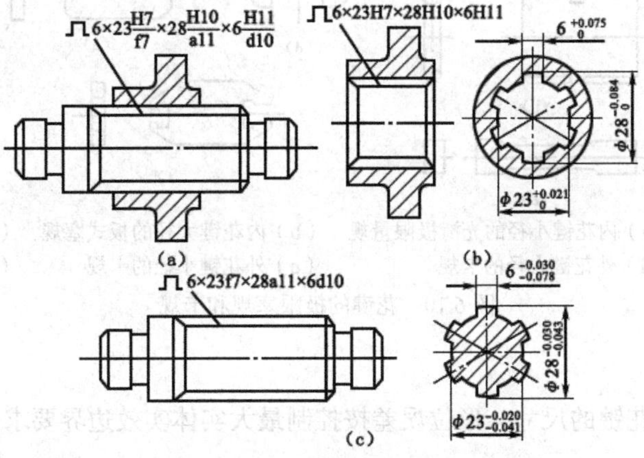

图 6.8 矩形花键图样标注

6.3.5 平键与花键的检测

1. 单键及其键槽的测量

键和键槽尺寸的检测比较简单，在单件、小批量生产中，键的宽度、高度和键槽宽度、深度等一般用游标卡尺、千分尺等通用计量器具来测量。

在成批量生产中可用极限量规检测，如图 6.9 所示。

2. 花键的测量

花键的测量分为单项测量和综合检验，也可以说对于定心小径、键宽、大径三个参数检验，而每个参数都有尺寸、位置、表面粗糙度的检验。

（1）单项测量

单项测量就是对花键的单个参数小径、键宽（键槽宽）、大径等尺寸、位置、表面粗糙度的检验。单项测量的目的是控制各单项参数小径、键宽（键槽宽）、大径等的精度。在单件、小批生产时，花键的单项测量通常用千分尺等通用计量器具来测量。在成批生产时，花键的单项测量用极限量规检验，如图 6.10 所示。

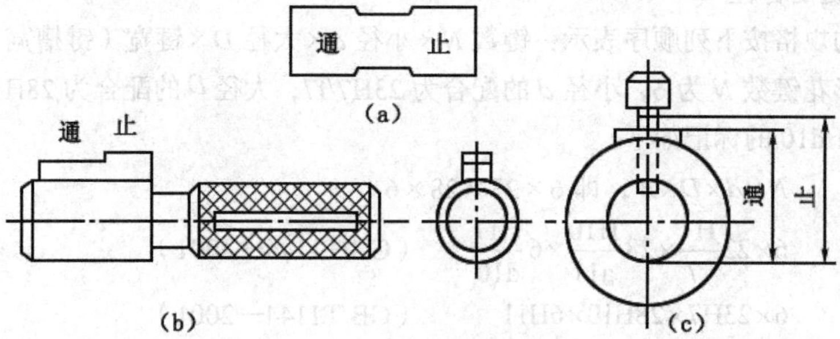

（a）键槽宽量规　（b）轮毂槽深量规　（c）轴槽深量规

图 6.9　键槽尺寸检测的极限量规

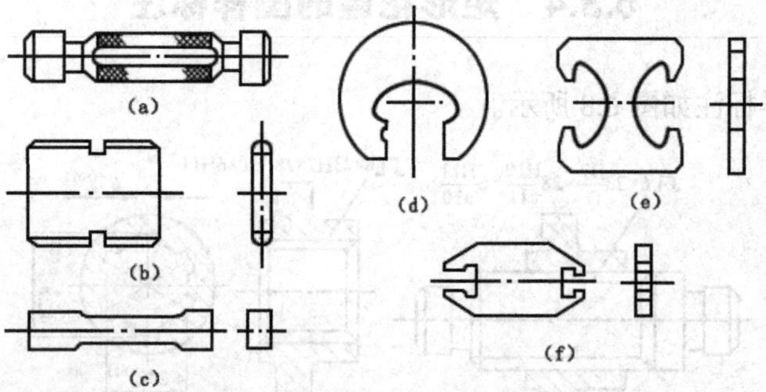

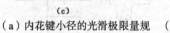

（a）内花键小径的光滑极限量规　（b）内花键大径的板式塞规　（c）内花键槽宽的塞规
（d）外花键大径的卡规　（e）外花键小径的卡规　（f）外花键键宽的卡规

图 6.10　花键的极限塞规和卡规

（2）综合测量

综合测量就是对花键的尺寸、形位误差按控制最大实体实效边界要求，用综合量规进行检验，如图 6.11 所示。

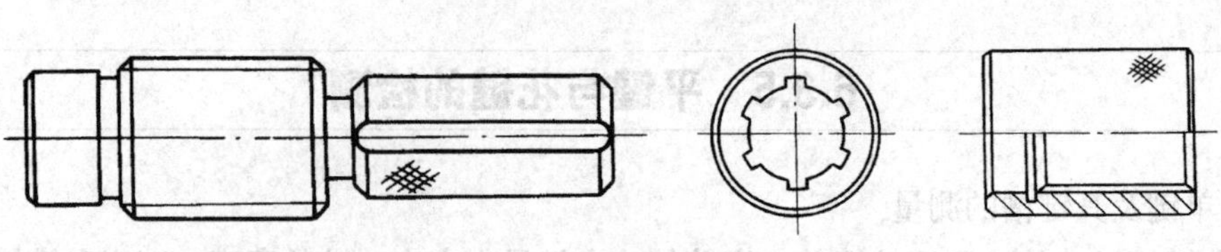

图 6.11　花键综合量规

花键的综合量规（内花键为综合塞规，外花键为综合环规）均为全形通规，作用是检验内、外花键的实际尺寸和形位误差的综合结果，即同时检验花键的小径、大径、键宽（键槽宽）实际尺寸和形位误差以及各键（键槽）的位置误差，大径对小径的同轴度误差等综合结果。对小径、大径和键宽（键槽宽）的实际尺寸是否超越各自的最小实体尺寸，则采用相应的单项止端量规（或其他计量器具）来检测。

综合检测内、外花键时，若综合量规通过，单项止端量规不通过，则花键合格。当综合量规不通过，花键不合格。

小结

轴和轴上的传动件的可拆卸联接往往要借助于键联接或花键联接作周向固定，以传递转矩和运动，有时也作轴向滑动的导向。

平键联接是通过键的侧面分别与轴槽、轮毂槽的侧面接触来传递运动和转矩的，键的上表面和轮毂槽底面留有一定的间隙。键宽和键槽宽 b 是决定配合性质和配合精度的主要参数。

平键是标准件，所以键联接采用基轴制配合。键宽只规定一种公差带，而键槽宽采用不同的公差带，形成较松、正常和较紧三种联接类型。

花键联接具有对中性、导向性好、传递扭矩大、联接更可靠等优点。

矩形花键联接由内花键和外花键构成。矩形花键主要尺寸有小径 d、大径 D、键（槽）宽 B。GB/T1144—2001 规定矩形花键以小径结合面作为定心表面，即采用小径定心。矩形花键配合应采用基孔制。配合精度的选择，主要考虑定心精度要求和传递转矩的大小。矩形花键规格按 $N \times d \times D \times B$ 的方法表示，标记按花键规格所规定的顺序书写，另须加上配合或公差带代号。

习题

1. 选择题

（1）在单键联接中，主要配合参数是（　　）。

A. 键宽　　B. 键长　　C. 键高　　D. 键宽与槽深

（2）平键联接中宽度尺寸 b 的不同配合是通过改变（　　）公差带的位置来获得的。

A. 轴槽和轮毂槽宽度　　B. 键宽

C. 轴槽宽度　　D. 轮毂槽宽度

（3）平键的（　　）是配合尺寸。

A. 键宽和槽宽　　B. 键高和槽深　　C. 键长和槽长

（4）当基本要求是保证足够的强度和传递较大的扭矩，而对定心精度要求不高时，宜采用（　　）。

A. 键宽定心　　B. 外径定心　　C. 内径定心

（5）花键联接一般选择基准制为（　　）。

A. 基孔制　　B. 基轴制　　C. 混合制

2. 填空题

（1）对于平键和半圆键，键和键槽宽配合采用________制，共有 3 种配合，它们分别是________、________和________。

（2）国标规定，键联接中，键只有一种公差带为________。

（3）键联接中，键、键槽的形位公差中________是最主要的要求。

（4）按 GB1095—79 的规定，单键联接的________为基准件。

3. 综合题

（1）有一齿轮与轴的连接用平键传递扭矩。平键尺寸 b=20 mm，h=12 mm。齿轮与轴的配合为 ϕ70H7/h6，平键采用一般连接。试查出键槽尺寸偏差、形位公差和表面粗糙度，并分别标注在图 6.12 的轴和齿轮的横剖面上。

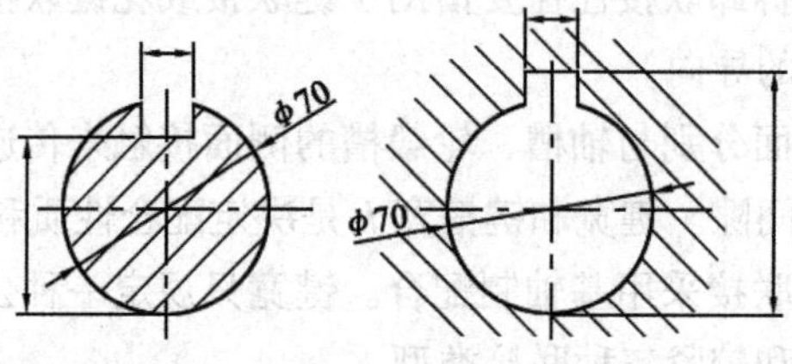

图 6.12　习题 3(1)

（2）某机床变速箱中有 6 级精度齿轮的花键孔与花键轴连接，花键规格 6×26×30×6，花键孔长 30 mm，花键轴长 75 mm，齿轮花键孔经常需要相对花键轴做轴向移动，要求定心精度较高，试确定：

① 齿轮花键孔和花键轴的公差带代号，计算小径、大径、键（键槽）宽的极限尺寸。

② 分别写出在装配图上和零件图上的标记。

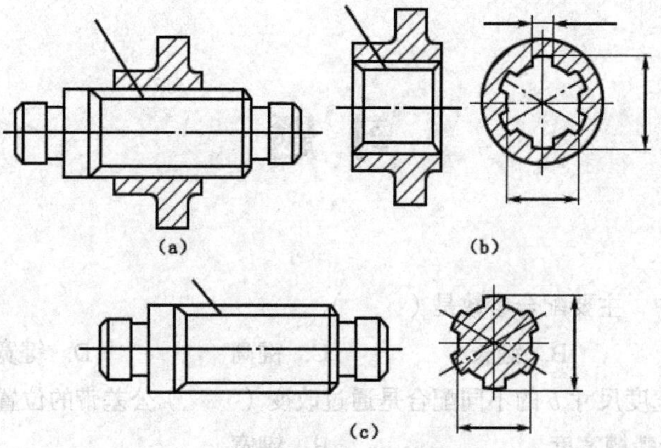

图 6.13　习题 3(2)

第7章 螺纹的公差及检测

学习提示及要求

本章主要介绍螺纹的分类及使用要求，螺纹的主要几何参数，普通螺纹的几何参数误差对互换性的影响，普通螺纹的公差与配合，普通螺纹的检测方法。

要求掌握普通螺纹的主要几何参数，普通螺纹的几何参数误差对互换性的影响，掌握普通螺纹的公差带及配合的选用，普通螺纹的测量方法。

7.1 概述

7.1.1 螺纹的分类及使用要求

螺纹是机电设备、仪器、仪表中应用最广泛的标准件之一。

按螺纹连接的结合性质和使用要求，螺纹可分为以下三类。

1. 普通螺纹

主要用于连接和紧固机械零部件，是应用最为广泛的一种螺纹。普通螺纹分粗牙螺纹和细牙螺纹两种。对这类螺纹结合的要求是可旋合性和连接的可靠性，同时要求具有拆卸方便的特点。

2. 传动螺纹

主要用于传递精确的位移、传递动力和运动，例如，机床中的丝杠和螺母，千斤顶的起重螺杆等。对这类螺纹结合的要求是传动准确、可靠，螺牙接触良好，以及具有足够的耐磨性等。

3. 密封螺纹

密封螺纹又称紧密螺纹，用于需要密封的螺纹连接。例如，管螺纹的连接，要求不漏水、不漏气、不漏油，结合紧密。对这类螺纹结合的要求是具有良好的旋合性及密封性。

本章主要介绍公制普通螺纹的公差配合及测量。本章涉及的国家标准为

GB/T 14791—1993《螺纹术语》

GB/T 192—1981《普通螺纹　基本牙型》

GB/T 193—2003《普通螺纹　直径与螺距标准组合系列》

GB/T 197—2003《普通螺纹　基本尺寸》

GB/T 197—2003《普通螺纹　公差与配合》

GB/T 2517—1981《普通螺纹　偏差表》

7.1.2 螺纹的主要几何参数

螺纹的几何参数取决于螺纹轴向剖面内的基本牙型。所谓基本牙型，是在等边原始三角形的基础上，削去顶部和底部所形成的，如图 7.1 所示。公制普通螺纹的基本尺寸见表 7.1，其直径与螺距的标准组合系列见表 7.2。

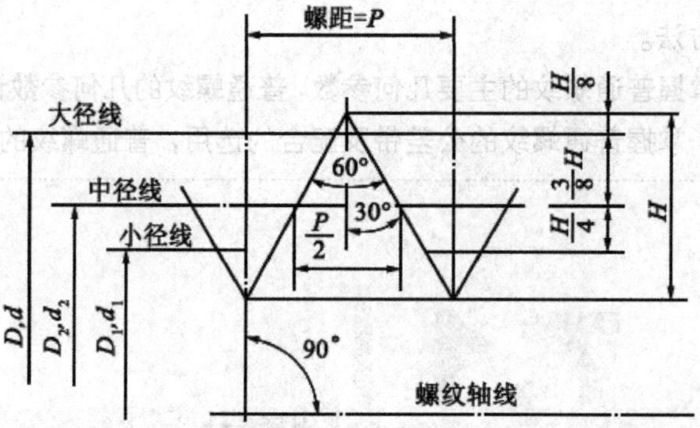

D—内螺纹大径；d—外螺纹大径；D_2—内螺纹中径；d_2—外螺纹中径；
D_1—内螺纹小径；d_1—外螺纹小径；P—螺距；H—原始三角形高度

图 7.1　普通螺纹的基本牙形

1. 大径（D，d）

大径是与外螺纹牙顶或与内螺纹牙底相切的假想圆柱体的直径。国家标准规定，普通螺纹大径的基本尺寸为螺纹的公称直径尺寸。对外螺纹而言，大径为顶径，外螺纹的大径用 d 表示；对内螺纹而言，大径为底径，内螺纹的大径用 D 表示。

2. 小径（D_1，d_1）

小径是与内螺纹牙顶或与外螺纹牙底相切的假想圆柱体的直径。对外螺纹而言，小径为底径，外螺纹小径用 D_1 表示；对内螺纹而言，小径为顶径，内螺纹小径用 d_1 表示。

3. 中径（D_2，d_2）

中径是一个假想圆柱的直径，该假想圆柱的母线通过螺牙牙型上沟槽和凸起宽度相等的地方，该假想圆柱称为中径圆柱。内螺纹的中径用 D_2 表示，外螺纹的中径用 d_2 表示。中径圆柱的轴线称为螺纹轴线，中径圆柱的母线称为螺纹中径线。

4. 螺距（P）和导程（P_h）

螺距 P 是指相邻牙型同一侧面在中径线上对应两点之间的轴向距离。导程 P_h 指在同一条螺

旋上相邻牙型在中径线上对应两点之间的轴向距离。对单头螺纹，导程等于螺距；对多头螺纹，导程是螺距 P 与螺旋线数 P_h 的乘积，即导程 $P_h=n\times P$。

5. 牙型角（α）和牙型半角（$\alpha/2$）

牙型角 α 是指在螺纹牙型轴截面上相邻两牙侧面之间的夹角，公制普通螺纹的牙型角 $\alpha=60^{\circ}$；牙型半角是某一牙侧与螺纹轴线的垂线之间的夹角，公制普通螺纹的牙型半角 $\alpha/2=30^{\circ}$，如图 7.1 所示。牙型半角的大小和倾斜方向对螺纹的旋合性、接触面积都有影响，故牙型半角是螺纹公差与配合的主要参数之一。

6. 螺牙三角形高度（H）

指由原始三角形顶点沿垂直于轴线方向到其底边的距离 H，如图 7.1 所示。

7. 螺旋线升角（ϕ）

螺旋线升角是指在中径圆柱上，螺旋线的切线与垂直螺纹轴线的平面之间的夹角，如图 7-2（a）所示。从图 7.2（b）中可以看出，它与导程和中径之间的关系为

$$\tan\phi=\frac{P_h}{\pi d_2}$$

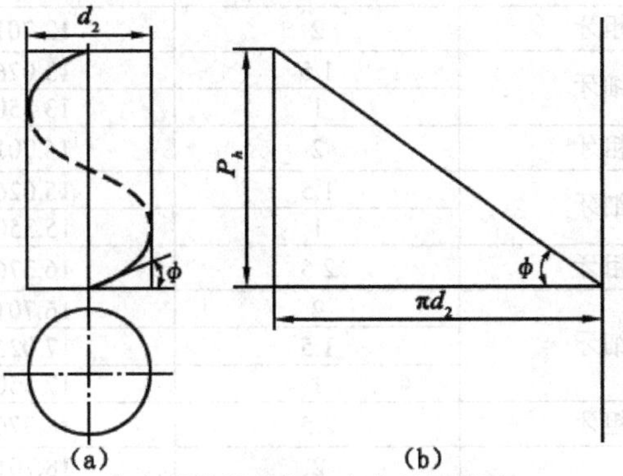

（a）螺旋线升角ϕ；（b）计算简图

图 7.2　螺纹的螺旋线升角

8. 螺纹旋合长度（L）和螺牙接触高度

螺纹旋合长度指两个相互配合的螺纹，沿螺纹轴线方向上相互旋合部分的长度。螺牙接触高度指两个相互配合的螺纹，螺牙牙侧重合部分在垂直于螺纹轴线方向上的距离。螺纹旋合长度（L）和螺牙接触高度如图 7.3 所示。

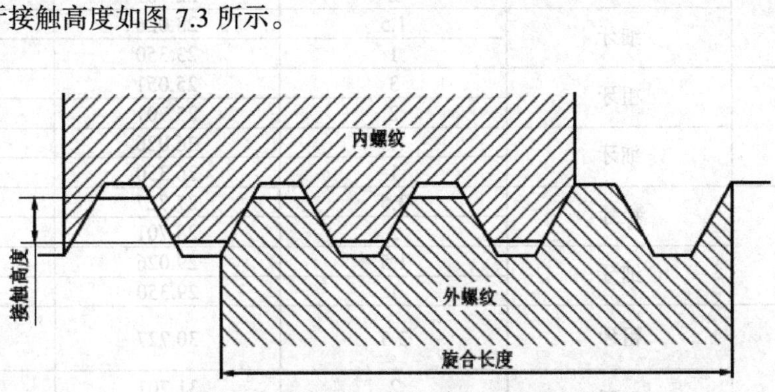

图 7.3　螺牙接触高度和螺纹旋合长度

表 7.1　普通螺纹的基本尺寸（摘自 GB/T 196—2003）

公称直径 D、d	螺距 P		中径 D_2 或 d_2	小径 D_1 或 d_1
4	粗牙	0.7	3.545 35	3.242 25
	细牙	0.5	3.675 25	3.458 75
5	粗牙	0.8	4.480 4	4.134
	细牙	0.5	4.675 25	4.457 5
6	粗牙	1	5.350	4.917
	细牙	0.75	5.513	5.188
8	粗牙	1.25	7.188	6.647
	细牙	1	7.350 3	6.917
		0.75	7.513	7.188
10	粗牙	1.5	9.026	8.376
	细牙	1.25	9.188	8.647
		1	9.350	8.917
		0.75	9.513	9.188
12	粗牙	1.75	10.863	10.106
	细牙	1.5	11.026	10.376
		1.25	11.188	10.647
		1	11.350	10.917
14	粗牙	2	12.701	11.835
	细牙	1.5	13.026	12.376
		1	13.350	12.917
16	粗牙	2	14.701	13.835
	细牙	1.5	15.026	14.376
		1	15.350	14.917
18	粗牙	2.5	16.376	15.294
	细牙	2	16.701	15.835
		1.5	17.026	16.376
		1	17.350	16.917
20	粗牙	2.5	18.376	17.294
	细牙	2	18.701	17.835
		1.5	19.026	18.376
		1	19.350	18.917
22	粗牙	2.5	20.376	19.294
	细牙	2	20.701	19.835
		1.5	21.026	20.376
		1	21.350	20.917
24	粗牙	3	22.051	20.752
		2	22.701	21.835
	细牙	1.5	23.026	22.376
		1	23.350	22.917
27	粗牙	3	25.051	23.752
		2	25.701	24.835
	细牙	1.5	26.026	25.376
		1	26.350	25.917
30	粗牙	3.5	27.727	26.211
		2	28.701	27.835
	细牙	1.5	29.026	28.376
		1	29.350	28.917
33	粗牙	3.5	30.727	29.211
	细牙	2	31.701	30.835
		1.5	32.026	31.376

续表

公称直径 D、d	螺距 P		中径 D_2 或 d_2	小径 D_1 或 d_1
36	粗牙	4	33.402	31.670
		3	34.051	32.752
	细牙	2	34.7.1	33.835
		1.5	35.026	34.376
39	粗牙	4	36.402	34.670
		3	37.051	35.752
	细牙	2	37.701	36.835
		1.5	38.026	37.376
42	粗牙	4.5	39.077	37.129
		3	40.051	38.752
	细牙	2	40.701	39.835
		1.5	41.026	40.376
45	粗牙	4.5	42.077	40.129
		3	43.051	41.752
	细牙	2	43.701	42.835
		1	44.026	43.376
48	粗牙	5	44.752	42.587
		3	46.051	44.752
	细牙	2	46.701	45.835
		1.5	47.026	46.376
52	粗牙	5	48.752	46.587
		3	50.051	48.752
	细牙	2	50.701	49.835
		1.5	51.026	50.376
56	粗牙	5.5	52.428	50.046
		4	53.402	51.670
	细牙	3	54.051	52.752
		2	54.701	53.835
		1.5	55.026	54.376

表 7.2　　直径与螺距的标准组合系列（摘自 GB/T193—2003）

公称直径 D、d			螺距 P						
第 1 系列	第 2 系列	第 3 系列	粗牙	细牙					
				8	6	4	3	2	1.5
		40					3	2	1.5
42			4.5			4	3	2	1.5
	45		4.5			4	3	2	1.5
48			5			4	3	2	1.5
		50					3	2	1.5
	52		5			4	3	2	1.5
		55				4	3	2	1.5

续表

公称直径 D、d			螺距 P						
第1系列	第2系列	第3系列	粗牙	细牙					
				8	6	4	3	2	1.5
56			5.5			4	3	2	1.5
		58				4	3	2	1.5
	60		5.5			4	3	2	1.5
		62				4	3	2	1.5
64			6			4	3	2	1.5
		65				4	3	2	1.5
	68		6			4	3	2	1.5
		70			6	4	3	2	1.5
72					6	4	3	2	1.5
		75				4	3	2	1.5
	76				6	4	3	2	1.5
		78						2	
80					6	4	3	2	1.5
		82						2	
	85				6	4	3	2	
90					6	4	3	2	
	95				6	4	3	2	
100					6	4	3	2	
	105				6	4	3	2	
110					6	4	3	2	
	115				6	4	3	2	
	120				6	4	3	2	
125				8	6	4	3	2	
	130			8	6	4	3	2	
		135			6	4	3	2	
140				8	6	4	3	2	
		145			6	4	3	2	
	150			8	6	4	3	2	
		155			6	4	3		
160				8	6	4	3		
		165			6	4	3		
	170			8	6	4	3		
		175			6	4	3		
180				8	6	4	3		
		185			6	4	3		
	190			8	6	4	3		
		195			6	4	3		
200				8	6	4	3		
		205			6	4	3		

续表

公称直径 D、d			螺距 P						
第 1 系列	第 2 系列	第 3 系列	粗牙	细牙					
				8	6	4	3	2	1.5
	210			8	6	4	3		
		215			6	4	3		
220				8	6	4	3		
		225			6	4	3		
		230		8	6	4	3		
		235			6	4	3		
	240			8	6	4	3		
		245			6	4	3		
250				8	6	4	3		
		255			6	4			
	260			8	6	4			
		265			6	4			
		270		8	6	4			
		275			6	4			
280				8	6	4			
		285			6	4			
		290		8	6	4			
		295			6	4			
	300			8	6	4			

注：1. 仅用于发动机的火花塞；2. 仅用于轴承的锁紧螺母。

7.2 普通螺纹几何参数误差对螺纹互换性的影响

普通螺纹的主要几何参数有大径、小径、中径、螺距和牙型半角等五个。在加工过程中，这些参数不可避免都会产生一定的误差，这些误差将影响螺纹的旋合性、螺牙接触高度和螺纹连接的可靠性，从而影响螺纹结合的互换性。以下介绍螺纹大径偏差、小径偏差、牙型半角偏差及螺距偏差对螺纹互换性的影响。

7.2.1 大径偏差、小径偏差对螺纹互换性的影响

国标规定，螺纹结合时在螺牙相互旋合的大径处或小径处不准接触。根据这一规定，内螺

纹的大径和小径的实际尺寸应当大于外螺纹的大径和小径的实际尺寸。实际加工螺纹时，从工艺简单性和使用方便性考虑，都是使牙底处加工成为略呈凹圆弧状，以防止内外螺纹旋合时能发生的螺纹干涉。但是，如果内螺纹的小径过大或外螺纹的大径过小，将会明显减小螺牙重合高度，从而影响螺纹的连接可靠性，所以对螺纹的顶径，即内螺纹的小径和外螺纹的大径，均规定了公差。

从保证互换性的角度看，对内螺纹大径只要考虑与外螺纹大径之间不发生干涉，因此，只须限制内螺纹的最小大径；而外螺纹小径不仅要与内螺纹小径保持间隙，还应考虑牙底形状对螺纹连接强度的削弱影响，因此，必须限制外螺纹的最大小径，还要考虑限制牙底形状和限制牙底圆弧的最小圆弧半径。

7.2.2 螺距偏差对螺纹互换性的影响

对普通螺纹来说，螺距偏差主要影响螺纹的可旋合性和连接的可靠性；对传动螺纹来说，螺距偏差直接影响传动精度，影响螺牙所受载荷的分布均匀性。螺距偏差包括单个螺距偏差和螺距累积偏差两种。前者是指单个螺距的实际尺寸与其基本尺寸之代数差，后者是指旋合长度内，任意螺距的实际尺寸与其基本尺寸之代数差。后者对螺纹旋合性的影响更为明显。为了保证可旋合性，必须对旋合长度范围内任意两螺牙之间的螺距最大累积偏差加以控制。螺距偏差和螺距累积偏差对旋合性的影响如图 7.4 所示。

图 7.4 中，假定画有阴影线的内螺纹具有标准基本牙型，且内外螺纹的中径及牙型半角都相同，但外螺纹的螺距有偏差。旋合后，内外螺纹的牙型产生干涉（图中阴影重叠部分），外螺纹将不能自由旋入内螺纹。为了使存在螺距偏差的外螺纹仍可自由旋入标准内螺纹，在制造过程中应将外螺纹的实际中径减小一个数值 f_p（或者将标准内螺纹的实际中径加大一个数值 f_p），以防止或消除此干涉区。这个实际中径的加大量或减少量 f_p 就是螺距偏差的影响折算到中径上的补偿值，称为螺距偏差的中径当量。从图 7.4 中 $\triangle abc$ 的几何关系可得

$$f_p = \left|\Delta P_\Sigma\right| \times \cot\frac{\alpha}{2}$$

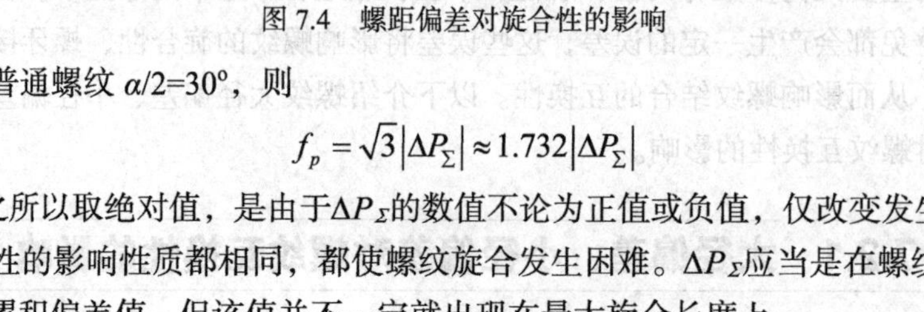

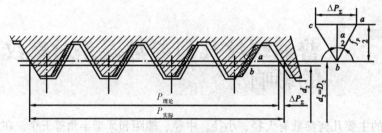

图 7.4 螺距偏差对旋合性的影响

对于公制普通螺纹 $\alpha/2=30°$，则

$$f_p = \sqrt{3}\left|\Delta P_\Sigma\right| \approx 1.732\left|\Delta P_\Sigma\right|$$

式中ΔP_Σ之所以取绝对值，是由于ΔP_Σ的数值不论为正值或负值，仅改变发生干涉的牙侧位置，但对旋合性的影响性质都相同，都使螺纹旋合发生困难。ΔP_Σ应当是在螺纹旋合长度范围内最大的螺距累积偏差值，但该值并不一定就出现在最大旋合长度上。

由上式可知，如果ΔP_Σ过大，内、外螺纹中径要分别增大或减小许多，这样虽可保证旋合

性，却使螺纹实际接触的螺牙数目减少，载荷集中在螺牙接触面的接触部位，造成螺牙接触面接触压力增加，降低螺纹联接强度。

7.2.3 牙型半角偏差对螺纹互换性的影响

螺纹牙型半角偏差等于实际牙型半角与其理论牙型半角之差，分两种情况：一种是螺纹的牙型角等于60°，但左、右牙型半角不相等，例如，车床车削螺纹时的车刀安装歪斜造成$\alpha_1 \neq \alpha_2$，如图7.5（a）所示；另一种是螺纹的左、右牙型半角相等，但牙型角不等于60°，这是由于螺纹刀具的角度制造误差造成的，如图7.5（b）所示。不论哪种牙型半角偏差，都对螺纹的互换性产生影响。

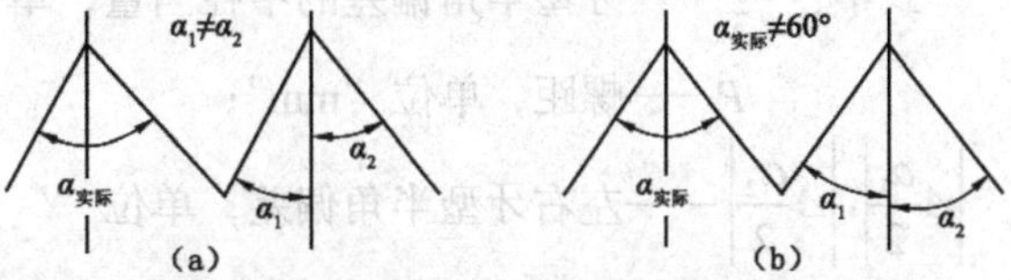

（a）螺纹车刀安装歪斜；（b）螺纹车刀角度不正确

图 7.5 牙型半角偏差

下面讨论螺纹牙型半角偏差对螺纹旋合性的影响。假设内螺纹具有理想的基本牙型，外螺纹的中径及螺距与内螺纹相同，仅牙型半角有偏差。在图7.6（a）中，外螺纹的左、右牙型半角相等，但小于内螺纹牙型半角，牙型半角偏差$\Delta\frac{\alpha}{2}=\frac{\alpha}{2}(外)-\frac{\alpha}{2}(内)<0$，则在其牙顶部分的牙侧发生干涉现象。在图7.6（b）中，外螺纹的左、右牙型半角相等，但大于内螺纹牙型半角，牙型半角偏差$\Delta\frac{\alpha}{2}=\frac{\alpha}{2}(外)-\frac{\alpha}{2}(内)>0$，则在其牙底部分的牙侧发生干涉现象。在图7.6（c）中，由$\triangle ABC$和$\triangle DEF$可以看出，当左、右牙型半角偏差不相同时，两侧牙型干涉区的干涉量也就不同。

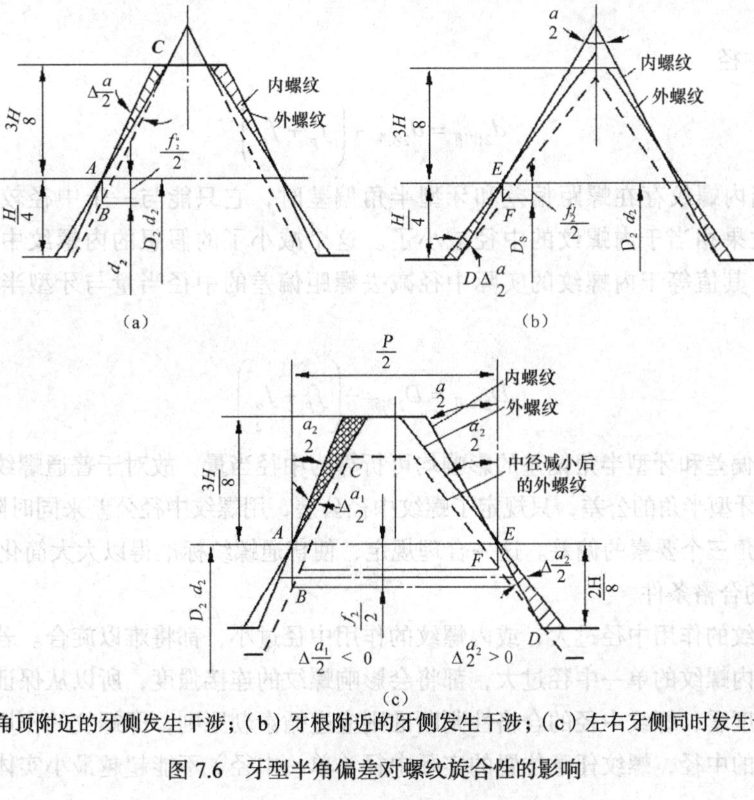

（a）角顶附近的牙侧发生干涉；（b）牙根附近的牙侧发生干涉；（c）左右牙侧同时发生干涉

图 7.6 牙型半角偏差对螺纹旋合性的影响

为了让带有牙型半角偏差的外螺纹仍能旋入内螺纹中，需要将外螺纹的中径减小，该中径减小量称为牙型半角偏差的中径当量$f_{\frac{\alpha}{2}}$。由图 7.6（c）中的几何关系，根据三角形正弦定理，可得到外螺纹牙型半角误差的中径当量为

$$f_{\frac{\alpha}{2}} = 0.073P\left(K_1\left|\Delta\frac{\alpha_1}{2}\right| + K_2\left|\Delta\frac{\alpha_2}{2}\right|\right)$$

式中：$f_{\frac{\alpha}{2}}$——牙型半角偏差的中径当量，单位“μm”；

P——螺距，单位“mm”；

$\left|\Delta\frac{\alpha_1}{2}\right|, \left|\Delta\frac{\alpha_2}{2}\right|$——左右牙型半角偏差，单位“′”；

K_1, K_2——系数。

对外螺纹，当牙型半角偏差为正值时，K_1（或 K_2）取 2；牙型半角偏差为负值时，K_1（或 K_2）取 3。对内螺纹，当牙型半角偏差为正值时，K_1（或 K_2）取 3；牙型半角偏差为负值时，K_1（或 K_2）取2。

7.2.4 螺纹作用中径及中径的合格条件

当外螺纹存在螺距偏差和牙型半角偏差时，为了保证旋合性，它只能与一个中径较大的标准内螺纹旋合，其效果相当于外螺纹的中径增大了。这个增大了的假想的外螺纹中径称为外螺纹的作用中径，其值等于外螺纹的实际中径加上螺距偏差的中径当量与牙型半角偏差的中径当量，即

1. 作用中径

$$d_{2作用} = d_{2实际} + \left(f_p + f_{\frac{\alpha}{2}}\right)$$

同理，当内螺纹存在螺距偏差和牙型半角偏差时，它只能与一个中径较小的标准外螺纹旋合，其效果相当于内螺纹的中径减小了。这个减小了的假想的内螺纹中径称为内螺纹的作用中径，其值等于内螺纹的实际中径减去螺距偏差的中径当量与牙型半角偏差的中径当量，即

$$D_{2作用} = D_{2实际} - \left(f_p + f_{\frac{\alpha}{2}}\right)$$

由于螺距偏差和牙型半角偏差的影响均可折算为中径当量，故对于普通螺纹，国家标准没有规定螺距及牙型半角的公差，只规定了螺纹中径公差，用螺纹中径公差来同时限制实际中径、螺距及牙型半角三个要素的偏差。这一合理规定，使普通螺纹标准得以大大简化。

2. 中径的合格条件

如果外螺纹的作用中径过大，或内螺纹的作用中径过小，都将难以旋合。若外螺纹的单一中径过小，或内螺纹的单一中径过大，都将会影响螺纹的连接强度，所以从保证螺纹旋合性和螺纹的连接强度看，螺纹中径的合格性判断准则应遵循泰勒原则，即螺纹的作用中径不能超越最大实体牙型的中径，螺纹任意位置的实际中径（单一中径）不能超越最小实体牙型的中径。

所谓最大实体牙型或最小实体牙型，是指在螺纹中径公差范围内，分别具有材料量最多或具有材料量最少、且与基本牙形形状一致的螺纹牙型。

对于外螺纹：作用中径不大于中径最大极限尺寸；任意位置的实际中径不小于中径最小极限尺寸，即

$$d_{2作用} \leqslant d_{2\max} 且 d_{2单一} \geqslant d_{2\min}$$

对于内螺纹：作用中径不小于中径最小极限尺寸；任意位置的实际中径不大于中径最小极限尺寸，即

$$D_{2作用} \geqslant D_{2\min} 且 D_{2单一} \leqslant D_{2\max}$$

7.3 普通螺纹的公差与配合

7.3.1 普通螺纹的公差带

国家标准 GB/T197—2003《普通螺纹公差与配合》对普通螺纹的公差制作了有关规定，其结构如图 7.7 所示。螺纹公差带由构成公差带大小的公差等级和确定公差带位置的基本偏差组成，同时考虑内、外螺纹的旋合长度，共同形成各种不同的螺纹精度。

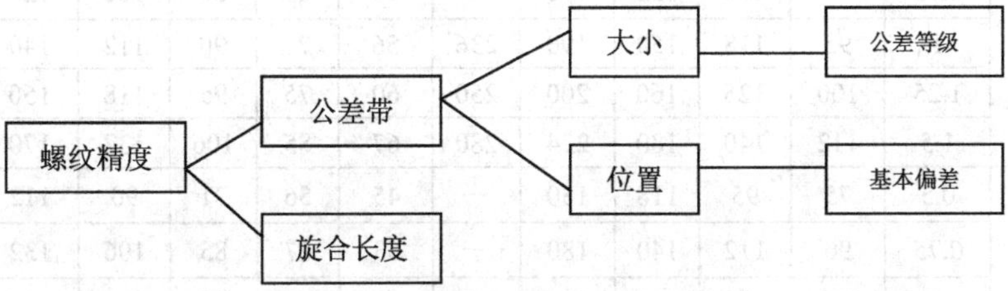

图 7.7 普通螺纹公差制的结构简图

1. 螺纹的公差等级

国家标准对内、外螺纹规定了不同的公差等级，在各公差等级中，3 级精度最高，9 级精度最低，其中 6 级为基本级。螺纹的公差等级见表 7.3。

表 7.3 螺纹的公差等级

螺纹直径	公差等级	螺纹直径	公差等级
内螺纹中径 D_2	4,5,6,7,8	外螺纹中径 d_2	3,4,5,6,7,8,9
内螺纹小径 D_1	4,5,6,7,8	外螺纹小径 d_1	4,6,8

螺纹的公差值是由经验公式计算而来的，普通螺纹的中径公差和顶径公差的数值参见表 7.4

和表 7.5。

表 7.4　　内、外螺纹的中径公差（摘自 GB/T 197—2003）

公称直径/mm		螺距	内螺纹中径公差 T_{D_2}					外螺纹中径公差 T_{d_2}						
>	≤	P/mm	公差等级					公差等级						
			4	5	6	7	8	3	4	5	6	7	8	9
0.99	1.4	0.2	40	—	—	—	—	24	30	38	48	—	—	—
		0.25	45	56	—	—	—	26	34	42	53	—	—	—
		0.3	48	60	75	—	—	28	36	45	56	—	—	—
1.4	2.8	0.2	42	—	—	—	—	25	32	40	50	—	—	—
		0.25	48	60	—	—	—	28	36	45	56	—	—	—
		0.35	53	67	85	—	—	32	40	50	63	80	—	—
		0.4	56	71	90	—	—	34	42	53	67	85	—	—
		0.45	60	75	95	—	—	36	45	56	71	90	—	—
2.8	5.6	0.35	56	71	90	—	—	34	42	53	67	85	—	—
		0.5	63	83	100	125	—	38	48	60	75	95	—	—
		0.6	71	90	112	140	—	42	53	67	85	106	—	—
		0.7	75	95	118	150	—	45	56	71	90	112	—	—
		0.75	75	95	118	150	—	45	56	71	90	112	—	—
		0.8	80	100	125	160	200	48	60	75	95	118	150	190
5.6	11.2	0.5	71	90	112	140	—	42	53	67	85	106	—	—
		0.75	85	106	132	170	—	50	63	80	100	125	—	—
		1	95	118	150	190	236	56	71	90	112	140	180	224
		1.25	100	125	160	200	250	60	75	95	118	150	190	236
		1.5	112	140	180	224	280	67	85	106	132	170	212	265
11.2	22.4	0.5	75	95	118	150	—	45	56	71	90	112	—	—
		0.75	90	112	140	180	—	53	67	85	106	132	—	—
		1	100	125	160	200	250	60	75	95	118	150	190	236
		1.25	112	140	180	224	280	67	85	106	132	170	212	265
		1.5	118	150	190	236	300	71	90	112	140	180	224	280
		1.75	125	160	200	250	315	75	95	118	150	190	236	300
		2	132	170	212	265	335	80	100	125	160	200	250	315
		2.5	140	180	224	280	355	85	106	132	170	212	265	335
22.4	45	0.75	95	118	150	190	—	56	71	90	112	140	—	—
		1	106	132	170	212	—	63	80	100	125	160	200	250
		1.5	125	160	200	250	315	75	95	118	150	190	236	300
		2	140	180	224	280	355	85	106	132	170	212	265	335
		3	170	212	265	335	425	100	125	160	200	250	315	400
		3.5	180	224	280	355	450	106	132	170	212	265	335	425
		4	190	236	300	375	475	112	140	180	224	280	355	450
		4.5	200	250	315	400	500	118	150	190	236	300	375	475

续表

公称直径/mm		螺距	内螺纹中径公差 T_{D_2}					外螺纹中径公差 T_{d_2}						
			公差等级					公差等级						
>	≤	P/mm	4	5	6	7	8	3	4	5	6	7	8	9
45	90	1	118	150	180	236	—	71	90	112	140	180	224	—
		1.5	132	170	212	265	335	80	100	125	160	200	250	315
		2	150	190	236	300	375	90	112	140	180	224	280	355
		3	180	224	280	355	450	106	132	170	212	265	335	425
		4	200	250	315	400	500	118	150	190	236	300	375	475
		5	212	265	335	425	530	125	160	200	250	315	400	500
		5.5	224	280	355	450	560	132	170	212	265	335	425	530
		6	236	300	375	475	600	140	180	224	280	355	450	560
90	180	1.5	140	180	224	280	355	85	106	132	170	212	265	335
		2	160	200	250	315	400	95	118	150	190	236	300	375
		3	190	236	300	375	475	112	140	180	224	280	355	450
		4	212	265	335	425	530	125	160	200	250	315	400	500
		6	250	315	400	500	630	150	190	236	300	375	475	600
180	355	2	180	224	280	355	450	106	132	170	212	265	335	425
		3	212	265	335	425	530	125	160	200	250	315	400	500
		4	236	300	375	475	600	140	180	224	280	355	450	560
		6	265	335	425	530	670	160	200	250	315	400	500	630

表 7.5　　内、外螺纹的顶径公差（摘自 GB/T 197—2003）

公差项目	内螺纹顶径（小径）公差 T_{D_1}					外螺纹顶径（大径）公差 T_{d_1}		
公差等级 螺距/mm	4	5	6	7	8	4	6	8
0.2	38	48	—	—	—	36	56	—
0.25	45	56	71	—	—	42	67	—
0.3	53	67	85	—	—	48	75	—
0.35	63	80	100	—	—	53	85	—
0.4	71	90	112	—	—	60	95	—
0.45	80	100	125	—	—	63	100	—
0.5	90	112	140	180	—	67	106	—
0.6	100	125	160	200	—	80	125	—
0.7	112	140	180	224	—	90	140	—
0.75	118	150	190	236	—	90	140	—
0.8	125	160	200	250	315	95	150	236
1	150	190	236	300	375	112	180	280
1.25	170	212	265	335	425	132	212	335
1.5	190	236	300	375	475	150	236	375
1.75	212	265	335	425	530	170	265	425
2	236	300	375	475	600	180	280	450
2.5	280	355	450	560	710	212	335	530

续表

公差项目	内螺纹顶径（小径）公差 T_{D_1}					外螺纹顶径（大径）公差 T_{d_1}		
公差等级 螺距/mm	4	5	6	7	8	4	6	8
3	315	400	500	630	800	236	375	600
3.5	355	450	560	710	900	265	425	679
4	375	475	600	750	950	300	475	750
4.5	425	530	670	850	1060	315	500	800
5	450	560	710	900	1120	335	530	850
5.5	475	600	750	950	1180	355	560	900
6	500	630	800	1000	1250	375	600	950

考虑到内螺纹的加工比外螺纹困难，在同一公差等级中，内螺纹的中径公差比外螺纹的中径公差大 32%。对外螺纹的小径和内螺纹的大径没有规定具体的公差值，而只是规定内、外螺纹牙底部实际轮廓上的任何点均不得超出按基本偏差所确定的最大实体牙型。

2. 螺纹的基本偏差

螺纹公差带的位置由基本偏差确定。螺纹的基本牙型是计算螺纹偏差的基准，内、外螺纹的公差带相对于基本牙型的位置，与圆柱体的公差带位置一样，由基本偏差来确定。对于外螺纹，基本偏差是指上偏差（*es*）；对于内螺纹，基本偏差是指下偏差（*EI*）。

在普通螺纹标准中，对内螺纹规定了代号为 G、H 的两种基本偏差，对外螺纹规定了代号为 e、f、g、h 的四种基本偏差，如图 7.8 所示。内外螺纹的基本偏差数值见表 7.6。

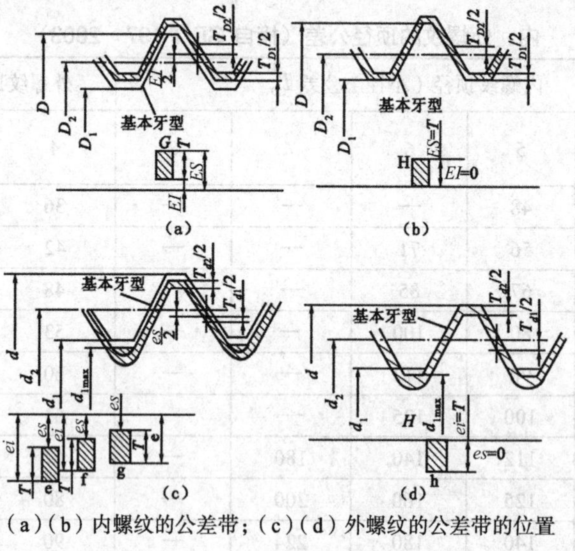

（a）（b）内螺纹的公差带；（c）（d）外螺纹的公差带的位置

图 7.8 内、外螺纹公差带的位置

表 7.6 内、外螺纹的基本偏差（摘自 GB/T 197—2003）

螺距 P/mm	基本偏差					
	内螺纹 D_2、D_1/mm		外螺纹 d、d_2/mm			
	G	H	e	f	g	h
	EI		*es*			
0.2	+17	0	—	—	−17	0
0.25	+18	0	—	—	−18	0

续表

螺距 P/mm	基本偏差					
	内螺纹 D_2、D_1/mm		外螺纹 d、d_2/mm			
	G	H	e	f	g	h
	EI		*es*			
0.3	+18	0	—	—	−18	0
0.35	+19	0	—	−34	−19	0
0.4	+19	0	—	−34	−19	0
0.45	+20	0	—	−35	−20	0
0.5	+20	0	−50	−36	−20	0
0.6	+21	0	−53	−36	−21	0
0.7	+22	0	−56	−38	−22	0
0.75	+22	0	−56	−38	−22	0
0.8	+24	0	−60	−38	−24	0
1	+26	0	−60	−40	−26	0
1.25	+28	0	−63	−42	−28	0
1.5	+32	0	−67	−45	−32	0
1.75	+34	0	−71	−48	−34	0
2	+38	0	−71	−52	−38	0
2.5	+42	0	−80	−58	−42	0
3	+48	0	−85	−63	−48	0
3.5	+53	0	−90	−70	−38	0
4	+60	0	−95	−75	−42	0
4.5	+63	0	−100	−80	−48	0
5	+71	0	−106	−85	−71	0
5.5	+75	0	−112	−90	−75	0
6	+80	0	−118	−95	−80	0

7.3.2 普通螺纹的精度和旋合长度

国家标准按螺纹的直径和螺距将旋合长度分为三组，分别称为短旋合长度组（*S*）、中旋合长度组（*N*）、长旋合长度组（*L*），以满足普通螺纹不同使用性能的要求。

螺纹的旋合长度与螺纹精度有关。当公差等级一定时，螺纹的旋合长度越长，螺距累积误差越大，加工就越困难。因此，公差等级相同而旋合长度不同的螺纹，精度等级不相同。标准按螺纹公差等级和旋合长度将螺纹精度分为精密、中等和粗糙三级。螺纹精度等级的高低代表着螺纹加工的难易程度。精密级用于精密螺纹，要求配合性质的变动量很小时采用；中等级用于一般用途的机械和构件，较多情况采用；粗糙级用于精度要求不高或制造比较困难的螺纹，例如，在热轧棒料上或在深盲孔内加工螺纹等特殊情况。

通常情况下，以中等旋合长度的 6 级公差等级作为螺纹配合的中等精度，精密级与粗糙级都是相对中等级比较而言的。各种旋合长度的数值见表 7.7。

表 7.7　　普通螺纹旋合长度（摘自 GB/T 197—2003）

螺纹的旋合长度　单位（mm）						
公称直径 D、d/mm		螺距 P/mm	旋合长度			
			S（短）	N（中等）		L（长）
>	≤		≤	>	≤	>
5.6	11.2	0.5	1.6	1.6	4.7	4.7
		0.75	2.4	2.4	7.1	7.1
		1	3	3	9	9
		1.25	4	4	12	12
		1.5	5	5	15	15
11.2	22.4	0.5	1.8	1.8	5.4	5.4
		0.75	2.7	2.7	8.1	8.1
		1	3.8	3.8	11	11
		1.25	4.5	4.5	13	13
		1.5	5.6	5.6	16	16
		1.75	6	6	18	18
		2	8	8	24	24
		2.5	10	10	30	30
22.4	45.0	0.75	3.1	3.1	9.4	9.4
		1	4	4	12	12
		1.5	6.3	6.3	19	19
		2	8.5	8.5	25	25
		3	12	12	36	36
		3.5	15	15	45	45
		4	18	18	53	53
		4.5	21	21	63	63

注：一般不标旋合长度则表示中等精度；必要时标注其代号，例如 M10-5g6g-*S*；特殊需要时可标注数值，例如 M10-7g6g-30。

7.3.3　普通螺纹的公差带及配合的选用

按照内、外螺纹不同的基本偏差和公差等级，可以组成很多种螺纹公差带。在实际生产应用中，为了减少螺纹刀具和螺纹量规的规格与数量，GB/T 197—2003 推荐了内、外螺纹的常用公差带，见表 7.8 和表 7.9。除特殊情况外，表中以外的其他公差带不宜选用。

表中的内螺纹公差带与外螺纹公差带可以形成任意组合，但是为了保证内、外螺纹旋合后具有足够的螺牙接触高度，推荐优先组成 H/g、H/h 或 G/h 配合。对于公称直径小于 1.4 mm 的螺纹，则应选用 5H/6h、4H/6h 或更精密的配合。

普通螺纹公差带的优先选用顺序为：粗字体公差带、一般字体公差带、括号内公差。带有方框的粗字体公差带可以用于大批量生产的紧固件螺纹。

如无其他特殊说明，表 7.8 和表 7.9 中的推荐公差带适用于涂镀前螺纹，且为薄涂镀层（如电镀）螺纹。涂镀后螺纹实际轮廓上的任意点不应超越按公差位置 H 和 h 所确定的最大实体牙型；内、外螺纹螺牙底部实际轮廓上的任意点，均不应超越按基本牙型和公差带位置所确定的最大实体牙型。

表 7.8　　内螺纹的推荐公差带（摘自 GB/T 197—2003）

配合精度	公差带位置 G			公差带位置 H		
	S	*N*	*L*	*S*	*N*	*L*
精密	——			4H	4H、5H	5H、6H
中等	（5G）	*6G	（7G）	*5H	□6H	*7H
粗糙	——	（7G）	（8G）		7H	8H

注：□为“推荐选用”；*为“优先选用”；( ) 为“尽量用”。内外螺纹的选用公差带可任意组合，推荐选用 H/g、H/h、G/h 组合。

表 7.9　　外螺纹的推荐公差带（摘自 GB/T 197—2003）

配合精度	公差带位置 e			公差带位置 f			公差带位置 g			公差带位置 h		
	S	*N*	*L*	*S*	*N*	*L*	*S*	*N*	*L*	*S*	*N*	*L*
精密	——	——	——	——	——	——	——	（4g）	（5g4g）	（3h4h）	*4h	（5h4h）
中等	—— ——	*6e	（7e6e）		*6f	——	（5g6g）	□6g	（7g6g）	（5h6h）	*6h	（7h6h）
粗糙	—— ——	（8e）	（9e8e）	——	——	——		8g	（9g8g）	——	（8h）	——

注：□为“推荐选用”；*为“优先选用”；（ ）为“尽量用”。内外螺纹的选用公差带可任意组合，推荐选用 H/g、H/h、G/h 组合。

7.3.4　普通螺纹的标注及实例

普通螺纹的完整标记由螺纹特征代号、螺纹尺寸代号、螺纹公差代号等组成。各代号之间用符号“—”分开。例如：

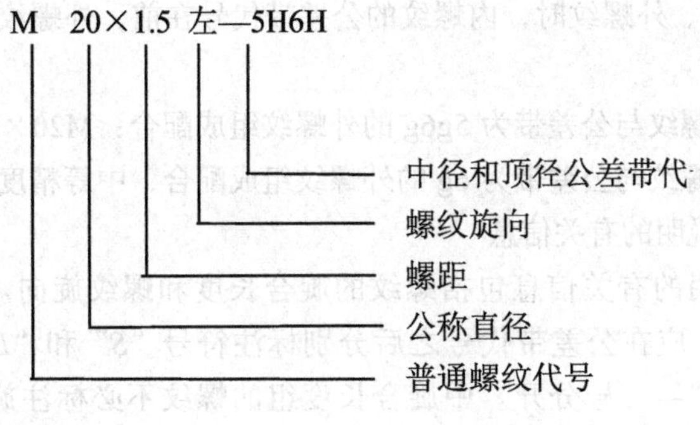

1. 螺纹特征代号

螺纹特征代号用字母 M 表示。

2. 螺纹尺寸代号

（1）单线螺纹的尺寸代号为“公称直径 × 螺距”，公称直径和螺距的数值单位为毫米。对于普通粗牙螺纹，可以省略螺距。例如：

公称直径为 8 mm、螺距为 1 mm 的单线细牙螺纹：M8 × 1

公称直径为 8 mm、螺距为 1.25 mm 的单线粗牙螺纹：M8

（2）多线螺纹的尺寸代号为“公称直径 × P_h（导程）P（螺距）”，公称直径、导程和螺距的数值单位为毫米。如果要进一步说明螺纹线数，可在后面增加的括号内使用英语进行说明（双线为 two stars；三线为 three stars；四线为 four stars，例如：

公称直径为 16 mm、螺距为 1.5 mm、导程为 3 mm 的双线螺纹：

M16 × P_h3P1.5 或 M16 × P_h3P1.5（two stars）

3．螺纹公差带代号

螺纹的公差带代号包含中径公差带代号和顶径公差带代号。中径公差带代号在前，顶径公差带代号在后。如果中径公差带代号与顶径公差带代号相同，则只须标注一个公差带代号。螺纹的尺寸代号与公差带代号之间用符号“—”号分开。例如：

中径公差带为 5g、顶径公差带为 6g 的外螺纹：M10 × 1—5g6g

中径公差带和顶径公差带均为 6g 的粗牙外螺纹：M10—6g

中径公差带为 5H、顶径公差带为 6H 的内螺纹：M10 × 1—5H6H

中径公差带和顶径公差带均为 6H 的粗牙内螺纹：M10 × 1—6H

在下列情况下，中等精度螺纹不标注其公差带代号。

内螺纹：

–5H 公称直径≤1.4 mm

–6H 公称直径≥1.6 mm

注：对螺距为 0.2 mm 的螺纹，其公差等级为 4 级。

外螺纹：

–6h 公称直径小于和等于 1.4 mm

6g 公称直径大于和等于 1.6 mm

例如：

中径公差带和顶径公差带均为 6g，中等精度的粗牙外螺纹：M10

中径公差带和顶径公差带均为 6H，中等精度的粗牙内螺纹：M10

表示组成配合的内、外螺纹时，内螺纹的公差带代号在前，外螺纹的公差带代号在后，中间用斜线分开。例如：

公差带为 6H 的内螺纹与公差带为 5g6g 的外螺纹组成配合：M20 × 2—6H/5g6g

公差带为 6H 的内螺纹与公差带为 6g 的外螺纹组成配合，中等精度，粗牙螺纹：M6

4．标记内有必要说明的有关信息

标记内有必要说明的有关信息包括螺纹的旋合长度和螺纹旋向。对于短旋合长度组和长旋合长度组的螺纹，应在公差带代号之后分别标注符号“*S*”和“*L*”，并在旋合长度代号与公差带之间用符号“—”号分开。中旋合长度组的螺纹不必标注旋合长度代号（*N*）。例如：

短旋合长度的内螺纹：M20 × 2—5H—*S*

长旋合长度的内、外螺纹：M7—7H/7g6g—*L*

中旋合长度的外螺纹（粗牙、中等精度的 6g 公差带）：M6

对于左旋螺纹，应在旋合长度代号之后标注“*LH*”代号，并在旋合长度代号与旋向代号之间用符号“—”分开。右旋螺纹不必标注旋向代号。例如：

左旋螺纹：M8 × 1—LH（公差带代号和旋合长度代号被省略）

M6 × 0.75—5h6h—*S*—*LH*

M14 × P_h6*P*2—7H—*L*—*LH*

M14 × P_h6*P*2（three stars）—7H—*L*—*LH*

右旋螺纹：M6（螺距、公差带代号、旋合长度代号和旋向代号被省略）

例 7.1 求出 M20—6H/5g6g 普通内、外螺纹的中径、大径和小径的基本尺寸、极限偏差和极限尺寸。

解：1.由表 7.2，查得螺距 P=2.5 mm

2. 由表 7.1，查得大径 D=d=20 mm

中径 D_2=d_2=18.376 mm

小径 D_1=d_1=17.294 mm

3. 由表 7.4、表 7.5 查得极限偏差（mm）

	ES（*es*）	*EI*（*ei*）
内螺纹大径	不规定	0
中径	+0.224	0
小径	+0.450	0
外螺纹大径	−0.042	−0.377
中径	−0.042	−0.374
小径	−0.042	不规定

4. 计算极限尺寸（mm）

	最大极限尺寸	最小极限尺寸
内螺纹大径	不超过实体牙型	20
中径	18.600	18.376
小径	17.744	17.294
外螺纹大径	19.958	19.628
中径	18.334	18.202
小径	17.252	不超过实体牙型

7.4 普通螺纹的测量

普通螺纹的测量方法可分为综合测量和单项测量。

7.4.1 普通螺纹的综合测量

普通螺纹的综合测量，可以用投影仪或螺纹量规进行。生产中主要用螺纹量规来控制螺纹的极限轮廓，适用于成批生产。

外螺纹的大径和内螺纹的小径分别用光滑极限环规（卡规）和光滑极限塞规检查，其他参数也均用螺纹量规检查。

根据螺纹中径合格性的判断原则，螺纹量规的通端和止端在螺纹长度和牙型上的结构特征是不相同的。螺纹量规通端主要用于检查作用中径不得超出其最大实体牙型中径（同时控制螺纹的底径），应该具有完整的牙型，且其螺纹长度至少要等于螺纹工件旋合长度的 80%。当螺纹通规可以和螺纹工件自由旋合时，就表示螺纹工件的作用中径未超出最大实体牙型。螺纹量规的止端只控制螺纹的实际中径不得超出其最小实体牙型中径，为了消除螺距误差和牙型半角误差的影响，其牙型应做成截短牙型，且螺纹长度只留有 2～3.5 牙。用螺纹环规检验外螺纹如图 7.9 所示，用螺纹塞规检验内螺纹如图 7.10 所示。

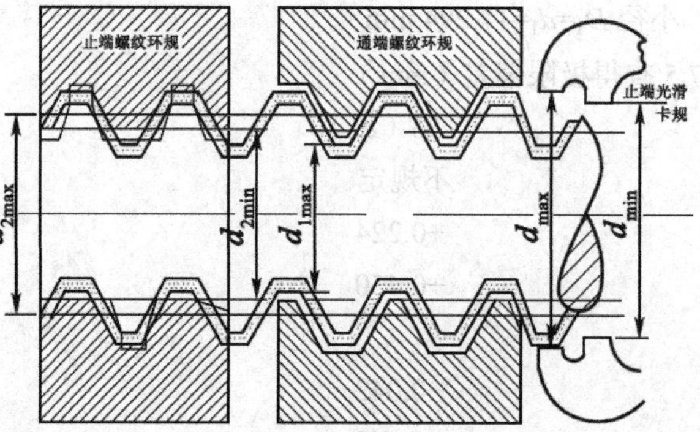

图 7.9　用螺纹环规检验外螺纹

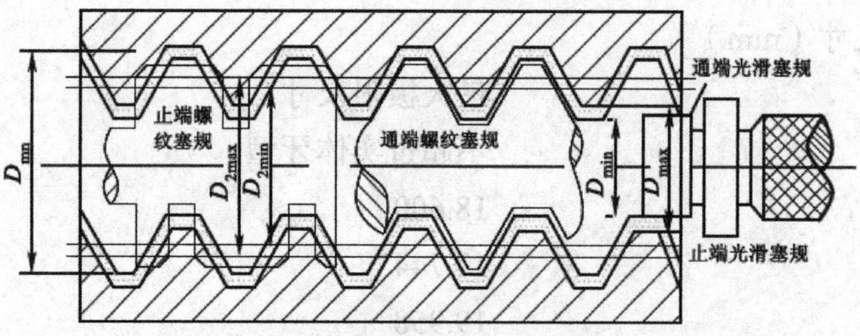

图 7.10　用螺纹塞规检验内螺纹

7.4.2　普通螺纹的单项测量

普通螺纹的单项测量，一般分别测量螺纹的各个参数，主要有中径、螺距、牙型半角和顶径。螺纹的单项测量主要用于螺纹工件的工艺分析或螺纹量规和螺纹刀具的质量检查。

1. 用螺纹千分尺测量外螺纹中径

在实际生产中，车间常采用螺纹千分尺测量低精度螺纹。螺纹千分尺的结构和一般外径千分尺相似，只是两个测量面可以根据不同的螺纹牙型和螺距选用不同的测量头。螺纹千分尺的结构如图 7.11 所示。

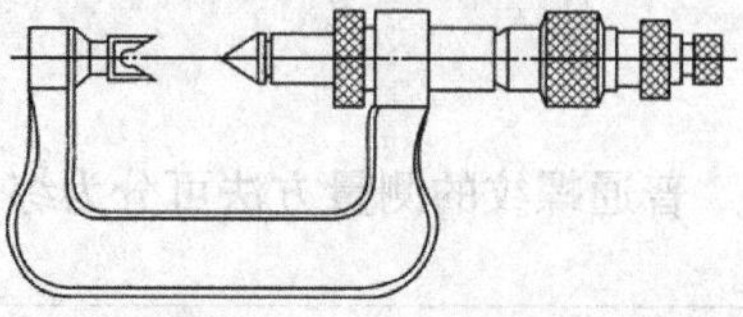

图 7.11　螺纹千分尺

2. 三针法测量外螺纹中径

三针法是一种间接测量方法，主要用于测量精密外螺纹（如丝杠、螺纹塞规）的中径 d_2，如图 7.12 所示。根据被测螺纹的螺距和牙型半角，选取三根直径相同的高精度量针（直径为 d_0）放在螺纹牙槽内，借助量仪（机械测微仪、光学计、测长仪等）测量出尺寸 M 值，然后根据被测螺纹已知的螺距 P、牙型半角 $\alpha/2$ 和量针的直径 d_0，按下式计算螺纹中径的实际尺寸。

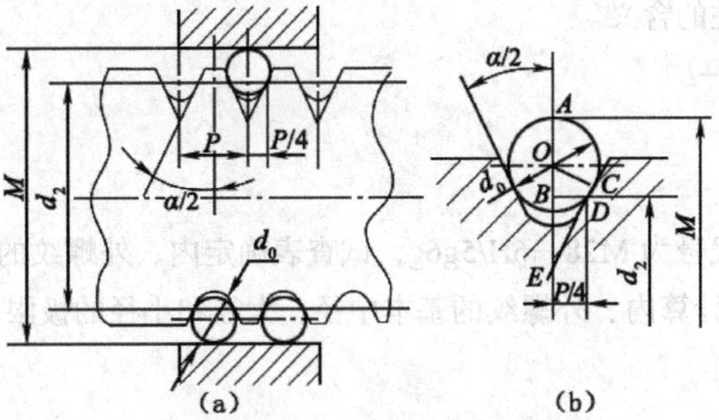

（a）测量装置示意图；（b）计算简图

图 7.12　用三针法测量外螺纹中径

$$d_2 = M - d_0\left[1+\frac{1}{\sin\dfrac{\alpha}{2}}\right]+\frac{p}{2}\left(\cot\frac{\alpha}{2}\right)$$

对于公制螺纹，$\dfrac{\alpha}{2}=30^\circ$，$d_{0最佳}=0.577\,35P$

对于梯形螺纹，$\dfrac{\alpha}{2}=15^\circ$，$d_{0最佳}=0.517\,65P$

3. 用工具显微镜测量螺纹各要素

用工具显微镜测量螺纹属于影像法测量，可以测得螺纹的各种参数，例如，螺纹的大径、中径、小径、螺距和牙型角等。多种精密螺纹，例如，螺纹量规、精密丝杠、传动螺杆、滚刀等，都可在工具显微镜上进行测量。具体测量方法，可参阅有关仪器的操作和使用说明。

小 结

普通螺纹是应用最广泛的连接螺纹，在机械设备和仪器仪表中常用于连接和紧固零件，为达到规定的使用功能要求，并保证螺纹结合的互换性，必须满足可旋合性和连接可靠性两个基本要求。通过对螺纹的检测，掌握普通螺纹的基本知识，识读螺纹的标记，学会普通螺纹的测量方法，学会运用普通螺纹的常用检测量具，并完成螺纹的相关计算和极限偏差的确定。

习 题

1. 影响普通螺纹互换性的主要因素有哪些？

2. 为什么普通螺纹精度由螺纹公差带和螺纹旋合长度共同决定？

3. 同一精度级别的螺纹，为什么旋合长度不同，中径公差等级也不同？

4. 普通螺纹的中径公差分几级？内、外螺纹有何不同？常用的公差等级是多少级？

5. 解释下列螺纹标注的含义。

（1）M24 × 2—5H6H—*L*

（2）M20—7g6g

（3）M30—6H/6g

6. 一对螺纹的配合代号为M28—6H/5g6g，试查表确定内、外螺纹的基本中径、大径和小径的基本尺寸和极限偏差，并计算内、外螺纹的基本中径、大径和小径的极限尺寸。

第8章 渐开线圆柱齿轮精度及检测

学习提示及要求

齿轮传动是机械传动中的一个重要组成部分，它起着传递动力和运动的重要作用。由于其传动的可靠性好、承载能力强、制造工艺成熟等优点，传动齿轮广泛应用于机器、仪器制造业。

本章要求学生通过学习，明确齿轮传动的应用要求，熟悉与应用要求相对应的评定指标的含义及表示代号，掌握齿轮精度等级的表达方法、评定指标的检验方法、传动精度的设计方法。

8.1 概述

齿轮传动应用极为广泛。齿轮传动的质量与齿轮的制造精度和装配精度密切相关。因此，为了保证齿轮传动质量，就要规定相应的公差，并进行合理的检测。由于渐开线圆柱齿轮应用最广，本章主要介绍渐开线圆柱齿轮的精度设计及检测方法。2001 年国家发布了 GB/T10095.1—2001 及 GB/T10095.2—2001，以代替 GB/T10095—1988。本章仅介绍齿轮的加工误差和齿轮副安装误差对传动精度的影响。

8.1.1 圆柱齿轮传动要求

由于齿轮传动的类型很多，应用又极为广泛，因此，对齿轮传动的使用要求也是多方面的，归纳起来一般有如下几方面。

1. 传递运动的准确性

传递运动的准确性就是要求齿轮在一转范围内，实际速比相对于理论速比的变动量应限制在允许的范围内，以保证从动齿轮与主动齿轮的运动准确协调。

2. 传递运动的平稳性

传递运动的平稳性就是要求齿轮在一个齿距范围内的转角误差的最大值限制在一定范围内，使齿轮副瞬时传动比变化小，以保证传动的平稳性。

3. 载荷分布的均匀性

载荷分布的均匀性就是要求齿轮啮合时，齿面接触良好，使齿面上的载荷分布均匀，避免载荷集中于局部齿面，使齿面磨损加剧，影响齿轮的使用寿命。

4. 齿轮副侧隙的合理性

侧隙即齿侧间隙，齿轮副侧隙的合理性就是要求啮合轮齿的非工作齿面间应留有一定的侧隙，以提供正常润滑的贮油间隙以及补偿传动时的热变形和弹性变形，防止咬死。但是，侧隙也不宜过大，对于经常需要正反转的传动齿轮副，侧隙过大会引起换向冲击，产生空程，所以应合理确定侧隙的数值。

虽然对齿轮传动的使用要求是多方面的，但根据齿轮传动的用途和具体的工作条件的不同又有所侧重。例如，用于测量仪器的读数齿轮和精密机床的分度齿轮，其特点是传动功率小、模数小和转速低，主要要求是齿轮传动的准确性，对接触精度的要求就低一些。这类齿轮一般要求在齿轮一转中的转角误差不超过 1′～2′，甚至是几秒。如果齿轮须正反转，还应尽量减小传动侧隙，以减小反转时的空程误差。汽车、机床的变速齿轮，对工作平稳性有极严格的要求。对于低速动力齿轮，例如，轧钢机、矿山机械和起重机用的齿轮，其特点是载荷大、传动功率大、转速低，主要要求是啮合齿面接触良好、载荷分布均匀，而对传递运动的准确性和传动平稳性的要求，则相对可以低一些。

对于高速动力齿轮，例如，汽轮机上的高速齿轮，由于圆周速度高，三个方面的精度要求都是很严格的，而且要有足够大的齿侧间隙，以便润滑油畅通，避免因温度升高而咬死。

8.1.2 圆柱齿轮加工误差来源及分类

齿轮的加工方法很多，按齿廓形成原理可分为仿形法和展成法。仿形法可用成形铣刀在铣床上铣齿；展成法可用滚刀或插齿刀在滚齿机、插齿机上与齿坯作啮合滚切运动，加工出渐开线齿轮。齿轮通常采用展成法加工。

1. 齿轮加工误差来源

齿轮在各种加工方法中，齿轮的加工误差都来源于组成工艺系统的机床、夹具、刀具、齿坯本身的误差及其安装、调整等误差。现以滚刀在滚齿机上加工齿轮为例（见图 8.1），分析加工误差的主要原因。

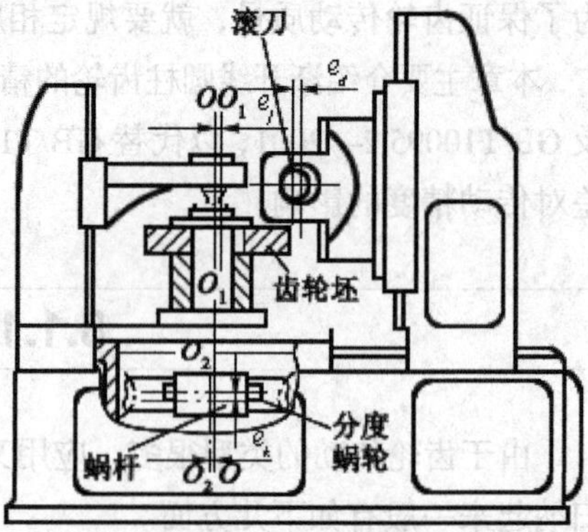

图 8.1 滚切齿轮

（1）几何偏心 e_j

加工时，齿坯基准孔轴线 O_1 与滚齿机工作台旋转轴线 O 不重合而发生偏心，其偏心量为 e_j。几何偏心的存在使得齿轮在加工工程中，齿坯相对于滚刀的距离发生变化，切出的齿一边短而肥、一边瘦而长。当以齿轮基准孔定位进行测量时，在齿轮一转内产生周期性的齿圈径向跳动误差，同时齿距和齿厚也产生周期性变化。有几何偏心的齿轮装在传动机构中之后，就会引起每转为周期的速比变化，产生时快时慢的现象。对于齿坯基准孔较大的齿轮，为了消除此偏心带来的加工误差，工艺上有时采用液性塑料可胀心轴安装齿坯。设计上，为了避免由于几何偏心带来的径向误差，齿轮基准孔和轴的配合一般采用过渡配合或过盈量不大的过盈配合。

（2）运动偏心 e_y

运动偏心是由于滚齿机分度蜗轮加工误差和分度蜗轮轴线 O_2 与工作台旋转轴线 O 有安装偏心 e_k 引起的。运动偏心的存在使齿坯相对于滚刀的转速不均匀，忽快忽慢，破坏了齿坯与刀具之间的正常滚切运动，而使被加工齿轮的齿廓在切线方向上产生了位置误差。这时，齿廓在径向位置上没有变化。这种偏心一般称为运动偏心，又称为切向偏心。

（3）机床传动链的高频误差

加工直齿轮时，受分度传动链的传动误差（主要是分度蜗杆的径向跳动和轴向窜动）的影响，使蜗轮（齿坯）在一周范围内转速发生多次变化，加工出的齿轮产生齿距偏差、齿形误差。加工斜齿轮时，除了分度传动链误差外，还受差动传动链的传动误差的影响。

（4）滚刀的安装误差和加工误差

滚刀的安装偏心 e_d 使被加工齿轮产生径向误差。滚刀刀架导轨或齿坯轴线相对于工作台旋转轴线的倾斜及轴向窜动，使滚刀的进刀方向与轮齿的理论方向不一致，直接造成齿面沿轴向方向歪斜，产生齿向误差。

滚刀的加工误差主要指滚刀的径向跳动、轴向窜动和齿形角误差等，它们使加工出来的齿轮产生基节偏差和齿形误差。

2. 齿轮加工误差的分类

（1）齿轮误差按其表现特征可分为以下 4 类。

① 齿廓误差。指加工出来的齿廓不是理论的渐开线。其原因主要有刀具本身的切削刃轮廓误差及齿形角偏差、滚刀的轴向窜动和径向跳动、齿坯的径向跳动以及在每转一齿距角内转速不均等。

② 齿距误差。指加工出来的齿廓相对于工件的旋转中心分布不均匀。其原因主要有齿坯安装偏心、机床分度蜗轮齿廓本身分布不均匀及其安装偏心等。

③ 齿向误差。指加工后的齿面沿齿轮轴线方向的形状和位置误差。其原因主要有刀具进给运动的方向偏斜、齿坯安装偏斜等。

④ 齿厚误差。指加工出来的轮齿厚度相对于理论值在整个齿圈上不一致。其原因主要有刀具的铲形面相对于被加工齿轮中心的位置误差、刀具齿廓的分布不均匀等。

（2）齿轮误差按其方向特征可分为以下三类。

① 径向误差。指沿被加工齿轮直径方向（齿高方向）的误差。由切齿刀具与被加工齿轮之间径向距离的变化引起。

② 切向误差。指沿被加工齿轮圆周方向（齿厚方向）的误差。由切齿刀具与被加工齿轮之间分齿滚切运动误差引起。

③ 轴向误差。指沿被加工齿轮轴线方向（齿向方向）的误差。由切齿刀具沿被加工齿轮轴线移动的误差引起。

（3）齿轮误差按其周期或频率特征可分为以下两类。

① 长周期误差。在被加工齿轮转过一周的范围内，误差出现一次最大值和最小值，例如，

由偏心引起的误差。长周期误差也称低频误差。

② 短周期误差。在被加工齿轮转过一周的范围内，误差曲线上的峰、谷多次出现，例如，由滚刀的径向跳动引起的误差。短周期误差也称高频误差。

当齿轮只有长周期误差时，其误差曲线如图 8.2（a）所示，将使运动不均匀，是影响齿轮运动准确性的主要误差；但在低速情况下，其传动还是比较平稳的。当齿轮只有短周期误差时，其误差曲线如图 8.2（b）所示，这种在齿轮一转中多次重复出现的高频误差将引起齿轮瞬时传动比的变化，使齿轮传动不平稳，在高速运转中，将产生冲击、振动和噪声。因此，对这类误差必须加以控制。实际上，齿轮运动误差是一条复杂的周期函数曲线，如图 8.2（c）所示，它既包含有短周期误差也包含有长周期误差。

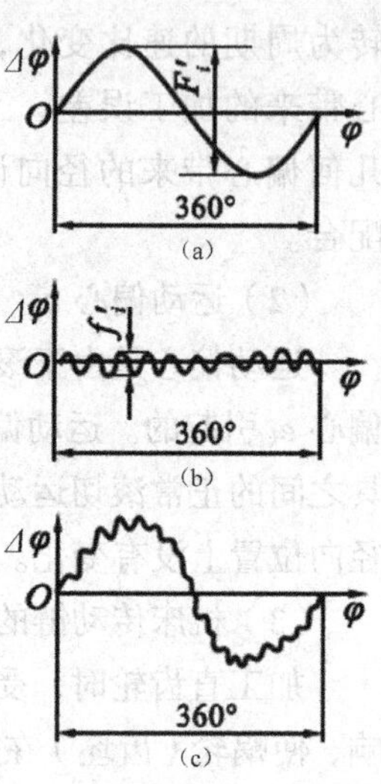

图 8.2　齿轮的周期性误差

8.2 单个齿轮精度评定指标及检测

在齿轮标准中齿轮误差、偏差统称为齿轮偏差，偏差与公差共用一个符号表示。例如，F_a 既表示齿廓总偏差，又表示齿廓总公差。单项要素测量所用的偏差符号用小写字母加上相应的下标组成；而表示若干单项要素偏差组成的“累积”或“总”偏差所用的符号，采用大写字母加上相应的下标表示。

8.2.1　影响齿轮传动准确性的偏差及检测

1. 切向综合总偏差 F_i'

F_i' 是指被测齿轮与理想精确的测量齿轮单面啮合检验时，在被测齿轮一转内，齿轮分度圆上实际圆周位移与理论圆周位移的最大差值，如图 8.3 所示。

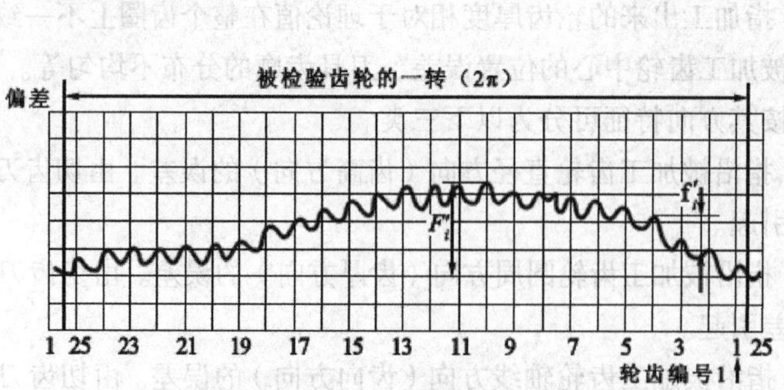

图 8.3　切向综合偏差

F_i' 反映了几何偏心、运动偏心以及基节偏差、齿廓形状偏差等影响的综合结果，而且是在近似于齿轮工作状态下测得的，因此，它是评定传递运动准确性较为完善的综合指标。F_i' 的测量用单面啮合综合测量仪（简称单啮仪）进行。由于单啮仪的制造精度要求很高，价格昂贵，目前生产中尚未广泛使用，因此，常用其他指标来评定传递运动的准确性。

2. k 个齿距累积偏差$\pm F_{pk}$与齿距累积总偏差 F_p

F_{pk}是指在端平面上，在接近齿高中部的一个与齿轮轴线同心的圆上，任意 k 个齿距的实际弧长与理论弧长的代数差，如图 8.4 所示。除另有规定外，F_{pk}值被限定在不大于 1/8 的圆周上评定。因此，F_{pk}允许适用于齿距数 k 为 2 到小于 $z/2$ 的弧段内。通常，F_{pk}取 $k = z/8$ 就足够了。

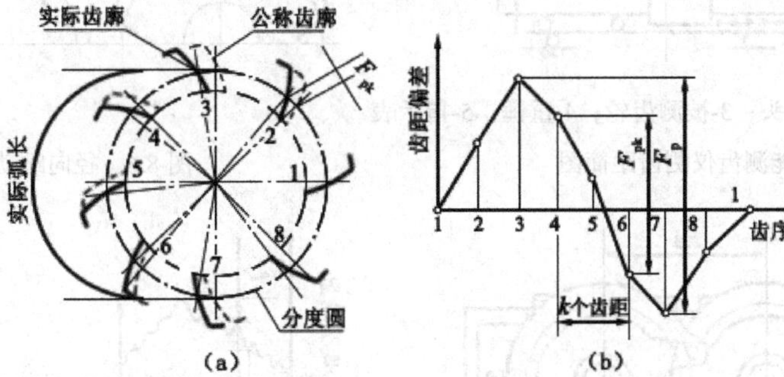

（a）截面误差图　　（b）齿距累积偏差曲线

图 8.4　齿距偏差与齿距累积偏差

齿距累积总偏差 F_p是指齿轮同侧齿面任意弧段（$k = 1$ 至 $k = z$）内的最大齿距累积偏差。它表现为齿距累积偏差曲线的总幅值。齿距累积偏差主要是由滚切齿形过程中几何偏心和运动偏心造成的。它能反映齿轮一转中偏心误差引起的转角误差，因此 F_p（F_{pk}）可代替作为评定齿轮运动准确性的指标。但 F_p是逐齿测得的，每齿只测一个点，而 F_i'是在连续运转中测得的，它更全面。由于 F_p的测量可用较普及的齿距仪、万能测齿仪等仪器进行测量，因此是目前工厂中常用的一种齿轮运动精度的评定指标。

测量齿距累积误差通常用相对法，可用万能测齿仪或齿距仪进行测量。图 8.5 所示为万能测齿仪测齿距简图。首先以被测齿轮上任一实际齿距作为基准，将仪器指示表调零，然后沿整个齿圈依次测出其他实际齿距与作为基准的齿距的差值（称为相对齿距偏差），经过数据处理求出 F_p（同时也可求得单个齿距偏差 f_{pt}）。

3. 径向跳动 F_r

齿轮径向跳动 F_r是指齿轮一转范围内，测头（球形、圆柱形、砧形）相继置于每个齿槽内时，从它到齿轮轴线的最大和最小径向距离之差。检查中，测头在近似齿高中部与左右齿面接触，如图 8.6 所示。

F_r主要是由几何偏心引起的，不能反映运动偏心，它以齿轮一转为周期，属长周期径向误差，所以它必须与能揭示切向误差的单项指标组合，才能全面评定传递运动准确性。径向跳动 F_r可在齿轮跳动检查仪上进行检测。

4. 径向综合总偏差 F_i''

F_i''是指在径向（双面）综合检验时，产品齿轮的左右齿面同时与测量齿轮接触，并转过一整圈时出现的中心距最大值和最小值之差。F_i''的测量用双面啮合综合检查仪（简称双啮仪）进行，如图 8.7 所示。

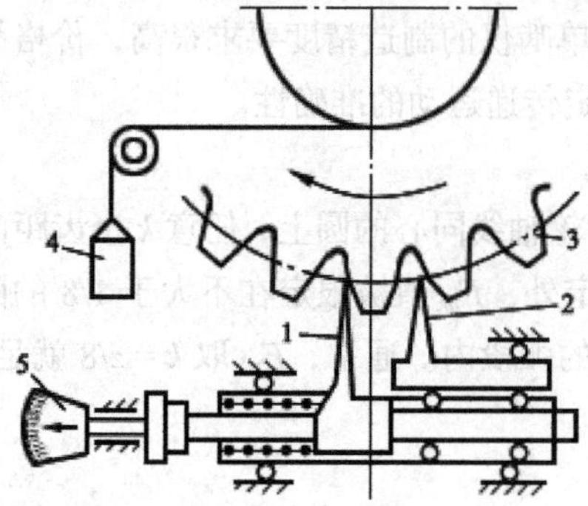

1-活动测头；2-固定测头；3-被测齿轮；4-重锤；5-指示表

图 8.5　万能测齿仪测齿距简图

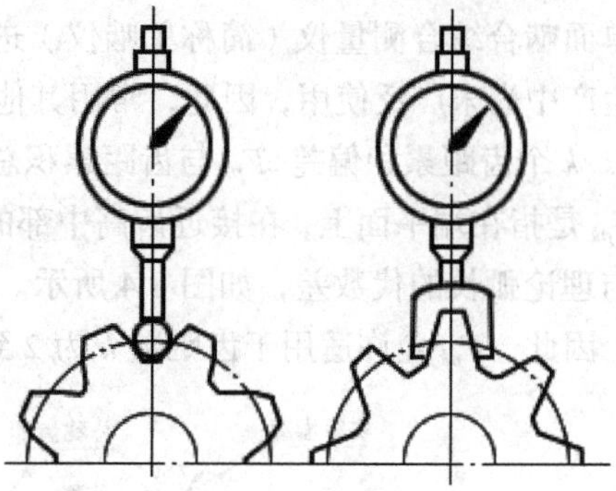

图 8.6　径向跳动

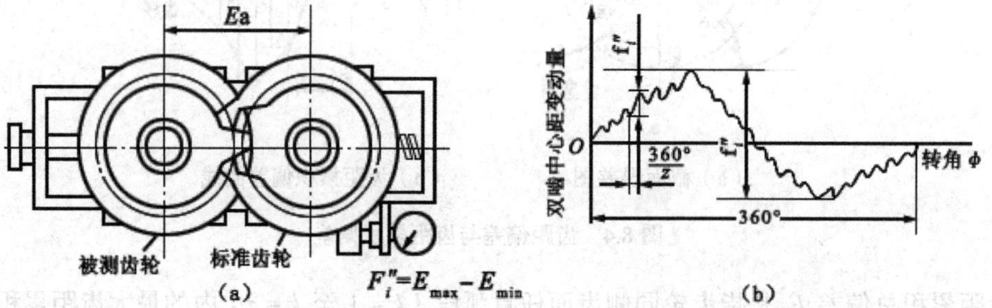

图 8.7　用双啮仪测径向综合误差

若齿轮存在径向误差（如几何偏心）及短周期误差（如齿形误差、基节偏差等），则齿轮与测量齿轮双面啮合的中心距会发生变化。F_i''主要反映径向误差，由于 F_i''的测量操作简便，效率高，仪器结构比较简单，因此在成批生产时普遍应用。但其也有缺点，由于测量时被测齿轮齿面是与理想精确测量齿轮啮合，所以它与工作状态不完全符合。F_i''只能反映齿轮的径向误差，而不能反映切向误差，所以 F_i''并不能确切和充分地用来评定齿轮传递运动的准确性。

5. 公法线长度变动 F_w

F_w是指在齿轮一周范围内，实际公法线长度最大值与最小值之差，如图 8.8（a）所示。

$$F_w = W_{max}-W_{min}$$

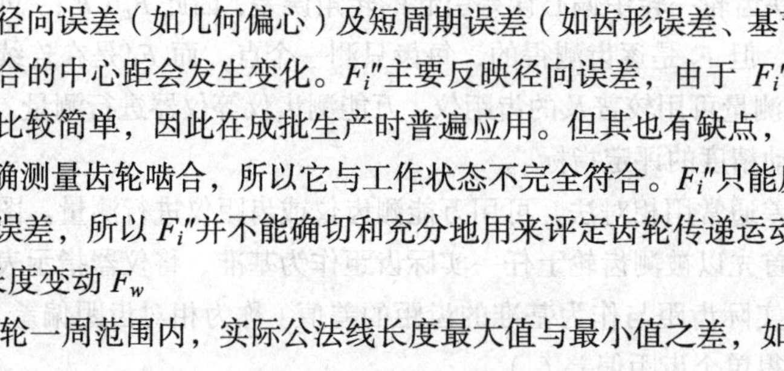

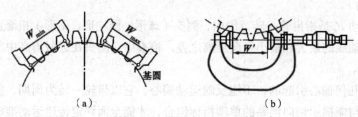

图 8.8　公法线长度变动量及测量

在齿轮新标准中没有 F_w 此项参数，但从我国的齿轮实际生产情况看，经常用 F_r 和 F_w 组合代替 F_p 或 F_i'，这样检验成本不高且行之有效，故在此保留供参考。F_w是由运动偏心引起的，由于各轮齿在齿圈上分布不均匀，使公法线长度在齿轮转一圈中，呈周期性变化。它反映了齿轮加工时的切向误差，因此，可作为影响传递运动准确性指标中属于切向性质的单项性指标。

公法线长度变动量 F_w 可用公法线千分尺（见图 8.8（b））或公法线指示卡规进行测量。

8.2.2 影响齿轮传动平稳性的偏差及检测

1. 一齿切向综合偏差 f_i'

f_i' 是指齿轮在一齿距内的切向综合偏差。在一个齿距内，过偏差曲线的最高、最低点作与横坐标平行的两条直线，此平行线间的距离即为 f_i'，如图 8.3 所示。f_i' 反映齿轮一齿内的转角误差，在齿轮一转中多次重复出现，是评定齿轮传动平稳性精度的一项指标。显然，一齿切向综合偏差越大，频率越高，则传动越不平稳。因此，必须根据齿轮传动的使用要求，用一齿切向综合公差 f_i' 加以限制。f_i' 与切向综合总偏差一样，用单啮仪进行测量。

2. 一齿径向综合偏差 f_i''

f_i'' 是指当被测齿轮与测量齿轮啮合一整圈时，对应一个齿距（360°/z）的径向综合偏差值，如图 8.7（b）所示。

f_i'' 也反映齿轮的短周期误差，但与 f_i' 是有差别的。f_i'' 只反映刀具制造和安装误差引起的径向误差，而不能反映机床传动链短周期误差引起的周期切向误差。因此，用 f_i'' 评定齿轮传动的平稳性不如用 f_i' 评定完善。但由于仪器结构简单，操作方便，在成批生产中仍广泛采用，所以一般用 f_i'' 作为评定齿轮传动平稳性的代用综合指标。

为了保证传动平稳性的要求，防止测不出切向误差部分的影响，应将标准规定的一齿径向综合公差乘以 0.8 加以缩小，故其合格条件为：一齿径向综合偏差 f_i'' ≤一齿径向综合公差 f_i'' 的 4/5。f_i'' 采用双面啮合综合检查仪测量。

3. 齿廓总偏差 F_α

如图 8.9 所示，图中沿啮合线方向 AF 长度叫做可用长度（因为只有这一段是渐开线），用 L_{AF} 表示。AE 长度叫有效长度，用 L_{AE} 表示，因为齿轮只在 AE 段啮合，所以这一段才有效。从

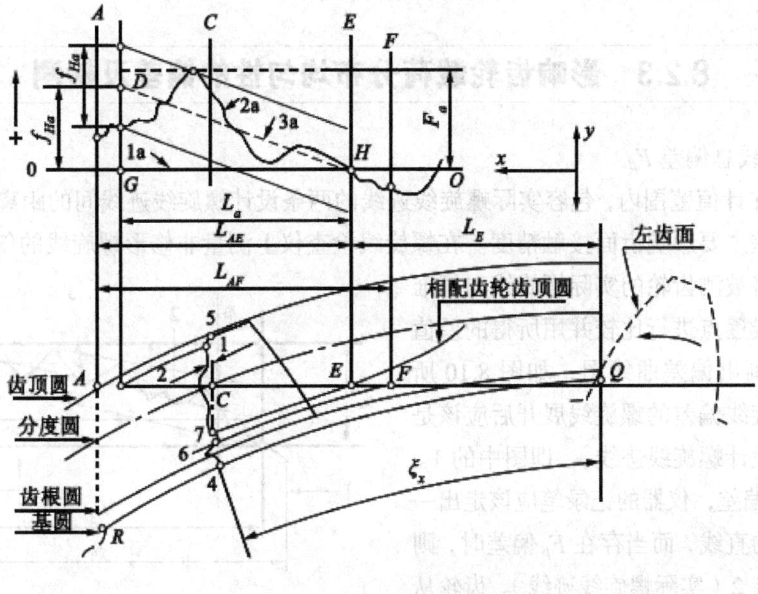

图 8.9 渐开线齿廓偏差展图

E 点开始延伸的有效长度 L_{AE} 的 92%叫做齿廓计值范围 L_α。齿廓总偏差 F_α 的定义如下：在计值范围 L_α 内，包容实际齿廓迹线的两条设计齿廓迹线间的距离，即在图 8.9 中过齿廓迹线最高、最低点作设计齿廓迹线的两条平行直线间距离为 F_α。

齿廓总偏差 F_α 主要影响齿轮传动平稳性，因为有 F_α 的齿轮，其齿廓不是标准正确的渐开线，不能保证瞬时传动比为常数，易产生振动与噪声。有时为了进一步分析齿廓总偏差 F_α 对传动质量的影响，或为了分析齿轮加工中的工艺误差，标准中又把 F_α 细化分成以下两种偏差，即 f_α 与 $f_{H\alpha}$，该两项偏差都不是必检项目。齿廓偏差测量也叫齿形测量，通常是在渐开线检查仪上进行测量。

4. 齿廓形状偏差 f_α

f_α 是指在计值范围内，包容实际齿廓迹线的两条与平均齿廓迹线完全相同的曲线间的距离，且两条曲线与平均齿廓迹线的距离为常数。如图 8.9 所示，图中示例为非修形的标准渐开线齿轮，因此设计齿廓迹线为直线，平均迹线也是直线，包容实际迹线的也应是两条平行直线（对非标准渐开线，设计齿廓迹线可能为曲线）。取值时，首先用最小二乘法画出一条平均齿廓迹线（3a），然后过曲线的最高、最低点作其平行线，则两平行线间沿 y 轴方向距离即为 f_α。

5. 齿廓倾斜偏差 $\pm f_{H\alpha}$

$\pm f_{H\alpha}$ 是指在计值范围内的两端与平均齿廓迹线相交的两条设计齿廓迹线间的距离，如图 8.9 所示。在图中计值范围的左端与平均齿廓迹线相交于 D 点，右端与平均齿廓迹线相交于 H 点，则 GD 即为 $f_{H\alpha}$ 值。

6. 单个齿距偏差 f_{pt} 与单个齿距极限偏差 $\pm f_{pt}$

f_{pt} 是指在端平面上，在接近齿高中部的一个与齿轮轴线同心的圆上，实际齿距与理论齿距的代数差。如图 8.4 所示，图中为第 1 个齿距的齿距偏差。理论齿距是指所有实际齿距的平均值。$\pm f_{pt}$ 是允许单个齿距偏差 f_{pt} 的两个极限值。当齿轮存在齿距偏差时，不管是正值还是负值都会在一对齿啮合完了而另一对齿进入啮合时，主动齿与被动齿发生冲撞，影响齿轮传动平稳性。单个齿距偏差可用齿距仪、万能测齿仪进行测量。

8.2.3 影响齿轮载荷分布均匀性的偏差及检测

1. 螺旋线总偏差 F_β

F_β 是指在计值范围内，包容实际螺旋线迹线的两条设计螺旋线迹线间的距离，如图 8.10 所示。该项偏差主要影响齿面接触精度。在螺旋线检查仪上测量非修形螺旋线的斜齿轮螺旋线偏差，原理是将被测齿轮的实际螺旋线与标准的理论螺旋线逐点进行比较并用所得的差值在记录纸上画出偏差曲线图，如图 8.10 所示。没有螺旋线偏差的螺旋线展开后应该是一条直线（设计螺旋线迹线），即图中的 1。如果没有 F_β 偏差，仪器的记录笔应该走出一条与 1 重合的直线，而当存在 F_β 偏差时，则走出一条曲线 2（实际螺旋线迹线）。齿轮从基准面 Ⅰ 到非基准面 Ⅱ 的轴向距离为齿宽

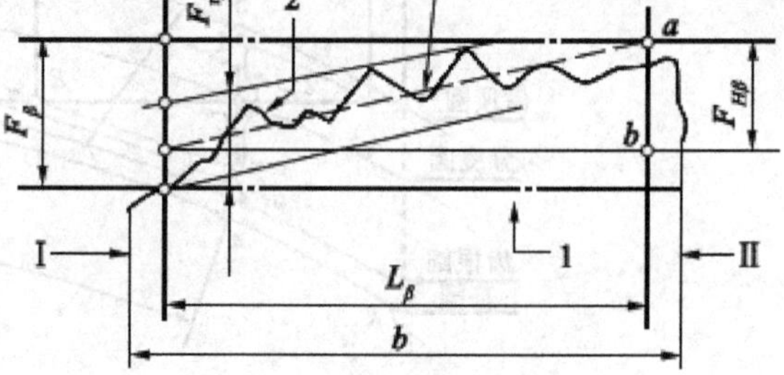

图 8.10 螺旋线偏差展开图

b。齿宽 b 两端各减去 5%的齿宽或减去一个模数长度后得到的两者中最小值是螺旋线计值范围 L_β，过实际螺旋线迹线最高点和最低点作与设计螺旋线迹线平行的两条直线的距离即为 F_β。有时为了某种目的，还可以对 F_β 进一步细分为 f_β 和 $f_{H\beta}$ 两项偏差，它们不是必检项目。

2. 螺旋线形状偏差 f_β

对于非修形的螺旋线来说，f_β 是在计值范围内，包容实际螺旋线迹线的两条与平均螺旋线迹线平行的直线间距离，如图 8.10 所示。平均螺旋线迹线是在计值范围内，按最小二乘法确定的，如图 8.10 中的 3。

3. 螺旋线倾斜偏差 $f_{H\beta}$

$f_{H\beta}$ 是指在计值范围的两端与平均螺旋线迹线相交的设计螺旋线迹线间的距离，如图 8.10 所示。应该指出，有时出于某种目的，将齿轮设计成修形螺旋线，此时设计螺旋线迹线不再是直线，此时 F_β、f_β、$f_{H\beta}$ 的取值方法见 GB/T10095.1。对直齿圆柱齿轮，螺旋角 $\beta=0$，此时 F_β 称为齿向偏差。

8.2.4 齿侧间隙及其检验项目

为保证齿轮润滑，补偿齿轮的制造误差、安装误差以及热变形等造成的误差，必须在非工作齿面留有侧隙。轮齿与配对齿间的配合相当于圆柱体孔、轴的配合，这里采用的是“基中心距制”，即在中心距一定的情况下，用控制轮齿的齿厚的方法获得必要的侧隙。

1. 齿侧间隙

齿侧间隙通常有两种表示方法，即圆周侧隙 j_{wt} 和法向侧隙 j_{bn}，如图 8.11 所示。圆周侧隙 j_{wt} 是指安装好的齿轮副，当其中一个齿轮固定时，另一齿轮圆周的晃动量以分度圆上弧长计值。

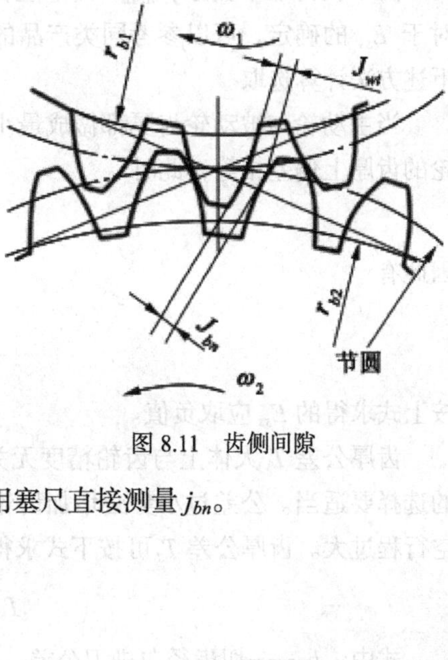

图 8.11 齿侧间隙

法向侧隙 j_{bn} 是指安装好的齿轮副，当工作齿面接触时，非工作齿面之间的最短距离。测量 j_{bn} 须在基圆切线方向，也就是在啮合线方向上测量，一般可以通过压铅丝方法测量，即齿轮啮合过程中在齿间放入一块铅丝，啮合后取出压扁了的铅丝测量其厚度。也可以用塞尺直接测量 j_{bn}。

理论上 j_{bn} 与 j_{wt} 存在以下关系：

$$j_{bn}=j_{wt}\cos\alpha_{wt}\cos\beta_b$$

式中：α_{wt}——端面工作压力角；

β_b——基圆螺旋角。

齿轮传动时，必须保证有足够的最小侧隙 $j_{bn\min}$ 以保证齿轮机构正常工作。对于用黑色金属材料齿轮和黑色金属材料箱体的齿轮传动，工作时齿轮节圆线速度小于 15m/s，其箱体、轴和轴承都采用常用的商业制造公差，$j_{bn\min}$ 可按下式计算。

$$j_{bn\min}=\frac{2}{3}(0.06+0.000\,5a+0.03m_n)$$

式中：a——中心距；

m_n——法向模数。

按上式计算可以得出表 8.1 所示的推荐数据。

表 8.1　对于中、大模数齿轮最小侧隙 $j_{bn\min}$ 的推荐数据（GB/Z18620・2—2002）　（单位：mm）

模数 m_n	中心距 α					
	50	100	200	400	800	1 600
1.5	0.09	0.11	—	—	—	—
2	0.10	0.12	0.15	—	—	—
3	0.12	0.14	0.17	0.24	—	—
5	—	0.18	0.21	0.28	—	—
8	—	0.24	0.27	0.34	0.47	—
12	—	—	0.35	0.42	0.55	—
18	—	—	—	0.54	0.67	0.94

2. 齿侧间隙的获得和检验项目

如前所述，齿轮轮齿的配合采用基中心距制，在此前提下，齿侧间隙必须通过减薄齿厚来获得，由此还可以派生出通过控制公法线长度等方法来控制齿厚。

（1）用齿厚极限偏差控制齿厚

为了获得最小侧隙 $j_{bn\min}$，齿厚应保证有最小减薄量，它是由分度圆齿厚上偏差 E_{ss} 形成的。对于 E_{ss} 的确定，可以参考同类产品的设计经验或其他有关资料，当缺少此方面资料时可参考下述方法计算选取。

当主动轮与被动轮齿厚都做成最小值即做成上偏差时，可获得最小侧隙 $j_{bn\min}$。通常取两齿轮的齿厚上偏差相等，此时

$$j_{bn\min}=2\left|E_{ss}\right|\cos\alpha_n$$

因此有

$$E_{ss}=\frac{j_{bn\min}}{2\cos\alpha_n}$$

按上式求得的 E_{ss} 应取负值。

齿厚公差 T_s 大体上与齿轮精度无关，如对最大侧隙有要求时，就必须进行计算。齿厚公差的选择要适当。公差过小势必增加齿轮制造成本；公差过大会使侧隙加大，使齿轮正、反转时空行程过大。齿厚公差 T_s 可按下式求得。

$$T_s=\sqrt{{F_r}^2+{b_r}^2}\cdot 2\tan\alpha_n$$

式中：b_r——切齿径向进刀公差，可按表 8.2 选取。

表 8.2　切齿径向进刀公差 b_r 值

齿轮精度等级	4	5	6	7	8	9
b_r 值	1.26IT7	IT8	1.26IT8	IT9	1.26IT9	IT10

注：查 IT 值的主参数为分度圆直径尺寸。

为了使齿侧间隙不至过大，在齿轮加工中还须根据加工设备的情况适当地控制齿厚下偏差 E_{si}，E_{si} 可按下式求得。

$$E_{si}=E_{ss}-T_s$$

式中：T_s——齿厚公差。

显然，若齿厚偏差合格，实际齿厚偏差 E_{ss}、E_{si} 应处于齿厚公差带内。一般用齿厚游标卡尺测量分度圆弦齿厚，如图 8.12 所示。用齿厚游标卡尺测量分度圆弦齿厚是以齿顶圆定位测量的，因受齿顶圆偏差影响，测量精度较低，故适用于较低精度的齿轮测量或模数较大的齿轮测量。

测量时，先将齿厚卡尺的高度游标尺调至相应于分度圆弦齿高 $\overline{h_a}$ 位置，再用宽度游标尺测出分度圆弦齿厚 $\overline{s}$ 值，将其与理论值比较即可得到齿厚偏差 E_{sn}。

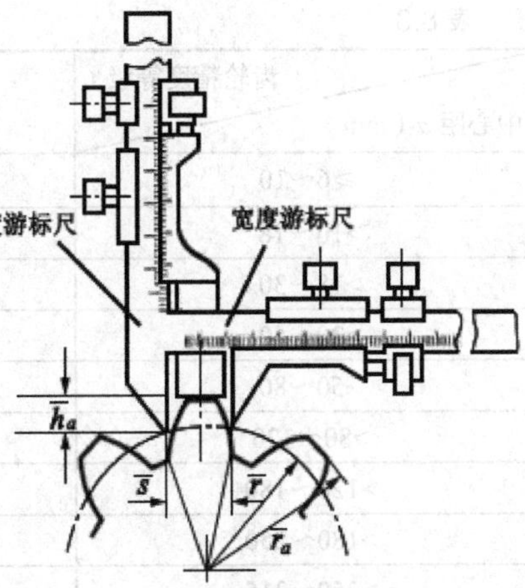

图 8.12　齿厚测量

对于非变位直齿轮 $\overline{s}$ 与 $\overline{h_a}$，按下式计算。

$$\overline{s}=2r\sin\frac{90^\circ}{z}=mz\sin\frac{90^\circ}{z}$$

$$\overline{h_a}=m\left[1+\frac{z}{2}\left(1-\cos\frac{90^\circ}{z}\right)\right]$$

（2）用公法线平均长度极限偏差控制齿厚

齿轮齿厚的变化必然引起公法线长度的变化。测量公法线长度同样可以控制齿侧间隙。公法线长度的上偏差 E_{bs} 和下偏差 E_{bi} 与齿厚有如下关系。

$$E_{bs}=E_{ss}\cdot\cos\alpha_n$$

$$E_{bi}=E_{si}\cdot\cos\alpha_n$$

公法线平均长度极限偏差可用公法线千分尺或公法线指示卡规进行测量，如图 8.8 所示。用直齿轮测公法线时的卡量齿数 k 通常可按下式计算。

$$k=\frac{z}{9}+0.5\text{（取相近的整数）}$$

非变位的齿形角为 20°的直齿轮公法线长度为

$$W_k=m[2.952(k-0.5)+0.014z]$$

8.3 齿轮副和齿坯的精度

8.3.1 齿轮副的精度

1. 中心距极限偏差$\pm f_a$

$\pm f_a$ 是指在齿轮副的齿宽中间平面内，实际中心距与公称中心距之差。$\pm f_a$ 主要影响齿轮副侧隙。表 8.3 为中心距极限偏差数值，仅供参考。

表 8.3　　中心距极限偏差 $\pm f_a$　　（单位：mm）

中心距 a（mm）＼齿轮精度等级	5、6	7、8
≥6～10	7.5	11
>10～18	9	13.5
>18～30	10.5	16.5
>30～50	12.5	19.5
>50～80	15	23
>80～120	17.5	27
>120～180	20	31.5
>180～250	23	36
>250～315	26	40.5
>315～400	28.5	44.5
>400～500	31.5	48.5

2. 轴线平行度偏差 $f_{\Sigma\delta}$、$f_{\Sigma\beta}$

如果一对啮合的圆柱齿轮的两条轴线不平行，形成了空间的异面（交叉）直线，则将影响齿轮的接触精度，因此必须加以控制，如图 8.13 所示。轴线平面内的平行度偏差 $f_{\Sigma\delta}$ 是在两轴线的公共平面上测量的；垂直平面上的平行度偏差 $f_{\Sigma\beta}$ 是在与轴线公共平面相垂直平面上测量的。$f_{\Sigma\delta}$ 和 $f_{\Sigma\beta}$ 的最大推荐值为

$$f_{\Sigma\beta}=0.5\left(\frac{L}{b}\right)F_{\beta},\quad f_{\Sigma\delta}=2f_{\Sigma\beta}$$

式中：L——轴承跨距；
　　　b——齿宽。

3. 接触斑点

齿轮副的接触斑点是指安装好的齿轮副在轻微制动下，运转后齿面上分布的接触擦亮痕迹。对于在齿轮箱体上安装好的配对齿轮所产生的接触斑点大小，可用于评估齿面接触精度。也可以将被测齿轮安装在机架上与测量齿轮在轻载下测量接触斑点，可评估装配后齿轮螺旋线精度和齿廓精度。图 8.14 所示为接触斑点分布示意图。图中 b_{c1} 为接触斑点的较大长度，b_{c2} 为接触斑点的较小长度，h_{c1} 为接触斑点的较大高度，h_{c2} 为接触斑点的较小高度。表 8.4 给出了装配后齿轮副接触斑点的最低要求。

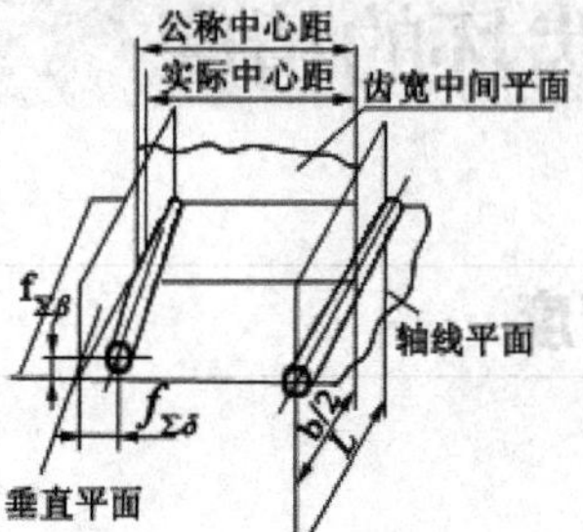

图 8.13　轴线平行度偏差

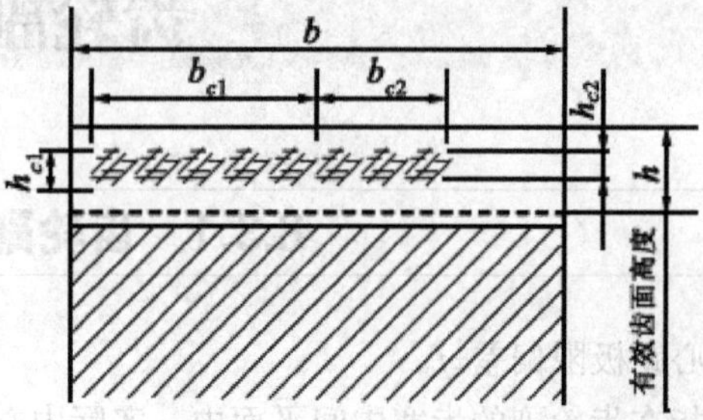

图 8.14　接触斑点分布的示意图

表 8.4　　齿轮装配后接触斑点（%）（GB/Z18620.4—2002）

参数／齿轮／精度等级	$\frac{b_{c1}}{b}\times100\%$		$\frac{h_{c1}}{h}\times100\%$		$\frac{b_{c2}}{b}\times100\%$		$\frac{h_{c2}}{h}\times100\%$	
	直齿轮	斜齿轮	直齿轮	斜齿轮	直齿轮	斜齿轮	直齿轮	斜齿轮
4 级及更高	50	50	70	50	40	40	50	30
5 级和 6 级	45	45	50	40	35	35	30	20
7 级和 8 级	35	35	50	40	35	35	30	20

接触斑点的检验方法比较简单，对大规格齿轮更具有现实意义，因为对较大规格的齿轮副一般是在安装好的传动中检验。对成批生产的机床、汽车、拖拉机等中小齿轮允许在啮合机上与精确齿轮啮合检验。

8.3.2　齿坯的精度

齿坯是指轮齿在加工前供制造齿轮的工件，齿坯的尺寸偏差和几何误差直接影响齿轮的加工和检验，影响齿轮副的接触和运行，因此必须加以控制。齿轮的工作基准是其基准轴线，而基准轴线通常都是由某些基准来确定的，图 8.15 为两种常用的齿轮结构形式，在此给出其尺寸公差（见表 8.5）、几何公差的给定方法以供参考。

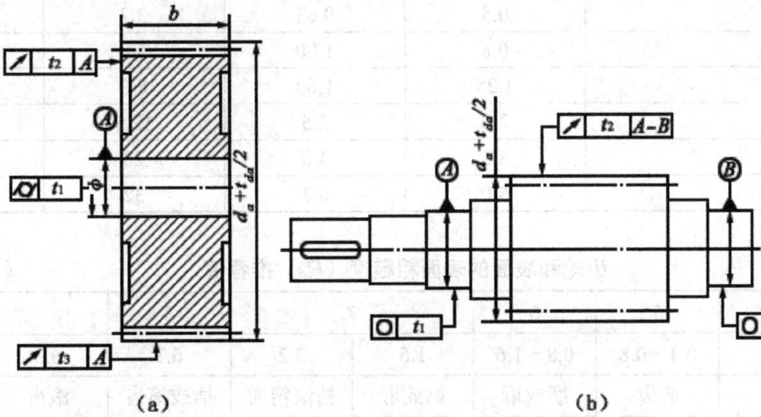

d_a-齿顶圆直径；$\pm T_{da/2}$-齿顶圆直径偏差

图 8.15　齿轮结构形式

表 8.5　　齿坯尺寸公差（供参考）

齿轮精度等级		5	6	7	8	9	10	11	12
孔	尺寸公差	IT5	IT6	IT7		IT8		IT9	
轴	尺寸公差	IT5		IT6		IT7		IT8	
顶部直径偏差		±0.05m							

图 8.15（a）为用一个“长”的基准面（内孔）来确定基准轴线的例子。内孔的尺寸精度根据与轴的配合性质要求确定。内孔圆柱度公差 t_1 取 $0.04(L/b)F_\beta$ 或 $0.1F_p$ 两者中之较小值（L 为支承该齿轮的较大的轴承跨距）。齿轮基准端面圆跳动公差 t_2 和齿顶圆径向圆跳动公差 t_3 参考表 8.6。

表 8.6　　齿坯径向和端面圆跳动公差　　（单位：mm）

分度圆直径 d（mm）	齿轮精度等级			
	3～4	5～6	7～8	9～10
＜125	7	11	18	28
＞125～400	9	14	22	36
＞400～800	12	20	32	50
＞800～1 600	18	28	45	71

齿顶圆直径偏差对齿轮重合度及齿轮顶隙都有影响，有时还作为测量、加工基准，因此也给出公差，一般可以按±0.05m_n给出。图 8.14（b）为用两个“短”基准面确定基准轴线的例子。左右两个短圆柱面与轴承是配合面，其圆度公差 t_1 取 $0.04(L/b)F_\beta$ 或 $0.1F_p$ 两者中较小值。齿顶圆径向跳动 t_2 按表 8.6 查取，顶圆直径偏差取±0.05m_n。齿面表面粗糙度可参考表 8.7，齿轮和表面的表面粗糙度可参考表 8.8。

表 8.7　　齿面表面粗糙度推荐极限值（GB/Z18620.4—2002）　　（单位：(μm)）

齿轮精度等级	R_a		R_z	
	$m_n<6$	$6\leqslant m_n\leqslant 25$	$m_n<6$	$6\leqslant m_n\leqslant 25$
3	—	0.16	—	1.0
4	—	0.32	—	2.0
5	0.5	0.63	3.2	4.0
6	0.8	1.00	5.0	6.3
7	1.25	1.60	8.0	10
8	2.0	2.5	12.5	16
9	3.2	4.0	20	25
10	5.0	6.3	32	40

表 8.8　　齿轮和表面的表面粗糙度（R_a）推荐值　　（单位：μm）

齿轮精度等级	5	6	7		8	9	
轮齿齿面	0.4～0.8	0.8～1.6	1.6	3.2	6.3	6.3	12.5
齿面加工方法	磨齿	磨或珩	剃或珩	精滚精插	插或滚齿	滚齿	铣齿
齿轮基准孔	0.4～0.8	1.6	1.6～3.2			6.3	
齿轮轴基准轴颈	0.4	0.8	1.6		6.3		
齿轮基准端面	3.2～6.3	3.2～6.3	3.2～6.3			6.3	
齿轮顶圆	1.6～3.2	6.3	6.3				

8.4 渐开线圆柱齿轮的精度标准及其应用

GB/T10095.1—2001 和 GB/T10095.2—2001 对齿轮规定了精度等级及各项偏差的允许值。

8.4.1 精度等级及其选择

标准对单个齿轮规定了 13 个精度等级，分别用阿拉伯数字 0、1、2、3、…、12 表示。其中，0 级精度最高，依次降低，12 级精度最低。5 级精度为基本等级，是计算其他等级偏差允许值的基础；0～2 级目前加工工艺尚未达到标准要求，是为将来发展而规定的特别精密的齿轮；3～5 级为高精度齿轮；6～8 级为中等精度齿轮；9～12 级为低精度（粗糙）齿轮。各级常用精度的各项偏差的数值可查表 8.9～表 8.11。

表 8.9　$\pm f_{pt}$、F_p、F_a、f_a、f_{fa}、F_r、f_i'、F_i'、F_w、$\pm F_{pk}$偏差允许值（GB/T10095.1～2—2001）（单位：μm）

分度圆直径 d（mm）	精度等级 / 模数 m_n（mm）	单个齿距极限偏差$\pm f_{p1}$				齿距累积总公差 F_p				齿廓总公差 F_n				齿廓形状偏差 f_{fn}				齿廓倾斜极限偏差$\pm f_{Hn}$				径向跳动公差 F_r				F_i'/K 值				公法线长度变动公差 F_w			
		5	6	7	8	5	6	7	8	5	6	7	8	5	6	7	8	5	6	7	8	5	6	7	8	5	6	7	8	5	6	7	8
≥5～22	≥0.5～2	4.7	6.5	9.5	13	11	16	23	32	4.6	6.5	9.0	13	3.5	5.0	7.0	10	2.9	4.2	6.0	8.5	9.0	13	18	25	14	19	27	38	10	14	20	29
	＞2～3.5	5.0	7.5	10	15	12	17	23	33	6.5	9.5	13	19	5.0	7.0	10	14	4.2	6.0	8.5	12	9.5	13	19	27	16	23	32	45				
＞20～50	≥0.5～2	5.0	7.5	10	14	14	20	29	41	5.0	7.5	10	15	4.0	5.5	8.0	11	3.3	4.6	6.5	9.5	11	16	23	32	14	20	29	41				
	＞2～3.5	5.5	7.5	11	15	15	21	30	42	7.0	10	14	20	5.5	8.0	11	16	4.5	6.5	9.0	13	12	17	24	34	17	24	34	48	12	16	23	32
	＞3.5～6	6.0	8.5	12	17	15	22	31	44	9.0	12	18	25	7.0	9.5	14	19	5.5	8.0	11	16	12	17	25	36	19	27	38	54				
＞50～125	≥0.5～2	5.5	7.5	11	15	18	26	37	52	6.0	8.5	12	17	4.5	6.5	9.0	13	3.7	5.5	7.5	11	15	21	29	42	16	22	31	44				
	＞2～3.5	6.0	8.5	12	17	19	27	38	43	8.0	11	16	22	6.0	8.5	12	17	5.0	7.0	10	14	15	21	30	43	18	25	36	51	14	19	27	37
	＞3.5～6	6.5	9.0	13	18	19	28	39	55	9.5	13	19	27	7.5	10	15	21	6.0	8.5	12	17	16	22	31	44	20	29	40	57				
＞125～280	≥0.5～2	6.0	8.5	12	17	24	35	49	69	7.0	10	14	20	5.5	7.5	11	15	4.4	6.0	9.0	12	20	28	39	55	17	24	34	49				
	＞2～3.5	6.5	9.0	13	18	25	35	50	70	9.0	13	18	25	7.0	9.5	14	19	5.5	8.0	11	16	20	28	40	46	20	28	39	56	16	22	31	44
	＞3.5～6	7.0	10	14	20	25	36	51	72	11	15	21	30	8.0	12	16	23	6.5	9.5	13	19	20	29	41	58	22	31	44	62				
＞280～560	≥0.5～2	6.5	9.5	13	19	32	46	64	91	8.5	12	17	23	6.5	9.0	13	18	5.5	7.5	11	15	26	36	51	73	19	27	39	54				
	＞2～3.5	7.0	10	14	20	33	46	65	92	10	15	21	29	8.0	11	16	22	6.5	9.0	13	18	26	37	52	74	22	31	44	62	19	26	37	53
	＞3.5～6	8.0	11	16	22	33	47	66	94	12	17	24	34	9.0	13	18	26	7.5	11	15	21	27	38	53	75	24	34	48	68				

注：① 本表中 Fw 根据我国的生产实践提出，供参考；

② $F''_i=F_p+F'_i$；

③ $\pm F_{pt}=F_{pt}+1.6\sqrt{(k-1)m_n}$（5 级精度），通常取 $k=2/8$，按相邻两级的公比 $\sqrt{2}$，可求得其他级$\pm F_{pk}$值。

表 8.10　F_β、f_β、$f_{H\beta}$偏差允许值（GB/T10095・1—2001）　（单位：μm）

分度圆直径 d(mm)	偏差项目 / 精度等级 / 齿宽 b(mm)	螺旋线总公差 F_β				螺旋线形状公差f_β和螺旋线倾斜极限偏差$\pm f_{H\beta}$			
		5	6	7	8	5	6	7	8
≥5～20	≥4～10	6.0	8.5	12	17	4.4	6.0	8.5	12
	＞10～20	7.0	9.5	14	19	4.9	7.0	10	14
＞20～50	≥4～10	6.5	9.0	13	18	4.5	6.5	9.0	13
	＞10～20	7.0	10	14	20	5.0	7.0	10	14
	＞20～40	8.0	11	16	23	6.0	8.0	12	16

续表

分度圆直径 d(mm)	偏差项目 / 精度等级 / 齿宽 b(mm)	螺旋线总公差 F_β				螺旋线形状公差 $f_{f\beta}$ 和螺旋线倾斜极限偏差 $\pm f_{H\beta}$			
		5	6	7	8	5	6	7	8
>50～125	≥4～10	6.5	9.5	13	19	4.8	6.5	9.5	13
	>10～20	7.5	11	15	21	5.5	7.5	11	15
	>20～40	8.5	12	17	24	6.0	8.0	12	17
	>40～80	10	14	20	28	7.0	10	14	20
>125～280	≥4～10	7.0	10	14	20	5.0	7.0	10	14
	>10～20	8.0	11	16	22	5.5	8.0	11	16
	>20～40	9.0	13	18	25	6.5	9.0	13	18
	>40～80	10	15	21	29	7.5	10	15	21
	>80～160	12	17	25	35	8.5	12	17	25
>280～560	≥10～20	8.5	12	17	24	6.0	8.5	12	17
	>20～40	9.5	13	19	27	7.0	9.5	14	19
	>40～80	11	15	22	33	8.0	11	16	22
	>80～160	13	18	26	36	9.0	13	18	26
	>160～250	15	21	30	43	11	15	22	30

表 8.11 F''_i、f''_i 公差值（GB/T10095·1—2001） （单位：μm）

分度圆直径 d(mm)	偏差项目 / 精度等级 / 齿度 m_n(mm)	径向综合总公差 F''_i				一齿径向综合公差 f''_i			
		5	6	7	8	5	6	7	8
≥5～20	≥0.2～0.5	11	15	21	30	2.0	2.5	3.5	5.0
	>0.5～0.8	12	16	23	33	2.5	4.0	5.5	7.5
	>0.8～1.0	12	18	25	35	3.5	5.0	7.0	10
	>1.0～1.5	14	19	27	38	4.5	6.5	9.0	13
>20～50	≥0.2～0.5	13	19	26	37	2.0	2.5	3.5	5.0
	>0.5～0.8	14	20	28	40	2.5	4.0	5.5	7.5
	>0.8～1.0	15	21	30	42	3.5	5.0	7.0	10
	>1.0～1.5	16	23	32	45	4.5	6.5	9.0	13
	>1.5～2.5	18	26	37	52	6.5	9.5	13	19
>50～125	≥1.0～1.5	19	27	39	55	4.5	6.5	9.5	13
	>1.5～2.5	22	31	43	61	6.5	9.5	13	19
	>2.5～4.0	25	36	51	72	10	14	20	29
	>4.0～6.0	31	44	62	88	15	22	31	44
	>6.0～10	40	57	80	114	24	34	48	67
>125～280	≥1.0～1.5	24	34	48	68	4.5	6.5	9.0	13
	>1.5～2.5	26	37	53	75	6.5	9.5	13	19

续表

分度圆直径 d(mm)	偏差项目 / 精度等级 / 齿度 m_n(mm)	径向综合总公差 F_i''				一齿径向综合公差 f_i''			
		5	6	7	8	5	6	7	8
＞125～280	＞2.5～4.0	30	43	61	85	10	15	21	29
	＞4.0～6.0	36	51	72	102	15	22	48	67
	＞6.0～10	45	64	90	127	24	34	48	67
＞280～260	≥1.0～1.5	30	43	61	86	4.5	6.5	9.0	13
	＞1.5～2.5	33	46	65	92	6.5	9.5	13	19
	＞2.5～4.0	37	52	73	104	10	15	21	29
	＞4.0～6.0	42	60	84	119	15	22	31	44
	＞6.0～10	51	73	103	145	24	34	48	68

在确定齿轮精度等级时，主要依据齿轮的用途、使用要求和工作条件。选择齿轮精度等级的方法有计算法和类比法，多数采用类比法。类比法是根据以往产品设计、性能试验、使用过程中所积累的经验以及可靠的技术资料进行对比，从而确定齿轮的精度等级。表 8.12 为各种机械采用的齿轮的精度等级，可供参考。在机械传动中应用最多的齿轮既传递运动又传递动力，其精度等级与圆周速度密切相关，因此可计算出齿轮的最高圆周速度，参考表 8.13 确定齿轮精度等级。

表 8.12　各种机械采用的齿轮的精度等级

应用范围	精度等级	应用范围	精度等级
测量齿轮	2～5	拖拉机	6～10
汽轮机减速器	3～6	一般用途的减速器	6～9
金属切削机床	3～8	轧钢设备的小齿轮	6～10
内燃机车与电气机车	6～7	矿山绞车	8～10
轻型汽车	5～8	起重机	7～10
重型汽车	6～9	农业机械	8～11
航空发动机	3～7		

表 8.13　齿轮精度等级的选用（供参考）

精度等级	圆周速度（$m \cdot s^{-1}$）		面的终加工	工作条件
	直齿	斜齿		
3 级（极精密）	到 40	到 75	特精密的磨削和研齿；用精密滚刀或单边剃齿后大多数不经淬火的齿轮	要求特别精密的或在最平稳且无噪声的特别高速下工作的齿轮传动；特别精密机构中的齿轮；特别高速传动（透平齿轮）；检测 5～6 级齿轮用的测量齿轮
4 级（特别精密）	到 35	到 70	精密磨齿；用精密滚刀和挤齿或单边剃齿后的大多数齿轮	特别精密分度机构中或在最平稳且无噪声的极高速下工作的齿轮传动；特别精密分度机构中的齿轮；高速透平传动；检测 7 级齿轮用的测量齿轮

续表

精度等级	圆周速度（$m \cdot s^{-1}$）		面的终加工	工作条件
	直齿	斜齿		
5级（高精密）	到20	到40	精密磨齿；大多数用精密滚刀加工，进而挤齿或剃齿的齿轮	精密分度机构中或要求极平稳用无噪声的高速工作的齿轮传动；精密机构用齿轮；透平齿轮；检测8级和9级齿轮用测量齿轮
6级（高精密）	到15	到30	精密磨齿或剃齿	要求最高效率且无噪声的高速下平稳工作的齿轮传动或分度机构的齿轮传动；特别重要的航空、汽车齿轮；读数装置用特别精密传动的齿轮
7级（精密）	到10	到15	无须热处理，仅用精确刀具加工的齿轮；淬火齿轮必须精整加工（磨齿、挤齿、珩齿等）	增速和减速用齿轮传动；金属切削机床送刀机构用齿轮；高速减速器用齿轮；航空、汽车用齿轮；读数装置用齿轮
8级（中等精密）	到6	到10	不磨齿，不必光整加工或对研	无需特别精密的一般机械制造用齿轮；包括在分度链中的机床传动齿轮；飞机、汽车制造业中的不重要齿轮；起重机构用齿轮；农业机械中的重要齿轮，通用减速器齿轮
9级（较低精度）	到2	到4	无须特殊光整工作	用于粗糙工作的齿轮

8.4.2 最小侧隙和齿厚偏差的确定

参见8.2.4节中的内容，合理地确定侧隙值及齿厚偏差或公法线长度极限偏差。

8.4.3 检验项目的选用

选择检验组时，应根据齿轮的规格、用途、生产规模、精度等级、齿轮加工方式、计量仪器、检验目的等因素综合分析、合理选择。

1. 齿轮加工方式

不同的加工方式产生不同的齿轮误差，例如，滚齿加工时，机床分度蜗轮偏心产生公法线长度变动偏差；而磨齿加工时，则由于分度机构误差将产生齿距累积偏差，故根据不同的加工方式采用不同的检验项目。

2. 齿轮精度

齿轮精度低，机床精度可足够保证，由机床产生的误差可不检验。齿轮精度高可选用综合性检验项目，反映全面。

3. 检验目的

终结检验应选用综合性检验项目，工艺检验可选用单项指标以便于分析误差原因。

4. 齿轮规格

直径不大于 400 mm 的齿轮可放在固定仪器上进行检验。大尺寸齿轮一般采用量具放在齿轮上进行单项检验。

5. 生产规模

大批量应采用综合性检验项目，以提高效率，小批单件生产一般采用单项检验。

6. 设备条件

选择检验项目时还应考虑工厂仪器设备条件及习惯检验方法。齿轮精度标准 GB/T10095.1、GB/T10095.2 及其指导性技术文件中给出的偏差项目虽然很多，但作为评价齿轮质量的客观标准，齿轮质量的检验项目应该主要是单项指标，即齿距偏差（F_p、$\pm f_{pt}$、$\pm F_{pk}$）、齿廓总偏差 F_α、螺旋线总偏差 F_β（直齿轮为齿向公差 F_β）及齿厚偏差 E_{sn}。

标准中给出的其他参数，一般不是必检项目，而是根据供需双方具体要求协商确定的，这里体现了设计第一的思想。根据我国多年来的生产实践及目前齿轮生产的质量控制水平，建议供需双方依据齿轮的功能要求、生产批量和检测手段，在以下推荐的检验组中选取一个检验组来评定齿轮的精度等级，见表 8.14。

表 8.14 推荐的齿轮检验组

检 验 组	检 验 项 目	适 用 等 级	测 量 仪 器
1	F_p、F_α、F_β、E_{sn}或E_{hn}	3～9	齿距仪、齿形仪、齿向仪、摆差测定仪，齿厚卡尺或公法线千分尺
2	F_p与F_{pk}、F_α、F_β、F_r、E_{an}或E_{hn}	3～9	齿距仪、齿形仪、齿向仪、摆差测定仪，齿厚卡尺或公法线千分尺
3	F_p、F_{pt}、F_α、F_β、F_r、E_{an}或E_{hn}	3～9	齿距仪、齿形仪、齿向仪、摆差测定仪、齿厚卡尺或公法线千分尺
4	F_i''、f_i''、E_{an}或E_{hn}	6～9	双面啮合测量仪，齿厚卡尺或公法线千分尺
5	f_{pt}、F_r、E_{an}或E_{hn}	10～12	齿距仪、摆差测定仪，齿厚卡尺或公法线千分尺
6	F_i'、f_i'、F_β、E_{an}或E_{hn}	3～6	单啮仪、齿向仪，齿厚卡尺或公法线千分尺

8.4.4 齿坯及箱体的精度的确定

齿坯及箱体的精度应根据齿轮的具体结构形式和工作要求按本章 8.3 节讲述的内容确定。

8.4.5 齿轮在图样上的标注

齿轮精度等级的标注方法示例。

例：5 GB/T10095.1

表示齿轮各项偏差项目均应符合 GB/T10095.1 的要求，精度均为 5 级。

例：8F_p7（F_α、F_β）GB/T10095.1

表示偏差 F_p、F_α、F_β 均按 GB/T10095.1 要求，但是 F_p 为 8 级，F_α 与 F_β 均为 7 级。

例：7（F_i''、f_i''）GB/T10095.2

表示偏差 F_i''、f_i'' 均按 GB/T10095.2 要求，精度均为 7 级。

8.4.6 齿轮精度设计实例

例 8.1 某机床主轴箱传动轴上的一对直齿圆柱齿轮，采用油池润滑。已知 $z_1=28$，$z_2=58$，$m=3$ mm，$B_1=26$ mm，$B_2=22$ mm，$n_1=1\,800$ r/min。齿轮材料为 45 号钢，其线膨胀系数 $\alpha_1=11.5\times10^{-6}$。箱体材料为铸铁，其线膨胀系数 $\alpha_2=10.5\times10^{-6}$。齿轮工作温度 $t_1=65$℃，箱体工作温度 $t_2=45$℃，内孔直径为 45 mm。两轴承中间距离 L 为 90 mm，单件小批量生产。试设计小齿轮的精度，并画出齿轮零件图。

解 1. 确定齿轮精度等级

因该齿轮为机床主轴箱传动齿轮，由表 8.12 可以大致得出，齿轮精度在 3～8 级之间。进一步分析，该齿轮为既传递运动又传递动力，因此可根据线速度确定其精度等级。

$$V=\frac{\pi dn_1}{1000\times60}=\frac{\pi mz_1n_1}{60000}=\frac{3.14\times3\times28\times1800}{1800}=7.9\ \text{m/s}$$

参考表 8.13 可知该齿轮为 7 级精度，则齿轮精度表示为 7GB/T10095.1。

2. 选择侧隙和齿厚偏差

$$\text{中心距}\ a=\frac{m(z_1+z_2)}{2}=\frac{3\times(58+28)}{2}=129\ \text{mm}$$

求得最小法向侧隙

$$j_{bn\min}=\frac{2}{3}(0.06+0.0005a+0.03m_n)$$

$$=\frac{2}{3}(0.06+0.0005\times129+0.03\times3)=0.143\ \text{mm}$$

得

$$E_{ss}=\frac{j_{bn\min}}{2\cos\alpha_n}=\frac{0.143}{2\cos20^\circ}=0.076\ \text{mm}$$

取负值 $E_{ss}=-0.076$ mm。

分度圆直径 $d_1=mz_1=3\times28=84$ mm，由表 8.9 查得 $F_r=0.03$ mm。由表 8.2 查得 $b_r=$ IT9 = 0.087 mm。

计算齿厚公差为

$$T_s=\sqrt{F_r{}^2+b_r{}^2}\cdot2\tan\alpha_n=\sqrt{0.03^2+0.087^2}\times2\tan20^\circ=0.173\ \text{mm}$$

$$E_{si}=E_{ss}-T_s=-0.076-0.173=-0.097\ \text{mm}$$

通常用检查公法线长度极限偏差来代替齿厚偏差

上偏差 $E_{bs}=E_{ss}\cos\alpha_n=-0.076\times\cos20^\circ=-0.071$ mm

下偏差 $E_{bi}=E_{si}\cos\alpha_n=-0.097\times\cos20^\circ=-0.091$ mm

卡尺量取跨齿数

$$k=\frac{z}{9}+0.5=\frac{28}{9}+0.5=3.6\text{，}k\ \text{值取}\ 4$$

公法线公称长度

$$W_k = m[2.952(k-0.5)+ 0.014z] = 3\times[2.952\times(4-0.5)+0.014\times28] = 32.172\ \text{mm}$$

则公法线长度及偏差为 $W_k = 32.172^{-0.071}_{-0.091}$。

3. 确定检验项目及其偏差

参考表 8.14，该齿轮属小批量，中等精度，没有对局部范围提出更严格的噪音、振动的要求，因此可选用第 1 检验组，即检验 F_p、F_α、F_β、F_r。查表 8.9 得 $F_p = 0.038$、$F_\alpha = 0.016$、$F_r = 0.030$，查表 8.10 得 $F_\beta = 0.017$。

4. 确定齿轮副精度

（1）中心距极限偏差 $\pm f_a$

由表 8.3 查得 $\pm f_a = \pm 0.031\,5$，则 $a =（129\pm 0.031\,5）$mm

（2）轴线平行度偏差 $f_{\Sigma\delta}$ 和 $f_{\Sigma\beta}$

$$f_{\sum\beta} = 0.5\left(\frac{L}{b}\right)F_\beta = 0.5\times\left(\frac{90}{26}\right)\times 0.017 = 0.029\,4\ \text{mm}$$

$$f_{\sum\delta} = 2f_{\Sigma\beta} = 2\times 0.029\,4 = 0.058\,8\ \text{mm}$$

5. 齿坯精度

（1）内孔尺寸偏差

由表 8.5 得 IT7，即

$$\phi 45\text{H7 Ⓔ} = \phi 45_{0}^{+0.025}\ \text{Ⓔ}$$

（2） 齿顶圆直径偏差 $\pm T_{da}/2$

齿顶圆直径为 $d_{a1} = m_n（z+2）= 3\times（28+2）= 90$ mm

根据推荐值 $\pm T_{da1}/2 = \pm 0.05m_n = \pm 0.05\times 3 = \pm 0.015$ mm

则 $d_{a1} = 90\pm 0.015$ mm

（3）基准面的几何公差

内孔圆柱度 t：根据推荐值可得到

$$0.04(L/b)F_\beta = 0.04(90/26)\times 0.017 \approx 0.002\ \text{mm}$$

$$0.1F_p = 0.1\times 0.038 \approx 0.004\ \text{mm}$$

取以上两值中较小者，即 $t_1 = 0.002$ mm

端面圆跳动公差：由表 8.6 查得 $t_2 = 0.022$ mm。

顶圆径向圆跳动公差：由表 8.6 查得 $t_3 = 0.022$ mm。

（4）齿坯表面粗糙度

由表 8.7 查得，齿面 R_a 为 3.2 μm。

由表 8.8 查得，齿轮基准孔 R_a 为 1.6 μm，齿轮基准端面 R_a 为 3.2 μm，顶圆 R_a 为 6.3 μm，其余表面粗糙度 R_a 为 12.5 μm。

该齿轮的零件图如图 8.16 所示。

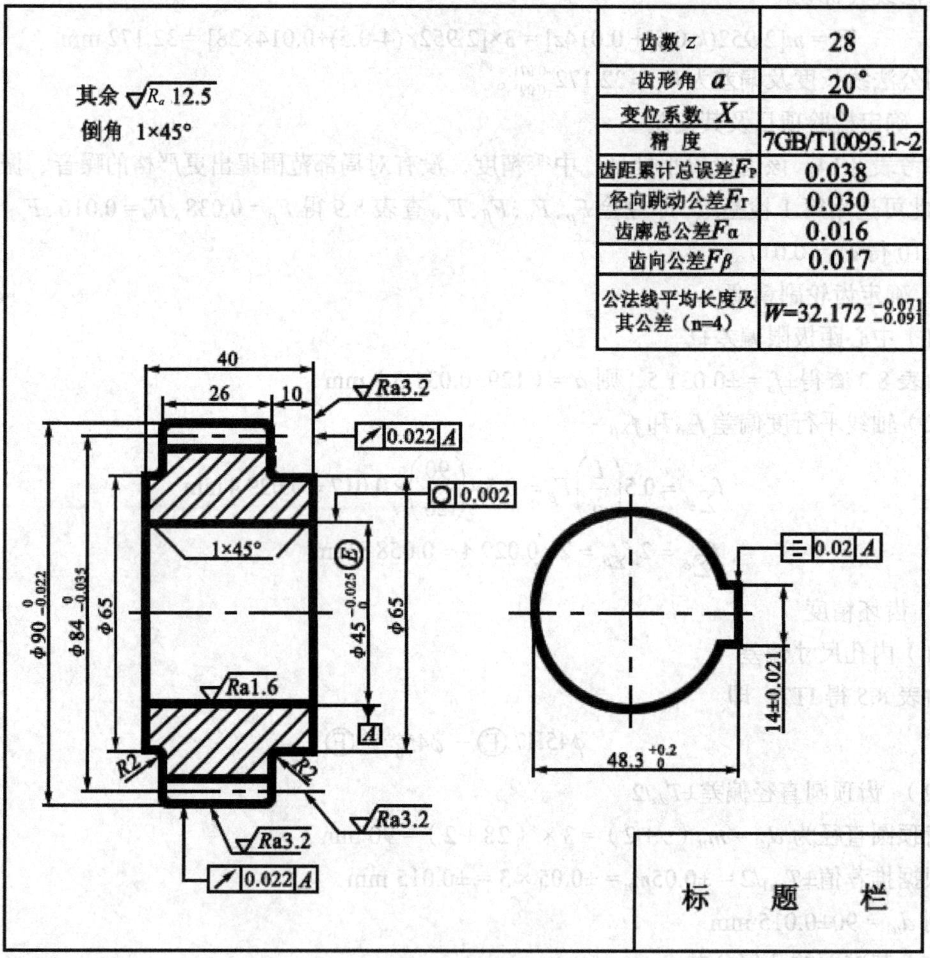

图 8.16 齿轮零件图

小 结

齿轮传动有四项使用要求，即传递运动的准确性、传动的平稳性、载荷分布的均匀性和合理的齿轮副侧隙。齿轮的加工误差主要来源于工艺系统，即加工齿轮的机床、刀具、夹具和齿坯本身，加工误差影响了齿轮的精度等级从而影响了齿轮的使用。为了评定齿轮的这四项使用要求，国家标准规定了相应的各项偏差指标，2001 年国家新颁布了 GB/T10095.1 和 GB/T10095.2，在新齿轮标准中齿轮误差、偏差统称为齿轮偏差，将偏差与公差共用一个符号表示，同时还规定了侧隙的评定指标。单项要素所用的偏差符号用小写字母（如 f）加上相应的下标组成，而表示若干单项要素偏差组成的“累积”或“总”偏差所用的符号，采用大写字母（如 F）加上相应的下标表示。齿轮的偏差项目较多，学习时可用比较法，注意搞清楚各项不同指标的实质及异同，明确各项评定指标的代号、定义、作用及检测方法。在齿轮偏差的选用方面，应会应用书中所列表格，根据齿轮的具体生产条件合理选择。

齿轮精度共分13级，其中5级精度为基本等级，6～8级为中等精度齿轮，应用最为广泛。确定精度等级应从齿轮具体工作情况出发，合理选择。本章最后给出了一个应用实例，系统地总结了齿轮偏差标准的应用。根据齿轮的大小、材料、转速、功率及使用场合，首先确定齿轮的精度等级，选择侧隙和齿厚偏差，再选定检验项目，查用偏差表格，查得各项选定的检验指标的公差值；再确定齿轮副精度、齿坯精度和有关表面的粗糙度要求；最后把上述各项要求标注在齿轮零件图上。

习 题

1. 齿轮传动有哪些使用要求？
2. 滚齿机上加工齿轮会产生哪些加工误差？
3. 齿轮精度等级分几级？如何表示精度等级？粗、中、高和低精度等级大致是从几级到几级？
4. 齿轮传动中的侧隙有什么作用？用什么评定指标来控制侧隙？
5. 评定齿轮传递运动准确性和评定齿轮传动平稳性指标有哪些？
6. 在某普通机床的主轴箱中有一对直齿圆柱齿轮副，采用油池润滑。已知 $z_1=20$，$z_2=48$，$m=2.75$ mm，$B_1=24$ mm，$B_2=20$ mm，$n_1=1\ 750$ r/min。齿轮材料是45号钢，其线膨胀系数 $\alpha_1=11.5\times10^{-6}$。箱体为铸铁材料，其线膨胀系数为 $\alpha_2=10.5\times10^{-6}$。齿轮工作温度 $t_1=60$℃，箱体温度 $t_2=40$℃。内孔直径为30 mm。两轴承中间距离 L 为100 mm，单件小批量生产。试对小齿轮进行精度设计，并将设计所确定的各项技术要求标注在齿轮零件图上。

第9章 尺寸链

学习提示及要求

本章主要介绍尺寸链的组成及尺寸链的分类、尺寸链的建立及解算方法、用完全互换法解尺寸链基本公式、用基本公式进行正计算及中间计算等。

要求了解尺寸链的含义及其特性、尺寸链的组成及尺寸链的分类；掌握尺寸链的建立及解算方法、用完全互换法解尺寸链基本公式；会用基本公式进行正计算及中间计算。

9.1 尺寸链的基本概念

1. 尺寸链的含义及其特性

在一个零件或一台机器的结构中，总有一些相互联系的尺寸，这些尺寸按一定顺序连接成一个封闭的尺寸组，称为尺寸链。图 9.1（a）所示的间隙配合就是一个由孔直径 D 、轴直径 d 和间隙 x 组成的最简单的尺寸链。间隙大小受 D 、d 的影响。

图 9.1（b）是由台阶轴三个台阶长度和总长形成的尺寸链。

图 9.1（c）所示零件在加工过程中，以 B 面为定位基准获得尺寸 A_1 、A_2 ，A 面到 C 面的距离 A_0 也就随之确定，尺寸 A_1 、A_2 和 A_0 形成尺寸链。

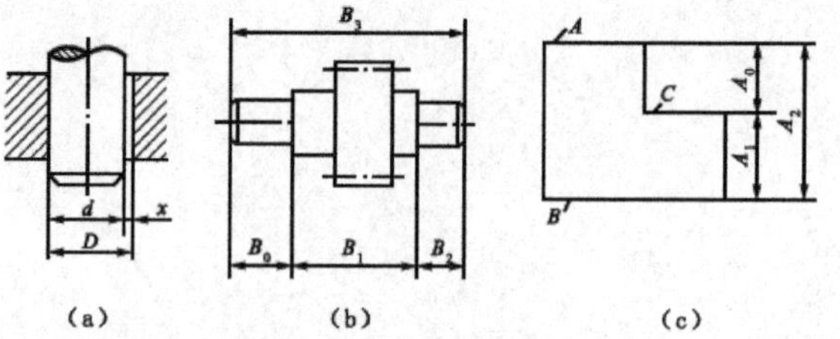

图 9.1　尺寸链

在机械设计和工艺工作中，为保证加工、装配和使用的质量，经常要对一些相互关联的尺寸、公差和技术要求进行分析和计算，为使计算工作简化，可采用尺寸链原理。

将相互关联的尺寸从零件或部件中抽出来，按一定顺序构成的封闭尺寸图形，称为尺寸链。

图 9.2 所示为铣削阶梯表面的工艺尺寸链。图 9.2（a）为零件加工工序图，尺寸 A_1、A_0 为零件图上标注的工序尺寸。图 9.2（b）为零件加工时的情景，加工时以底面 3 为定位基准，铣削表面 2，得尺寸 A_2，而尺寸 A_0 是通过 A_1、A_2 间接得到的。因此，A_0 与 A_1、A_2 尺寸就构成一个相互关联的尺寸组合，形成了尺寸链，如图 9.2（c）所示。

图 9.3 所示为装配轴上零件齿轮时的装配尺寸链。图 9.3（a）为主轴部件，为保证弹性挡圈装入，要保持轴向间隙 A_0，由图中看到 A_0 与 A_1、A_2、A_3 有关，A_0 与 A_1、A_2、A_3 按照一定顺序构成尺寸链。

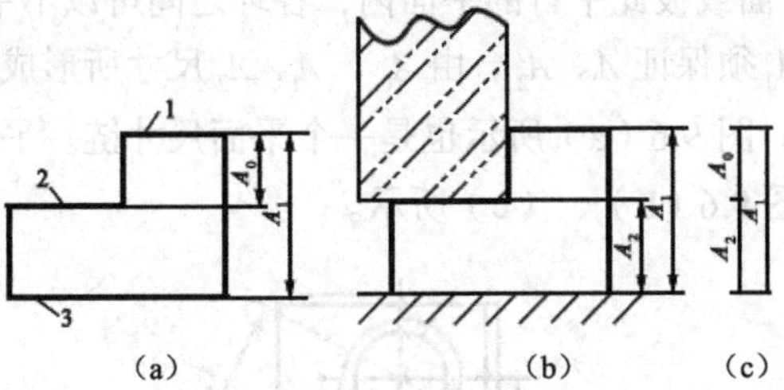

图 9.2 铣削阶梯表面的工艺尺寸链

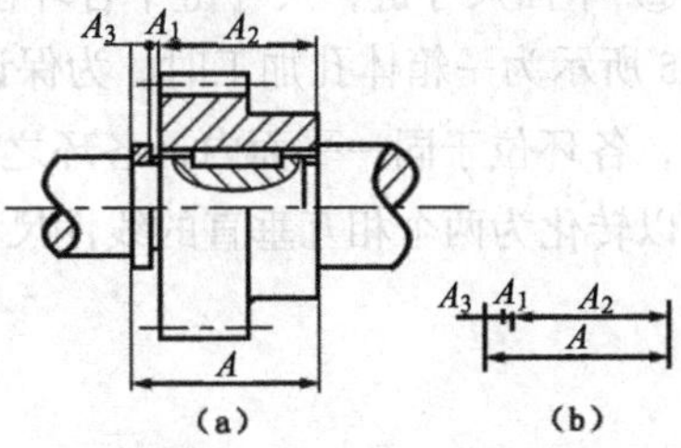

图 9.3 装配轴上零件齿轮时的装配尺寸链

综上说述，尺寸链具有如下两个特性。

（1）封闭性。

（2）相关性。

2. 尺寸链的组成

构成尺寸链的各个尺寸称为环。尺寸链的环分为封闭环和组成环。

（1）封闭环

封闭环指加工或装配过程中最后自然形成的那个尺寸。如图 9.1 中的 x、B_0 和 A_0，图 9.2、图 9.3 中的 A_0 尺寸均为封闭环，封闭环在一个线性尺寸链中只有一个。

（2）组成环

组成环指尺寸链中除封闭环以外的其他环。它是在加工中直接得到的尺寸，将直接影响封闭环尺寸的大小。根据它们对封闭环的影响不同，又分为增环和减环。

增环——若组成环尺寸增大或减小，使得封闭环尺寸增大或减小，则此组成环称为增环，如图 9.2、图 9.3 中的 A_1 环。

减环——若组成环尺寸增大或减小，使得封闭环尺寸减小或增大，则此组成环称为减环，如图 9.2、图 9.3 中的 A_2、A_3 环。

同一个尺寸链中的各个环最好用同一个字母表示，如 A_1、A_2、A_3…A_0，下标 1、2、…表示组成环的序号，0 表示封闭环。对于增环，在字母的上边加符号→；对于减环在字母的上边加符号“←”。

如：$\overrightarrow{A_1}$　$\overrightarrow{A_2}$　$\overrightarrow{A_3}$

增环和减环也可用文字表述。

3. 尺寸链的分类

尺寸链通常按下述特征分类。

（1）按应用场合分

① 装配尺寸链，在机器设计和装配过程中，各相关的零部件间相互联系的尺寸所组成的尺寸链，如图 9.1（a）、图 9.3 所示。

② 工艺尺寸链，在加工过程中，工件上各相关的工艺尺寸所组成的尺寸链，如图 9.1（c）、图 9.2 所示。

③ 零件尺寸链，全部组成环为同一零件设计尺寸所形成的尺寸链，如图 9.1（b）所示。

（2）按各环所在空间位置分

① 直线尺寸链，尺寸链中各环位于同一平面内且彼此平行，如图 9.4 所示。

前面图 9.1、图 9.2、图 9.3 所示也为直线尺寸链。

② 平面尺寸链，尺寸链中各环位于同一平面或彼此平行的平面内，各环之间可以不平行，图 9.5 所示为一箱体孔加工时，为保证孔心距 A_0 须保证 A_1、A_2，由 A_0、A_1、A_2 尺寸所形成的尺寸链，各环位于同一平面内，各环之间不平行。图 9.6（a）所示也是一个平面尺寸链。平面尺寸可以转化为两个相互垂直的线性尺寸链，如图 9.6（b）、（c）所示。

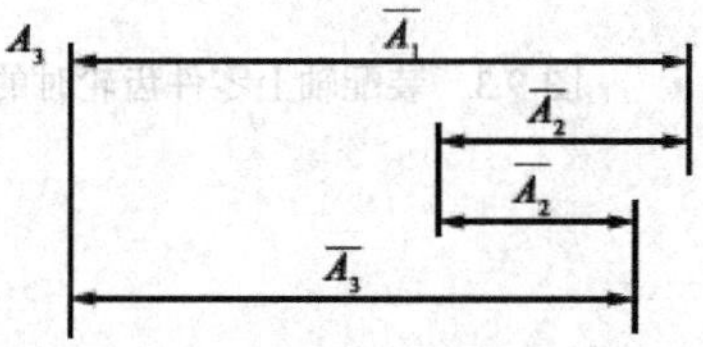

图 9.4　直线尺寸链

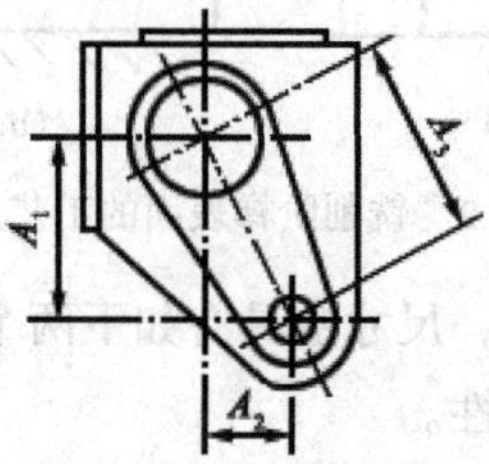

图 9.5　平面尺寸链

③ 空间尺寸链，尺寸链中各环不在同一平面或彼此平行的平面内，如图 9.7 所示。空间尺寸链可以转化为三个相互垂直的平面尺寸链，每一个平面尺寸链又可转化为两个相互垂直的线性尺寸链。因此，线性尺寸链是尺寸链中最基本的尺寸链，组成环位于几个不平行的平面内。

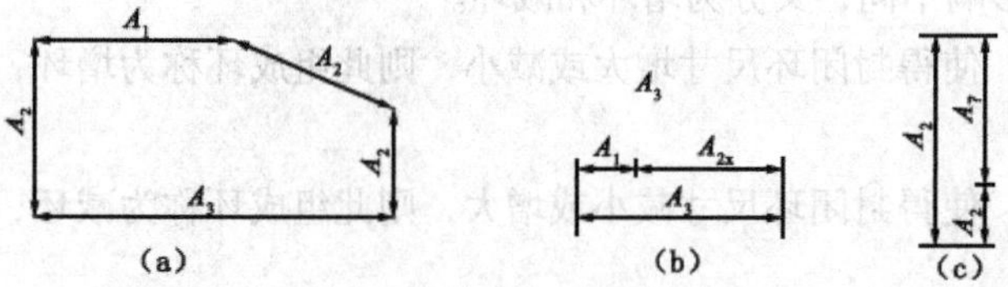

图 9.6　平面尺寸链的分解

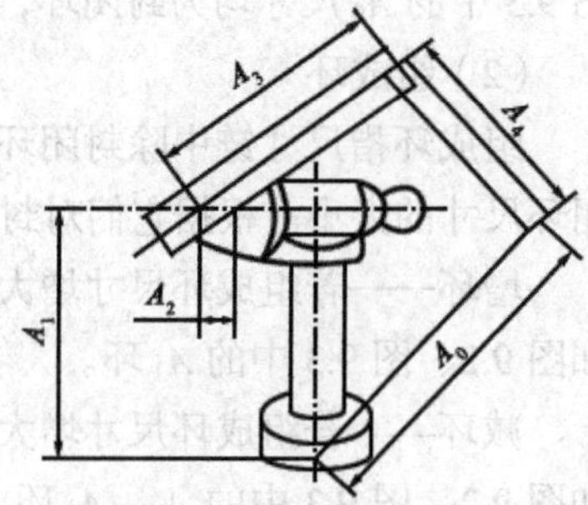

图 9.7　空间尺寸链

（3）按各环尺寸的几何特征分

① 长度尺寸链

尺寸链中各环均为长度量。图 9.1、图 9.2 等所示都属于长度尺寸链。

② 角度尺寸链

尺寸链中各环均为角度量。由于平行度和垂直度分别相当于 0° 和 90°，因此，角度尺寸链包括了平行度和垂直度的尺寸链。图 9.8（a）为零件加工工序图，图 9.8（b）为加工孔时保证孔的轴线与底面平行，即 α_1 为 0°，与左侧面垂直，即 α_2 为 90°，最终保证左侧面与底面垂直，即 α_0 也为 0°。

由 α_1、α_2、α_0 组成的尺寸链为角度尺寸链，其尺寸链图如图 9.8（c）所示。

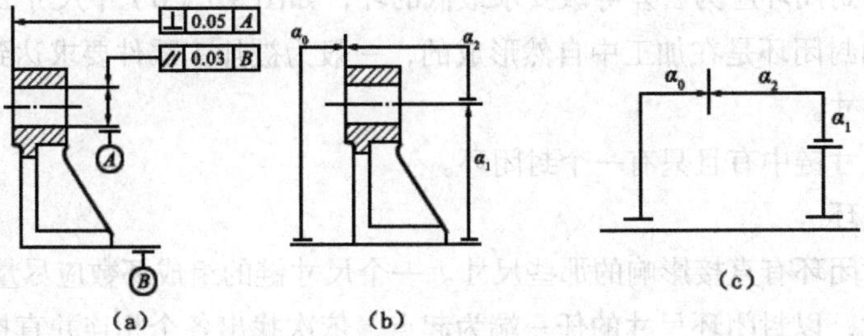

图 9.8 角度尺寸链

（4）按尺寸链之间相互联系的形态分

① 独立尺寸链

尺寸链中所有的组成环和封闭环只从属于一个尺寸链，如前面所讲的尺寸链例子均属独立尺寸链。

② 并联尺寸链

两个或两个以上的尺寸链，通过公共环将它们联系起来组成并联形式的尺寸链，如图 9.9 所示。

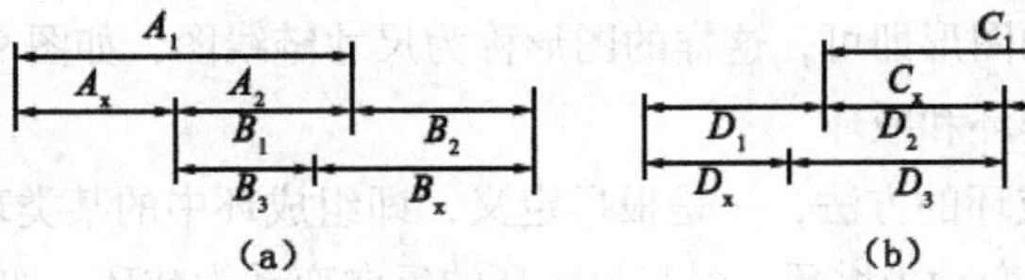

图 9.9 并联尺寸链

图 9.9（a）中，A_2（B_1）为 A、B 两个尺寸链的公共环，并分别从属于该两尺寸链的组成环。这种并联尺寸链，当公共环变化时，各尺寸链的封闭环将同时发生变化。

图 9.9（b）中，C_0（D_2）是 C、D 两个尺寸链的公共环，也就是一个尺寸链的封闭环是其他尺寸链的组成环。这种并联尺寸链，通过公共环可将所有尺寸链的组成环联系起来。

9.2 尺寸链的计算

9.2.1 尺寸链计算的基本内容

1. 尺寸链的建立

（1）确定封闭环

在尺寸链的计算中，最为关键的就是正确判断出尺寸链中的封闭环以及查找组成环并判断

增环和减环 ，如果判断失误，则直接导致计算的错误，造成废品或事故。

装配尺寸链的封闭环是在装配之后形成的，往往是机器上有装配精度要求的尺寸，如保证机器可靠工作的相对位置尺寸或保证零件相对运动的间隙等。

零件尺寸链的封闭环应为公差等级要求最低的环，如图 9.1（b）中尺寸 B_0 是不标注的。

工艺尺寸链的封闭环是在加工中自然形成的，一般为被加工零件要求达到的设计尺寸或工艺过程中需要的尺寸。

注意：一个尺寸链中有且只有一个封闭环。

（2）查找组成环

组成环是对封闭环有直接影响的那些尺寸。一个尺寸链的组成环数应尽量少。

查找组成环时，以封闭环尺寸的任一端为起点，依次找出各个相连并直接影响封闭环的全部尺寸，其中最后一个尺寸应与封闭环的另一侧相连接。

图 9.10（a）所示的车床主轴轴线与尾座轴线高度差的允许值 A_0 是装配技术要求，为封闭环。组成环可从尾座顶尖开始查找，尾座顶尖轴线到底面的高度 A_1、与床身导轨面相连的底板的厚度 A_2、床身导轨面到主轴轴线的距离 A_3，最后回到封闭环。A_1，A_2，A_3 均为组成环。图 9.10（b）为查找完毕画成的尺寸链图。

注意：一个尺寸链至少要由两个组成环组成。

（3）画尺寸链线图

为清楚地表达尺寸链的组成，通常不需要画出零件或部件的具体结构，只须将尺寸链中各尺寸依次画出，形成封闭的图形即可，这样的图形称为尺寸链线图，如图 9.10（b）所示。

（4）判断尺寸链中的增环和减环

在尺寸链中判断增、减环的方法，一是根据定义，即组成环中的某类环的变动（其余组成环不变）引起封闭环的同向变动为增环，引起封闭环的反向变动为减环。如图 9.11 中，A_3 尺寸增大或减小时，A_0 尺寸也同时会增大或减小，故 A_3 是增环；其余尺寸 A_1、A_2、A_4、A_5 与 A_0 尺寸的情况刚好相反，故为减环。

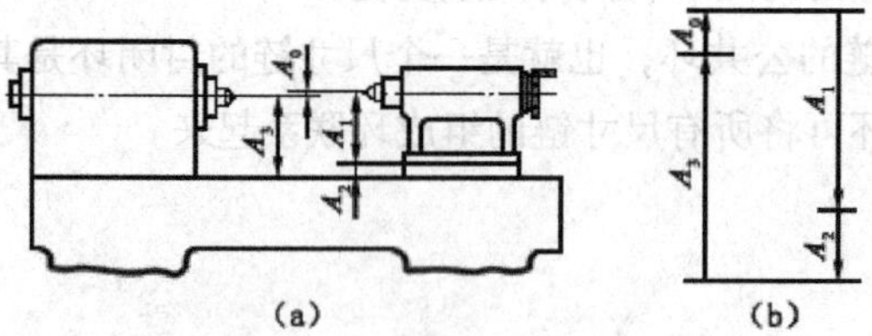

图 9.10　车床顶尖高度尺寸链

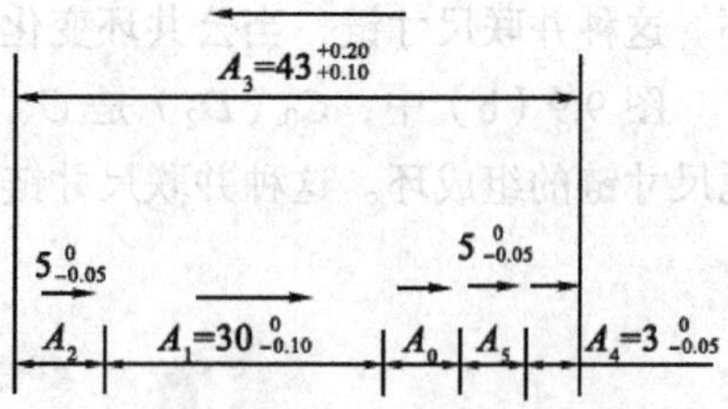

图 9.11　尺寸链中增、减环的判断

二是用“箭头法”确定，先从任一环起画单向箭头，顺着尺寸链的一个方向，向着尺寸线的终端画箭头，一个接一个画，包括封闭环，直到最后一个形成闭合回路，然后按箭头方向判断，与封闭环同向的组成环为减环，反之则为增环。如图 9.11 中 A_1、A_2、A_4、A_5 与封闭环的箭头同向，因此是减环；A_3 的箭头与封闭环的箭头反向，为增环。

2. 解算尺寸链的任务

应用尺寸链原理解决加工和装配工艺问题时，经常碰到下述三种情况。

（1）正计算

正计算是指已知组成环的极限尺寸，求封闭环的尺寸的问题；也叫校验设计图纸的合理与否。

（2）反计算

反计算是指已知封闭环极限尺寸和各组成环的基本尺寸，求各组成环的极限偏差的问题；也就是通常所说的设计问题。

通常解决正计算问题比较容易，而解决反计算问题比较难。

解决尺寸链反计算问题的方法

① 按等公差原则分配封闭环公差，即使各组成环公差相等，其大小为

$$T_i = \frac{T_0}{m} \tag{9.1}$$

式中：T_i ——组成环公差；

T_0——封闭环公差；

m——组成环个数。

此法计算简单，但从工艺上讲，当各环加工难易程度、尺寸大小不一样时，规定各环公差相等不够合理。当各组成环尺寸及加工难易程度相近时采用该法较为合适。

② 按等精度的原则分配封闭环公差，即使各组成环的精度相等。各组成环的公差值根据基本尺寸按公差中的尺寸分段及精度等级确定，然后再给予适当调整，使

$$T_0 \geqslant \sum_{i=1}^{m} T_i$$

等精度的原则是假设各组成环的公差等级是相等的。对于尺寸≤500 mm，公差等级在IT5～IT18范围内，公差值的计算公式为：IT=ai（如第1章所述），按照已知的封闭环公差 T_0 和各组成环的公差因子 i_i，计算各组成环的平均公差等级系数 $\boldsymbol{a}$，即

$$a = \frac{T_0}{\sum i_i} \tag{9.2}$$

为方便计算，各尺寸分段的 i 值列于表 9.1。

表 9.1　　尺寸≤500 mm，各尺寸分段的公差因子值

分段尺寸	≤3	>3～6	>6～10	>10～18	>18～30	>30～50	>50～80	>80～120	>120～180	>180～250	>250～315	>315～400	>400～500
i (μm)	0.54	0.73	0.90	1.08	1.31	1.56	1.86	2.17	2.52	2.90	3.23	3.54	3.89

求出 $\boldsymbol{a}$ 值后，将其与标准公差计算公式表相比较，得出最接近的公差等级后，可按该等级查标准公差表，求出组成环的公差值，从而进一步确定各组成环的极限偏差。各组成环的公差应满足组成环公差之和等于封闭环公差的关系。

（3）中间计算

中间计算是指已知封闭环公差和部分组成环的极限尺寸，求某一组成环的极限尺寸的问题。

利用协调环分配封闭环公差。如果尺寸链中有一些难以加工和不宜改变其公差的组成环，利用等公差和等精度法分配公差都有一定困难。这时可以把这些组成环的公差首先确定下来，只将一个或极少数几个比较容易加工，或在生产上受限制较少和用通用量具容易测量的组成环定为协调环，用来协调封闭环和组成环之间的关系。这时有

$$T_0 = T_i' + \sum_{i=1}^{m-1} T_i \tag{9.3}$$

式中：T_i——协调环公差。

3. 解算尺寸链的方法

（1）完全互换法（极值法）

完全互换法是尺寸链计算中最基本的方法。

（2）不完全互换法（概率法）

采用概率法，不是在全部产品中，而是在绝大多数产品中，装配时不须挑选或修配，就能满足封闭环的公差要求，即保证大多数互换。

与完全互换法相比，在封闭环公差相等的情况下，不完全互换法可使组成环的公差扩大，从而获得良好的技术和经济效益，也比较科学合理，常用在大批量生产的情况。

（3）图解法

在机械加工过程中，常利用尺寸链原理求解工序尺寸及其公差。但当零件加工工序较多，工艺基准与设计基准又不重合，加工中又需多次转换定位基准时，想快速、准确的建立起尺寸链并非易事。此时，人们大多会利用“图解法”。

9.2.2 完全互换法计算尺寸链

完全互换法的特点是从保证完全互换着眼，由各组成环的极限尺寸计算封闭环的极限尺寸，从而求得封闭环公差，所以这种方法又称为极值法，它是按各环的极限值进行尺寸链计算的方法。

1. 基本公式

设尺寸链的组成环数为m，其中n个增环，$m-n$个减环，A_0为封闭环的基本尺寸，A_i为组成环的基本尺寸，则对于直线尺寸链有如下公式。

（1）封闭环的基本尺寸

封闭环的基本尺寸A_0等于所有增环的基本尺寸A_i之和减去所有减环的基本尺寸A_j，即

$$A_0=\sum_{i=1}^{n}A_i-\sum_{j=n+1}^{m}A_j \quad (9.4)$$

图9.12中的尺寸链，A_0为封闭环，A_1、A_2、A_5为增环，A_3、A_4为减环。各环的基本尺寸分别以A_1、$A_2\cdots A_i$表示。由图可知：$A_0=\overrightarrow{A_1}+\overrightarrow{A_2}+\overrightarrow{A_5}-\overleftarrow{A_3}-\overleftarrow{A_4}$

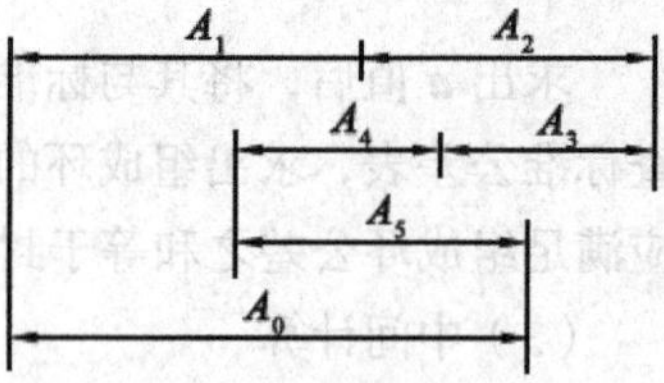

图9.12 封闭环基本尺寸计算

（2）封闭环的极限尺寸

由公式9.1可知，当尺寸链中所有增环为最大值，所有减环为最小值时，则封闭环为最大值；反之为最小值。写成普遍公式为

封闭环的最大极限尺寸$A_{0\max}$：等于所有增环的最大极限尺寸之和减去所有减环的最小极限尺寸之和。用公式表示为

$$A_{0\max}=\sum_{i=1}^{n}A_{i\max}-\sum_{j=n+1}^{m}A_{j\min} \quad (9.5)$$

封闭环的最小极限尺寸$A_{0\min}$：等于所有增环的最小极限尺寸之和减去所有减环的最大极限尺寸之和。用公式表示为

$$A_{0\min}=\sum_{i=1}^{n}A_{i\,\mathrm{man}}-\sum_{j=n+1}^{m}A_{j\max} \quad (9.6)$$

（3）封闭环的极限偏差

封闭环的上偏差 ES_0：由式（9.5）减式（9.4）得

$$ES_0 = \sum_{i=1}^{n} ES_i - \sum_{j=n+1}^{m} EI_j \tag{9.7}$$

即封闭环的上偏差等于所有增环的上偏差之和减去所有减环的下偏差之和。

封闭环的下偏差 EI_0：由式（9.6）减式（9.4）得

$$EI_0 = \sum_{i=1}^{n} EI_i - \sum_{j=n+1}^{m} ES_j \tag{9.8}$$

即封闭环的下偏差等于所有增环的下偏差之和减去所有减环的上偏差之和。

（4）封闭环公差 T_0：由式（9.5）减式（9.6）得

$$T_0 = \sum_{i=1}^{m} T_i \tag{9.9}$$

即封闭环公差等于所有组成环公差之和。由式（9.9）得出如下结论。

结论一，$T_0 > T_i$，即封闭环公差最大，精度最低。因此，在零件尺寸链中应尽可能选取最不重要的尺寸作为封闭环。在装配尺寸链中，封闭环往往是装配后应达到的要求，不能随意选定。

结论二，T_0 一定时，组成环数越多，则各组成环公差必然越小，经济性越差。因此，设计中应遵守“最短尺寸链”原则，即使组成环数尽可能少。

2. 正计算

正计算的步骤是：根据装配要求确定封闭环；寻找组成环；画尺寸链线图；判别增环和减环；由各组成环的基本尺寸和极限偏差根据公式求封闭环的基本尺寸和极限偏差。

例 9.1 如图 9.13（a）所示的结构，已知各零件的尺寸：$A_1 = 30^{0}_{-0.13}$ mm，$A_2 = A_5 = 5^{0}_{-0.075}$ mm，$A_3 = 43^{+0.18}_{+0.02}$ mm，$A_4 = 3^{0}_{-0.04}$ mm，设计要求间隙 $A_0 = 0.1 \sim 0.45$ mm，试验算能否满足该要求。

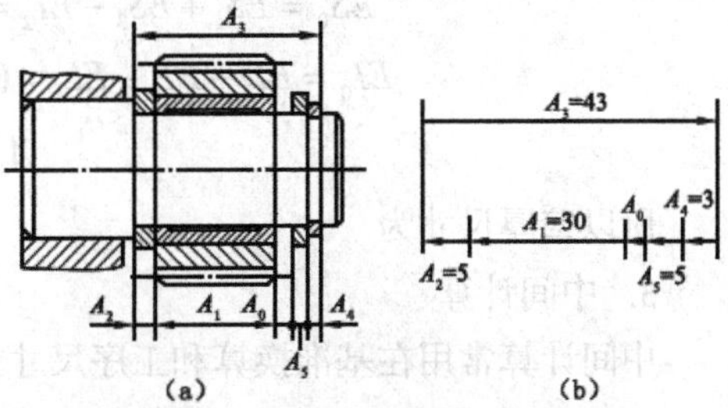

图 9.13　齿轮部件尺寸链

解：1. 确定设计要求的间隙 A_0 为封闭环；寻找组成环并画尺寸链图，如图 9.13（b）所示。判断 A_3 为增环，A_1、A_3、A_4 和 A_5 为减环。

2. 计算封闭环的基本尺寸

$$\begin{aligned} A_0 &= A_3 - (A_1 + A_2 + A_4 + A_5) \\ &= 43\ \text{mm} - (30 + 5 + 3 + 5)\ \text{mm} \\ &= 0\ \text{mm} \end{aligned}$$

即要求封闭环的尺寸为 $0^{+0.45}_{+0.10}$ mm。

3. 计算封闭环的极限偏差

$$\begin{aligned} ES_0 &= ES_3 - (EI_1 + EI_2 + EI_4 + EI_5) \\ &= +0.18\ \text{mm} - (-0.13 - 0.075 - 0.04 - 0.075)\ \text{mm} \\ &= +0.50\ \text{mm} \end{aligned}$$

$$\begin{aligned} EI_0 &= EI_3 - (ES_1 + ES_2 + ES_4 + ES_5) \\ &= +0.02\ \text{mm} - (0 + 0 + 0 + 0)\ \text{mm} \\ &= +0.02\ \text{mm} \end{aligned}$$

4. 计算封闭环的公差

$$T_0 = T_1 + T_2 + T_3 + T_4 + T_5$$
$$= (0.13 + 0.075 + 0.16 + 0.04 + 0.075)\ \text{mm}$$
$$= 0.48\ \text{mm}$$

例 9.2 如图 9.14（a）所示的圆筒，已知外圆尺寸 $A_1 = \phi70_{-0.12}^{-0.04}$ mm，内孔尺寸 $A_2 = \phi60_{0}^{+0.06}$ mm，内、外圆同轴度公差为 $\phi0.02$ mm，求壁厚 A_0。

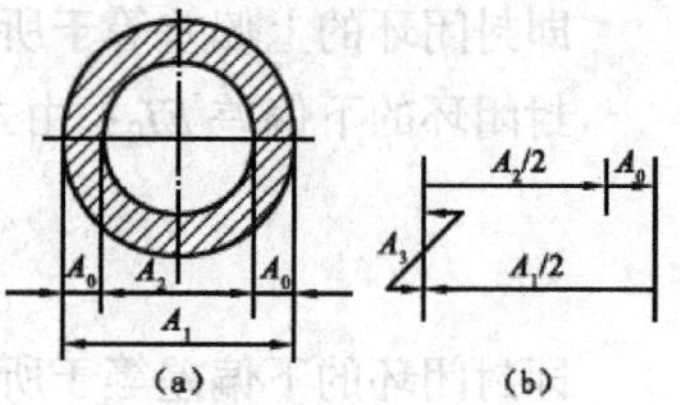

图 9.14 圆筒尺寸链

解：1. 确定封闭环、组成环、画尺寸链线图，车外圆和镗内孔后就形成了壁厚。因此，壁厚 A_0 是封闭环。取半径组成尺寸链，此时 A_1、A_2 的极限尺寸均按半值计算，即

$$\frac{A_1}{2} = 35_{-0.06}^{-0.02}\ \text{mm},\quad \frac{A_2}{2} = 30_{0}^{+0.03}\ \text{mm}$$

同轴度公差为 $\phi0.02$ mm，允许内、外圆轴线偏离 0.01 mm，可正可负。故以 $A_3 = 0 \pm 0.01$ mm 加入尺寸链，作为增环或减环均可，此处以增环代入。

画尺寸链图，如图 9.13（b）所示，$\frac{A_1}{2}$ 为增环，$\frac{A_2}{2}$ 为减环。

2. 求封闭环的基本尺寸

$$A_0 = \frac{A_1}{2} + A_3 - \frac{A_2}{2} = (35 + 0 - 30)\ \text{mm} = 5\ \text{mm}$$

3. 求封闭环的上、下偏差

$$ES_0 = ES_1 + ES_3 - EI_2 = (-0.02 + 0.01 - 0)\ \text{mm} = -0.01\ \text{mm}$$
$$EI_0 = EI_1 + EI_3 - EI_2 = (-0.06 - 0.01 - 0.03)\ \text{mm} = -0.10\ \text{mm}$$

所以壁厚尺寸为

$$A_0 = 5_{-0.10}^{-0.01}\ \text{mm}。$$

3. 中间计算

中间计算常用在基准换算和工序尺寸换算等工艺计算中。

例 9.3 如图 9.15 所示，零件加工时，图纸要求保证尺寸 6 ± 0.1，因这一尺寸不便直接测量，只好通过度量尺寸 L 来间接保证，试求工序尺寸 L?

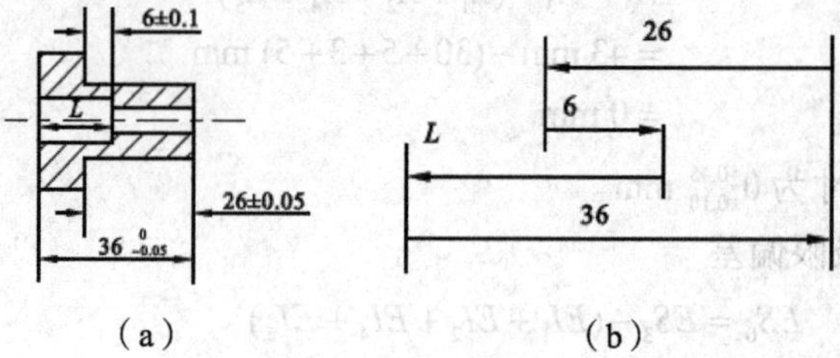

图 9.15 尺寸链中的尺寸换算

解：图 9.15（b）所示为尺寸链图。

尺寸 6 ± 0.1 是间接得来的，为封闭环。

尺寸 L、26 为增环，36 是减环。

根据公式（9.2）、公式（9.3）：$6.1=L_{max}+25.05-35.95$

$5.9=L_{min}+24.95-36$

有 $L_{max}=17$ mm，$L_{min}=16.95$ mm

4. 反计算

例 9.4 图 9.16 为某双联转子（摆线齿轮）泵的轴向装配关系图。已知各基本尺寸为：$A_0=0$，$A_1=41$ mm，$A_2=A_4=17$ mm，$A_3=7$ mm。根据要求，冷态下的轴向装配间隙 $A_0=0_{+0.05}^{+0.15}$ mm，$T_0=0.1$ mm。求各组成环尺寸的公差大小和分布位置。

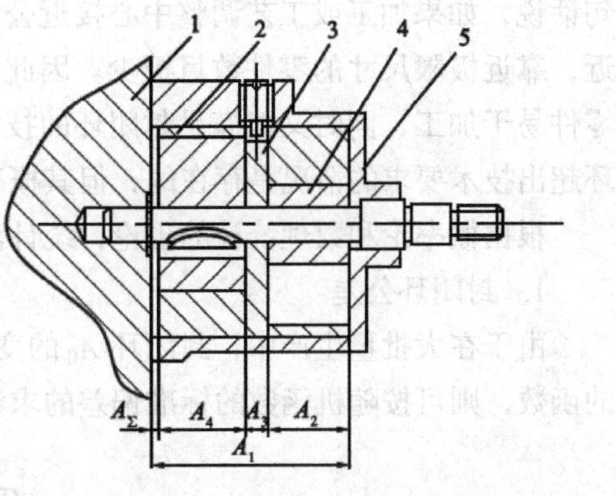

1—机体；2—外转子；3—隔板；4—内转子；5—壳体

图 9.16 双联转子的轴向装配关系图

解： 1. 画出装配尺寸链图，校验各环基本尺寸。

$A_0=A_1-(A_2+A_3+A_4)=41-(17\times2+7)=0$

可见各环基本尺寸确定无误。

2. 确定各组成环尺寸公差大小和分布位置

为了满足封闭环公差 $T_0=0.1$ mm 的要求，各组成环公差 T_i 的总和 $\sum T$ 不得超过 0.1 mm，即

$$\sum_{i=1}^{4}T_i=T_1+T_2+T_3+T_4\leqslant 0.1\text{ mm}$$

在具体确定各 T_i 值的过程中，首先可按各环为“等公差”分配，看一下各环所能分配到的平均公差 T_m 的数值，即

$$T_{av}=\frac{T_0}{n-1}=\frac{0.1}{4}=0.025\text{ mm}$$

由所得数值可以看出，零件制造加工精度要求是不高的，能加工出来，因此，用极值解法的完全互换法装配是可行的。但还需要进一步按加工难易程度和设计要求等方面考虑各环的公差并进行调整。

3. 确定相依尺寸的公差和偏差

现选定相依尺寸环为 A_1，很明显，相依尺寸环 A_1 的公差值 T_1 为

$$T_1=T_0-(T_2+T_3+T_4)=0.1-(2\times0.018+0.015)=0.049\text{ mm}$$

T_1 相当于 8 级精度公差，故相依尺寸的上、下偏差可计算出，具体计算如下。

$$EI_{A_j\xi_{j=1}}=EI_{A_0}-\sum_{\substack{t=1\\ \xi_i=1}}^{m-1}EI_{A_i}+\sum_{\substack{i=1\\ \xi_i=-1}}^{m-1}ES_{A_i}=0.050-0+0=0.050\text{ mm}$$

求得

$$EI_{A_j}=+0.05\text{ mm}$$

$$ES_{A_j}=0.05\text{ mm}+0.049\text{ mm}=0.099\text{ mm}$$

$$A_{1EI_{A_j}}^{ES_{A_j}}=41_{+0.050}^{+0.099}\text{ mm}$$

9.2.3 计算尺寸链的其他方法

概率法

极值法是按尺寸链中各环的极限尺寸来计算公差的。但是，由生产实践可知，在成批生产

和大量生产中，零件实际尺寸的分布是随机的，多数情况下可考虑成正态分布或偏态分布。换句话说，如果加工或工艺调整中心接近公差带中心时，大多数零件的尺寸分布于公差带中心附近，靠近极限尺寸的零件数目极少。因此，可利用这一规律，将组成环公差放大，这样不但使零件易于加工，同时又能满足封闭环的技术要求，从而获得更大的经济效益。当然，此时封闭环超出技术要求的情况是存在的，但其概率很小，所以这种方法又称大数互换法。

根据概率论和数理统计的理论，统计法解尺寸链的基本公式如下。

1. 封闭环公差

由于在大批量生产中，封闭环 A_0 的变化和组成环 A_i 的变化都可视为随机变量，且 A_0 是 A_i 的函数，则可按随机函数的标准偏差的求法，得

$$\sigma_0 = \sqrt{\sum_{i=1}^{m} \xi_i^2 \sigma_i^2} \tag{9.10}$$

式中：σ_0，σ_1，…，σ_m——封闭环和各组成环的标准偏差；

ξ_1，ξ_2，…，ξ_m——传递系数。

若组成环和封闭环尺寸偏差均服从正态分布，分布范围与公差带宽度一致，且 T_i=6σ_i，此时封闭环的公差与组成环公差有如下关系

$$T_0 = \sqrt{\sum_{i=1}^{m} \xi_i^2 T_i^2} \tag{9.11}$$

如果各组成环的分布不为正态分布时，式中应引入相对分布系数 K_i，对不同的分布，K_i 值的大小可由表 9.2 中查出，则

$$T_0 = \sqrt{\sum_{i=1}^{n} \xi_i^2 K_i^2 T_i^2} \tag{9.12}$$

2. 封闭环中间偏差

上偏差与下偏差的平均值为中间偏差，用$\varDelta$表示，即

$$\varDelta = \frac{ES + EI}{2} \tag{9.13}$$

当各组成环为对称分布时，封闭环中间偏差为各组成环中间偏差的代数和，即

$$\varDelta_0 = \sum_{i=1}^{n} \xi_i \varDelta_i \tag{9.14}$$

当组成环为偏态分布或其他不对称分布时，则平均偏差相对于中间偏差的偏移量为 $e\dfrac{T}{2}$，e 称为相对不对称系数（对称分布 $e=0$），这时式（9.14）应改为

$$\varDelta_0 = \sum_{i=1}^{n} \xi_i \left(\varDelta_i + e_i \frac{T_i}{2} \right) \tag{9.15}$$

3. 封闭环极限偏差

封闭环上偏差等于中间偏差加 1/2 封闭环公差，下偏差等于中间偏差减 1/2 封闭环公差，即

$$ES_0 = \varDelta_0 + \frac{1}{2}T_0 ，\ EI_0 = \varDelta_0 - \frac{1}{2}T_0 \tag{9.16}$$

表 9.2　　　　典型 *K*、*e* 值

分布特征	正态分布	三角分布	均匀分布	瑞利分布	偏态分布	
					外尺寸	内尺寸
e	0	0	0	−0.28	0.26	-0.26
K	1	1.22	1.73	1.14	1.17	1.17

例 9.5　图 9.19（a）所示为某齿轮箱的一部分，根据使用要求，间隙 A_0=1～1.75 mm 之间，若已知：A_1=140 mm，A_2=5 mm，A_3=101 mm，A_4=50 mm，A_5=5 mm。试按概率法计算 A_1～A_5 各尺寸的极限偏差与公差。

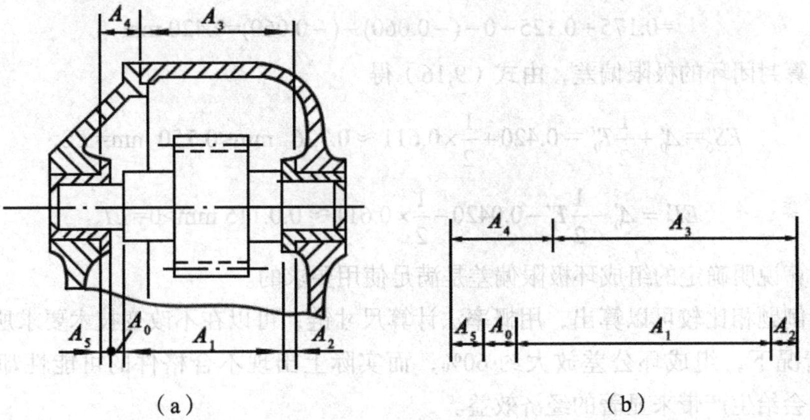

图 9.17　设计计算示例

解：1. 画尺寸链图，如图 9.17（b）所示。

间隙 A_0 是装配过程最后形成的，是尺寸链的封闭环，A_1～A_5 是 5 个组成环，其中 A_3、A_4 是增环，A_1、A_2、A_5 是减环。

2. 计算封闭环的基本尺寸，由式（9.4）得

$$A_0 = A_3+A_4-（A_1+A_2+A_5）$$

$$A_0 = 101+50-（140+5+5）= 1\text{mm}$$

所以 $A_0 = 1_{\ 0}^{+0.750}$ mm

3. 确定各组成环公差

设各组成环尺寸偏差均接近正态分布，则 $K_i = 1$，又因该尺寸链为线性尺寸链，故 $|\xi_i| = 1$。按等公差等级法，由式（9.12）得

$$T_0 = \sqrt{T_1^2 + T_2^2 + T_3^2 + T_4^2 + T_5^2} = a\sqrt{i_1^2 + i_2^2 + i_3^2 + i_4^2 + i_5^2}$$

所以

$$a = \frac{T_0}{\sqrt{i_1^2 + i_2^2 + i_3^2 + i_4^2 + i_5^2}} = \frac{750}{\sqrt{2.52^2 + 0.73^2 + 2.17^2 + 1.56^2 + 0.73^2}}\ \text{mm} \approx 196.56\ \text{mm}$$

由标准公差计算公式表查得，接近 IT12 级。根据各组成环的基本尺寸，从标准公差表查得各组成环的公差为：T_1=400 μm，T_2=T_5=120 μm，T_3=350 μm，T_4=250 μm。则

$$T_0' = \sqrt{0.4^2 + 0.12^2 + 0.35^2 + 0.25^2 + 0.12^2}\ \text{mm} = 0.611\ \text{mm} < 0.750\ \text{mm} = T_0$$

可见，确定的各组成环公差是正确的。

4. 确定各组成环的极限偏差

按“入体原则”确定各组成环的极限偏差如下：

$$A_1=140^{+0.200}_{-0.200}\ \text{mm}，A_2=A_5=5^{\ 0}_{-0.120}\ \text{mm}，A_3=101^{+0.350}_{\ 0}\ \text{mm}，A_4=50^{+0.250}_{\ 0}\ \text{mm}$$

5. 校核确定的各组成环的极限偏差能否满足使用要求

设各组成环尺寸偏差均接近正态分布，则 $e_i=0$。

（1）计算封闭环的中间偏差，由式（9.14）得

$$\Delta'_0=\sum_{i=1}^{5}\xi_i\Delta_i=\Delta_3+\Delta_4-\Delta_1-\Delta_2-\Delta_5$$

$$=0.175+0.125-0-(-0.060)-(-0.060)=0.420\ \text{mm}$$

（2）计算封闭环的极限偏差，由式（9.16）得

$$ES'_0=\Delta'_0+\frac{1}{2}T'_0=0.420+\frac{1}{2}\times0.611\approx0.726\ \text{mm}<0.750\ \text{mm}=ES_0$$

$$EI'_0=\Delta'_0-\frac{1}{2}T'_0-0.0420-\frac{1}{2}\times0.611\approx0.0.115\ \text{mm}>0=EI_0$$

以上计算说明确定的组成环极限偏差是满足使用要求的。

由以上例题相比较可以算出，用概率法计算尺寸链，可以在不改变技术要求所规定的封闭环公差的情况下，组成环公差放大约 60%，而实际上出现不合格件的可能性却很小（仅有 0.27%），这会给生产带来显著的经济效益。

小结

尺寸链的建立与计算主要有三种方法：极大极小法、图解法和概率法。三种方法相比较：极大极小的优点是简单可靠，概率法则较科学，图解法更直观。在组成环数目较小时，用极值法简便；在组成环数目较多时，同样的封闭环公差值，用概率法计算可以得到较大的组成环公差，因而便于加工。实际生产中，概率法在装配尺寸链的计算中应用得更为普遍，而极大极小法和图解法则在工艺尺寸链计算中用的较多。

习题

1. 判断题（正确的打√，错误的打×）

（1）尺寸链是指在机器装配或零件加工过程中，由相互连接的尺寸形成封闭的尺寸组。（　　）

（2）当组成尺寸链的尺寸较多时，一条尺寸链中封闭环可以有两个或两个以上。（　　）

（3）在装配尺寸链中，封闭环是在装配过程中形成的一环。（　　）

（4）在确定工艺尺寸链中的封闭环时，要根据零件的工艺方案紧紧抓住“间接获得”的尺寸这

一要点。（　　）

（5）封闭环常常是结构功能确定的装配精度或技术要求，如装配间隙、位置精度等。（　　）

（6）零件工艺尺寸链一般选择最重要的环作封闭环。（　　）

（7）组成环是指尺寸链中对封闭环没有影响的全部环。（　　）

（8）尺寸链中，增环尺寸增大，其他组成环尺寸不变，封闭环尺寸增大。（　　）

（9）封闭环基本尺寸等于各组成基本尺寸的代数和。（　　）

（10）封闭环的公差值一定大于任何一个组成环的公差值。（　　）

2. 选择题（将下列题目中所有正确的答案选择出来）

（1）图 9.18 所示的尺寸链，属于增环的有________。

A. A_1　　B. A_2　　C. A_3

D. A_4　　E. A_5

（2）图 9.19 所示的尺寸链，属于减环的有________。

A. A_1　　B. A_2　　C. A_3

D. A_4　　E. A_5

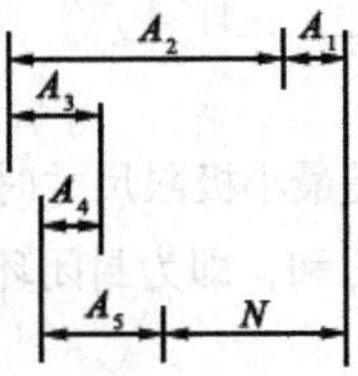

图 9.18

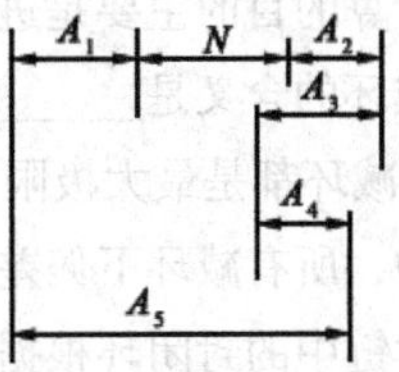

图 9.19

（3）对于尺寸链封闭环的确定，下列论述正确的有________。

A. 图样中未注尺寸的那一环。

B. 在装配过程中最后形成的一环。

C. 精度最高的那一环。

D. 在零件加工过程中最后形成的一环。

E. 尺寸链中需要求解的那一环。

（4）图 9.20 所示的尺寸链，封闭环 N 合格的尺寸有________。

A. 6.10 mm　　B. 5.90 mm　　C. 5.10 mm

D. 5.70 mm　　E. 6.20 mm

（5）图 9.21 所示尺寸链，封闭环 N 合格的尺寸有________。

A. 25.05 mm　　B. 19.75 mm　　C. 20.00 mm

D. 19.50 mm　　E. 20.10 mm

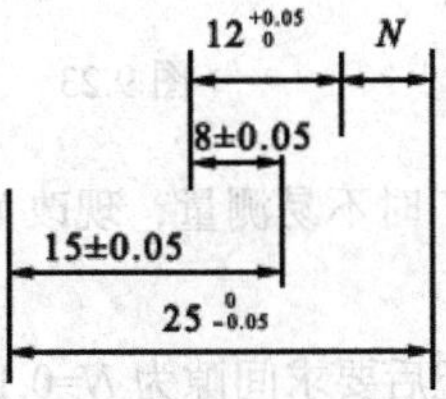

图 9.20

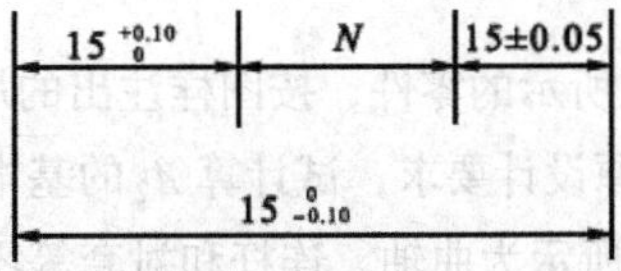

图 9.21

（6）在尺寸链计算中，下列论述正确的有________。

A. 封闭环是根据尺寸是否重要确定的。

B. 零件中最易加工的那一环即为封闭环。

C. 封闭环是零件加工中最后形成的那一环。

D. 增环、减环都是最大极限尺寸时，封闭环的尺寸最小。

E. 用极值法解尺寸链时，如果共有五个组成环，除封闭环外，其余各环公差均为 0.10 mm，则封闭环公差要达到 0.40 mm 以下是不可能的。

（7）对于正计算问题，下列论述正确的有________。

A. 正计算就是已知所有组成环一半的基本尺寸和公差，求解封闭环的基本尺寸和公差。

B. 正计算主要用于验证设计的正确性和求工序间的加工余量。

C. 正计算就是已知封闭环的尺寸和公差以及各组成环的基本尺寸，求各组成环的公差。

D. 计算问题中，求封闭环公差时，采用等公差法求解。

E. 正计算只用在零件的工艺尺寸链的解算中。

3. 填空题

（1）尺寸链计算的目的主要是进行________计算和________计算。

（2）尺寸链减环的含义是________。

（3）当所有的减环都是最大极限尺寸而所有的减环都是最小极限尺寸时，封闭环必为________。

（4）尺寸链中，所有减环下偏差之和所有减环上偏差之和，即为封闭环的________。

（5）零件尺寸链中的封闭环根据________确定。

（6）尺寸链计算中进行公差校核计算主要是验证________。

（7）“向体原则”的含义为：当组成环为轴时，取________偏差为零。

（8）在产品设计中，尺寸链计算是根据机器的精度要求，合理地确定________。

（9）在工艺设计中，尺寸链计算是根据零件图样要求，进行________。

4. 综合题

（1）在图 9.22 所示的尺寸链中，A_0 为封闭环，试分析各组成环中，哪些是增环，哪些是减环？

（2）为什么封闭环公差比任何一个组成环公差都大？设计时应遵循什么原则？

（3）某尺寸链如图 9.23 所示，封闭环尺寸 A_0 应在 19.7～20.3 mm 范围内，试校核各组成环公差、极限偏差的正确性。

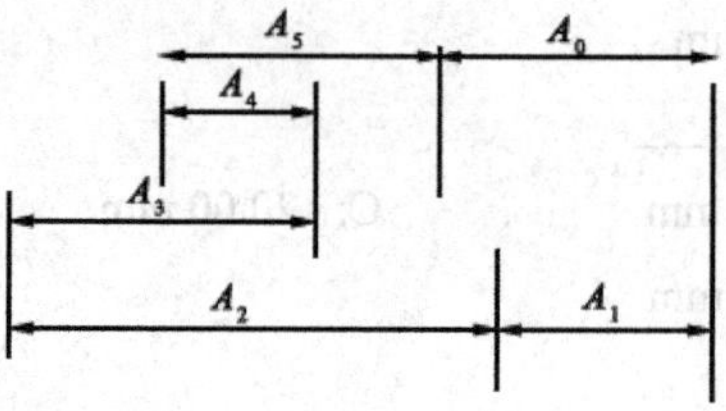

图 9.22

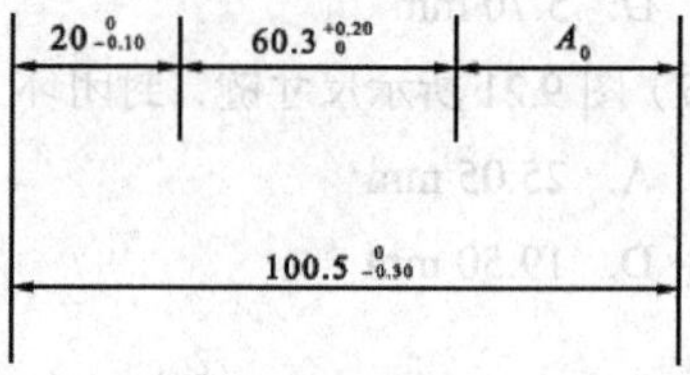

图 9.23

（4）图 9.24 所示的零件，按图样注出的尺寸 A_1 和 A_3 加工时不易测量，现改为按尺寸 A_1 和 A_3 加工，为了保证原设计要求，试计算 A_2 的基本尺寸和偏差。

（5）图 9.25 所示为曲轴、连杆和衬套等零件装配图，装配后要求间隙为 N=0.1～0.2 mm，而图样设计时 $A_1=150^{+0.016}_{-0}$ mm，$A_2=A_3=75^{-0.02}_{-0.06}$ mm，试验算设计图样给定零件的极限尺寸是否合理？

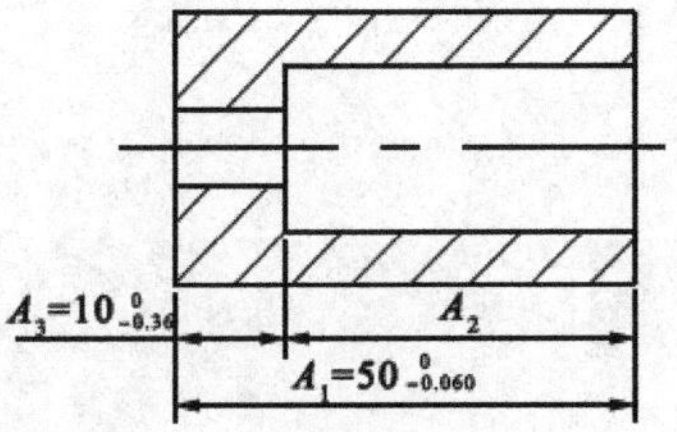

图 9.24

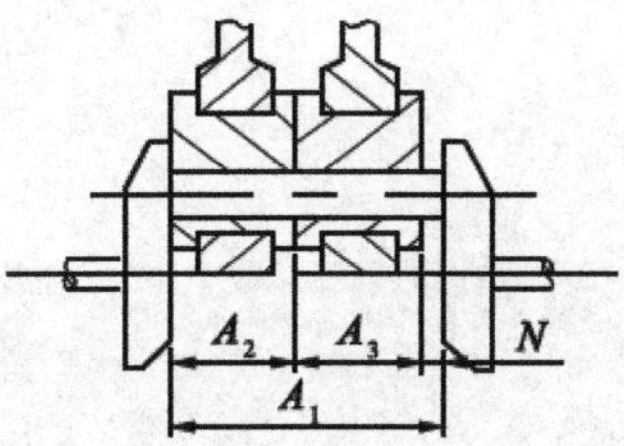

图 9.25

（6）加工如图 9.26 所示的链轮传动机构。要求链轮与轴承端面保持间隙 N 为 0.5～0.95 mm，试确定机构中有关尺寸的平均公差等级和极限偏差。

（7）一对开式齿轮箱如图 9.27 所示，根据使用要求，间隙 A 在 1～1.75 mm 的范围内，已知各零件的基本尺寸为 A_1=101 mm，A_2=50 mm，A_3=A_5=5 mm，A_4=140 mm，求各环的尺寸偏差。

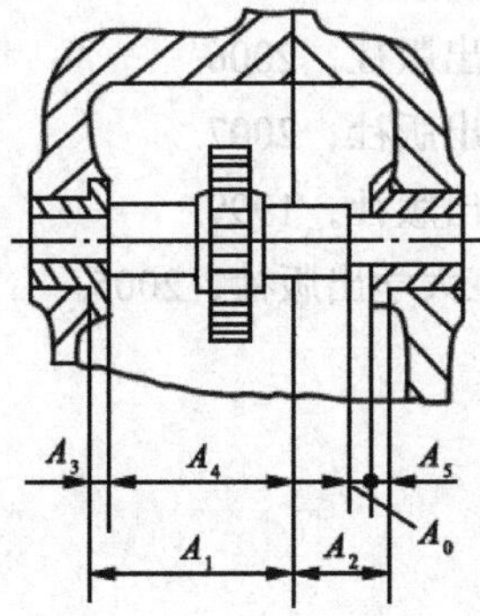

图 9.26

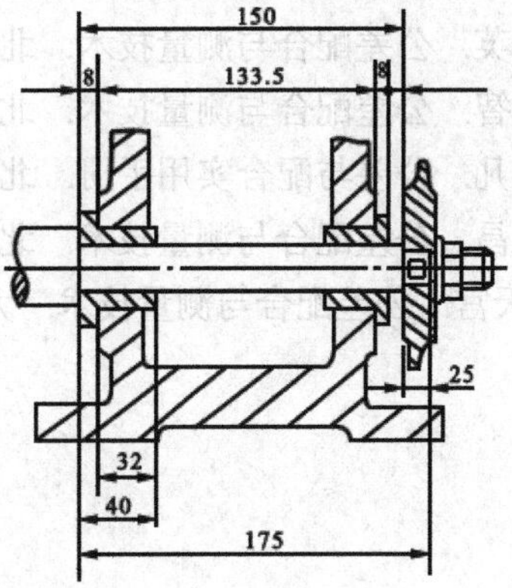

图 9.27

参考文献

[1] 黄云清．公差配合与测量技术．北京：机械工业出版社，2006.
[2] 李晓沛，李琳娜，赵风霞．简明公差标准应用手册．上海：上海科学技术出版社，2005.
[3] 陈于萍．互换性与测量技术．北京：高等教育出版社，2006.
[4] 南秀蓉．公差与测量技术．国防工业出版社，2010.
[5] 杨好学．互换性与测量技术．西安：西安电子科技大学出版社，2006.
[6] 姚云英．公差配合与测量技术．北京：机械工业出版社，2007.
[7] 吕永智．公差配合与测量技术．北京：机械工业出版社，2006.
[8] 方昆凡．公差与配合实用手册．北京：机械工业出版社，2007.
[9] 忻良昌．公差配合与测量技术．北京：机械工业出版社，1999.
[10] 吕天宫．公差配合与测量技术．大连：大连理工大学出版社，2005.